全国科学技术名词审定委员会

公 布

化 工 名 词

CHINESE TERMS IN CHEMICAL INDUSTRY AND ENGINEERING

（九）

无机化工与肥料

2023

化工名词审定委员会

国家自然科学基金资助项目

科学出版社

北 京

内 容 简 介

本书是全国科学技术名词审定委员会审定公布的《化工名词》（九）——无机化工与肥料分册，内容包括无机化工、肥料，共 2051 条。本书对每个词条都给出了定义或注释。本书公布的名词是全国各科研、教学、生产、经营及新闻出版等部门应遵照使用的化工规范名词。

图书在版编目（CIP）数据

化工名词. 九，无机化工与肥料/化工名词审定委员会审定. —北京：科学出版社，2023.8
全国科学技术名词审定委员会公布
ISBN 978-7-03-076182-8

Ⅰ. ①化⋯　Ⅱ. ①化⋯　Ⅲ. ①化学工业－名词术语　Ⅳ. ①TQ-61

中国国家版本馆 CIP 数据核字（2023）第 153704 号

责任编辑：李明楠　孙　曼 / 责任校对：杜子昂
责任印制：吴兆东 / 封面设计：马晓敏

科学出版社 出版
北京东黄城根北街 16 号
邮政编码：100717
http://www.sciencep.com
北京虎彩文化传播有限公司 印刷
科学出版社发行　各地新华书店经销
*
2023 年 8 月第 一 版　开本：787×1092　1/16
2023 年 8 月第一次印刷　印张：14 1/2
字数：344 000
定价：150.00 元
（如有印装质量问题，我社负责调换）

全国科学技术名词审定委员会
第七届委员会委员名单

特邀顾问：路甬祥　许嘉璐　韩启德

主　　任：白春礼

副 主 任：梁言顺　黄　卫　田学军　蔡　昉　邓秀新　何　雷　何鸣鸿
　　　　　裴亚军

常　　委（以姓名笔画为序）：

田立新　曲爱国　刘会洲　孙苏川　沈家煊　宋　军　张　军
张伯礼　林　鹏　周文能　饶克勤　袁亚湘　高　松　康　乐
韩　毅　雷筱云

委　　员（以姓名笔画为序）：

卜宪群　王　军　王子豪　王同军　王建军　王建朗　王家臣
王清印　王德华　尹虎彬　邓初夏　石　楠　叶玉如　田　森
田胜立　白殿一　包为民　冯大斌　冯惠玲　毕健康　朱　星
朱士恩　朱立新　朱建平　任　海　任南琪　刘　青　刘正江
刘连安　刘国权　刘晓明　许毅达　那伊力江·吐尔干
孙宝国　孙瑞哲　李一军　李小娟　李志江　李伯良　李学军
李承森　李晓东　杨　鲁　杨　群　杨汉春　杨安钢　杨焕明
汪正平　汪雄海　宋　彤　宋晓霞　张人禾　张玉森　张守攻
张社卿　张建新　张绍祥　张洪华　张继贤　陆雅海　陈　杰
陈光金　陈众议　陈言放　陈映秋　陈星灿　陈超志　陈新滋
尚智丛　易　静　罗　玲　周　畅　周少来　周洪波　郑宝森
郑筱筠　封志明　赵永恒　胡秀莲　胡家勇　南志标　柳卫平
闻映红　姜志宏　洪定一　莫纪宏　贾承造　原遵东　徐立之
高　怀　高　福　高培勇　唐志敏　唐绪军　益西桑布
黄清华　黄璐琦　萨楚日勒图　　龚旗煌　阎志坚　梁曦东
董　鸣　蒋　颖　韩振海　程晓陶　程恩富　傅伯杰　曾明荣
谢地坤　赫荣乔　蔡　怡　谭华荣

化工名词审定委员会委员名单

特邀顾问：闵恩泽

顾　　问（以姓名笔画为序）：

毛炳权　包信和　关兴亚　孙优贤　严纯华　李大东　李俊贤

杨启业　汪燮卿　陆婉珍　周光耀　郑绵平　胡永康　段　雪

钱旭红　徐承恩　蒋士成　舒兴田

主　　任：李勇武

副 主 任：戴厚良　李静海　蔺爱国　王基铭　曹湘洪　金　涌　袁晴棠

陈丙珍　谭天伟　高金吉　孙宝国　孙丽丽　谢在库　杨为民

常务副主任：杨元一

委　　员（以姓名笔画为序）：

王子宗　王子康　王普勋　亢万忠　方向晨　邢新会　曲景平

乔金樑　伍振毅　华　炜　刘良炎　孙伯庆　寿比南　苏海佳

李　中　李　彬　李寿生　李希宏　李国清　杨友麒　肖世猛

吴　青　吴长江　吴秀章　何小荣　何盛宝　初　鹏　张　勇

张亚丁　张志檩　张德义　陆小华　范小森　周伟斌　郑长波

郑书忠　赵　寰　赵劲松　胡云光　胡迁林　俞树荣　洪定一

骆广生　顾松园　顾宗勤　钱　宇　徐　惠　徐大刚　高金森

凌逸群　常振勇　梁　斌　程光旭　潘正安　潘家桢　戴国庆

戴宝华

秘 书 长：洪定一

副秘书长：潘正安　胡迁林　王子康　戴国庆

秘　　书：王　燕

肥料名词审定分委员会委员名单

主　　任：徐大刚

副 主 任：陈奕峰　刘　刚

委　　员：胡　波　宋兴福　陈明良　沈华民　吕待清　於子方

肥料名词编写组专家名单

组　　长：商照聪

副 组 长：杨　一

成　　员：章明洪　段路路　于秀华　储德韧　张　巍　王丝平　范旭文
　　　　　葛昊成　郭　俊　何建芳　房　朋　黄河清

白春礼序

  科技名词伴随科技发展而生，是概念的名称，承载着知识和信息。如果说语言是记录文明的符号，那么科技名词就是记录科技概念的符号，是科技知识得以传承的载体。我国古代科技成果的传承，即得益于此。《山海经》记录了山、川、陵、台及几十种矿物名；《尔雅》19篇中，有16篇解释名物词，可谓是我国最早的术语词典；《梦溪笔谈》第一次给"石油"命名并一直沿用至今；《农政全书》创造了大量农业、土壤及水利工程名词；《本草纲目》使用了数百种植物和矿物岩石名称。延传至今的古代科技术语，体现着圣哲们对科技概念定名的深入思考，在文化传承、科技交流的历史长河中作出了不可磨灭的贡献。

  科技名词规范工作是一项基础性工作。我们知道，一个学科的概念体系是由若干个科技名词搭建起来的，所有学科概念体系整合起来，就构成了人类完整的科学知识架构。如果说概念体系构成了一个学科的"大厦"，那么科技名词就是其中的"砖瓦"。科技名词审定和公布，就是为了生产出标准、优质的"砖瓦"。

  科技名词规范工作是一项需要重视的基础性工作。科技名词的审定就是依照一定的程序、原则、方法对科技名词进行规范化、标准化，在厘清概念的基础上恰当定名。其中，对概念的把握和厘清至关重要，因为如果概念不清晰、名称不规范，势必会影响科学研究工作的顺利开展，甚至会影响对事物的认知和决策。举个例子，我们在讨论科技成果转化问题时，经常会有"科技与经济'两张皮'""科技对经济发展贡献太少"等说法，尽管在通常的语境中，把科学和技术连在一起表述，但严格说起来，会导致在认知上没有厘清科学与技术之间的差异，而简单把技术研发和生产实际之间脱节的问题理解为科学研究与生产实际之间的脱节。一般认为，科学主要揭示自然的本质和内在规律，回答"是什么"和"为什么"的问题，技术以改造自然为目的，回答"做什么"和"怎么做"的问题。科学主要表现为知识形态，是创造知识的研究，技术则具有物化形态，是综合利用知识于需求的研究。科学、技术是不同类型的创新活动，有着不同的发展规律，体现不同的价值，需要形成对不同性质的研发活动进行分类支持、分类评价的科学管理体系。从这个角度来看，科技名词规范工作是一项必不可少的基础性工作。我非常同意老一辈专家叶笃正的观点，他认为："科技名词规范化工作的作用比我们想象的还要大，是一项事关我国科技事业发展的基础设施建设工作！"

科技名词规范工作是一项需要长期坚持的基础性工作。我国科技名词规范工作已经有 110 年的历史。1909 年清政府成立科学名词编订馆，1932 年南京国民政府成立国立编译馆，是为了学习、引进、吸收西方科学技术，对译名和学术名词进行规范统一。中华人民共和国成立后，随即成立了"学术名词统一工作委员会"。1985 年，为了更好促进我国科学技术的发展，推动我国从科技弱国向科技大国迈进，国家成立了"全国自然科学名词审定委员会"，主要对自然科学领域的名词进行规范统一。1996 年，国家批准将"全国自然科学名词审定委员会"改为"全国科学技术名词审定委员会"，是为了响应科教兴国战略，促进我国由科技大国向科技强国迈进，而将工作范围由自然科学技术领域扩展到工程技术、人文社会科学等领域。科学技术发展到今天，信息技术和互联网技术在不断突进，前沿科技在不断取得突破，新的科学领域在不断产生，新概念、新名词在不断涌现，科技名词规范工作仍然任重道远。

110 年的科技名词规范工作，在推动我国科技发展的同时，也在促进我国科学文化的传承。科技名词承载着科学和文化，一个学科的名词，能够勾勒出学科的面貌、历史、现状和发展趋势。我们不断地对学科名词进行审定、公布、入库，形成规模并提供使用，从这个角度来看，这项工作又有几分盛世修典的意味，可谓"功在当代，利在千秋"。

在党和国家重视下，我们依靠数千位专家学者，已经审定公布了 65 个学科领域的近 50 万条科技名词，基本建成了科技名词体系，推动了科技名词规范化事业协调可持续发展。同时，在全国科学技术名词审定委员会的组织和推动下，海峡两岸科技名词的交流对照统一工作也取得了显著成果。两岸专家已在 30 多个学科领域开展了名词交流对照活动，出版了 20 多种两岸科学名词对照本和多部工具书，为两岸和平发展作出了贡献。

作为全国科学技术名词审定委员会现任主任委员，我要感谢历届委员会所付出的努力。同时，我也深感责任重大。

十九大的胜利召开具有划时代意义，标志着我们进入了新时代。新时代，创新成为引领发展的第一动力。习近平总书记在十九大报告中，从战略高度强调了创新，指出创新是建设现代化经济体系的战略支撑，创新处于国家发展全局的核心位置。在深入实施创新驱动发展战略中，科技名词规范工作是其基本组成部分，因为科技的交流与传播、知识的协同与管理、信息的传输与共享，都需要一个基于科学的、规范统一的科技名词体系和科技名词服务平台作为支撑。

我们要把握好新时代的战略定位，适应新时代新形势的要求，加强与科技的协同发展。一方面，要继续发扬科学民主、严谨求实的精神，保证审定公布成果的权威性和规范性。科技名词审定是一项既具规范性又有研究性，既具协调性又有长期性的综合性工作。在长期的科技名词审定工作实践中，全国科学技术名词审定委员会积累了丰富的经验，形成了一套完整的组织和审定流程。这一流程，有利于确立公布名词的权威性，有利于保证公布名词的规范性。但是，我们仍然要创新审定机制，高质高效地完成科技名词审定公布任务。另一方面，在做好科技名词审定公布工作的同时，我们要瞄准世界科技前沿，服务于前瞻性基础研究。习总书记在报告中特别提到"中国天眼"、"悟空号"暗物质粒子探测卫星、"墨子号"量子科学实验卫星、天宫二号和"蛟龙号"载人潜水器等重大科技成果，这些都是随着我国科技发展诞生的新概念、新名词，是科技名词规范工作需要关注的热点。围绕新时代中国特色社会主义发展的重大课题，服务于前瞻性基础研究、新的科学领域、新的科学理论体系，应该是新时代科技名词规范工作所关注的重点。

未来，我们要大力提升服务能力，为科技创新提供坚强有力的基础保障。全国科学技术名词审定委员会第七届委员会成立以来，在创新科学传播模式、推动成果转化应用等方面作了很多努力。例如，及时为 113 号、115 号、117 号、118 号元素确定中文名称，联合中国科学院、国家语言文字工作委员会召开四个新元素中文名称发布会，与媒体合作开展推广普及，引起社会关注。利用大数据统计、机器学习、自然语言处理等技术，开发面向全球华语圈的术语知识服务平台和基于用户实际需求的应用软件，受到使用者的好评。今后，全国科学技术名词审定委员会还要进一步加强战略前瞻，积极应对信息技术与经济社会交汇融合的趋势，探索知识服务、成果转化的新模式、新手段，从支撑创新发展战略的高度，提升服务能力，切实发挥科技名词规范工作的价值和作用。

使命呼唤担当，使命引领未来，新时代赋予我们新使命。全国科学技术名词审定委员会只有准确把握科技名词规范工作的战略定位，创新思路，扎实推进，才能在新时代有所作为。

是为序。

2018 年春

路甬祥序

我国是一个人口众多、历史悠久的文明古国，自古以来就十分重视语言文字的统一，主张"书同文、车同轨"，把语言文字的统一作为民族团结、国家统一和强盛的重要基础和象征。我国古代科学技术十分发达，以四大发明为代表的古代文明，曾使我国居于世界之巅，成为世界科技发展史上的光辉篇章。而伴随科学技术产生、传播的科技名词，从古代起就已成为中华文化的重要组成部分，在促进国家科技进步、社会发展和维护国家统一方面发挥着重要作用。

我国的科技名词规范统一活动有着十分悠久的历史。古代科学著作记载的大量科技名词术语，标志着我国古代科技之发达及科技名词之活跃与丰富。然而，建立正式的名词审定组织机构则是在清朝末年。1909 年，我国成立了科学名词编订馆，专门从事科学名词的审定、规范工作。到了新中国成立之后，由于国家的高度重视，这项工作得以更加系统地、大规模地开展。1950 年政务院设立的学术名词统一工作委员会，以及 1985 年国务院批准成立的全国自然科学名词审定委员会（现更名为全国科学技术名词审定委员会，简称全国科技名词委），都是政府授权代表国家审定和公布规范科技名词的权威性机构和专业队伍。他们肩负着国家和民族赋予的光荣使命，秉承着振兴中华的神圣职责，为科技名词规范统一事业默默耕耘，为我国科学技术的发展做出了基础性的贡献。

规范和统一科技名词，不仅在消除社会上的名词混乱现象，保障民族语言的纯洁与健康发展等方面极为重要，而且在保障和促进科技进步，支撑学科发展方面也具有重要意义。一个学科的名词术语的准确定名及推广，对这个学科的建立与发展极为重要。任何一门科学（或学科），都必须有自己的一套系统完善的名词来支撑，否则这门学科就立不起来，就不能成为独立的学科。郭沫若先生曾将科技名词的规范与统一称为"乃是一个独立自主国家在学术工作上所必须具备的条件，也是实现学术中国化的最起码的条件"，精辟地指出了这项基础性、支撑性工作的本质。

在长期的社会实践中，人们认识到科技名词的规范和统一工作对于一个国家的科技发展和文化传承非常重要，是实现科技现代化的一项支撑性的系统工程。没有这样一个系统的规范化的支撑条件，不仅现代科技的协调发展将遇到极大困难，而且在科技日益渗透人们生活各方面、各环节的今天，还将给教育、传播、交流、经贸等多方面带来困难和损害。

全国科技名词委自成立以来，已走过近 20 年的历程，前两任主任钱三强院士和卢嘉锡院士为我国的科技名词统一事业倾注了大量的心血和精力，在他们的正确领导和广大专家的共同努力下，取得了卓著的成就。2002 年，我接任此工作，时逢国家科技、经济飞速发展之际，因而倍感责任的重大；及至今日，全国科技名词委已组建了 60 个学科名词审定分委员会，公布了 50 多个学科的 63 种科技名词，在自然科学、工程技术与社会科学方面均取得了协调发展，科技名词蔚成体系。而且，海峡两岸科技名词对照统一工作也取得了可喜的成绩。对此，我实感欣慰。这些成就无不凝聚着专家学者们的心血与汗水，无不闪烁着专家学者们的集体智慧。历史将会永远铭刻着广大专家学者孜孜以求、精益求精的艰辛劳作和为祖国科技发展做出的奠基性贡献。宋健院士曾在 1990 年全国科技名词委的大会上说过："历史将表明，这个委员会的工作将对中华民族的进步起到奠基性的推动作用。"这个预见性的评价是毫不为过的。

科技名词的规范和统一工作不仅仅是科技发展的基础，也是现代社会信息交流、教育和科学普及的基础，因此，它是一项具有广泛社会意义的建设工作。当今，我国的科学技术已取得突飞猛进的发展，许多学科领域已接近或达到国际前沿水平。与此同时，自然科学、工程技术与社会科学之间交叉融合的趋势越来越显著，科学技术迅速普及到了社会各个层面，科学技术同社会进步、经济发展已紧密地融为一体，并带动着各项事业的发展。所以，不仅科学技术发展本身产生的许多新概念、新名词需要规范和统一，而且由于科学技术的社会化，社会各领域也需要科技名词有一个更好的规范。另一方面，随着香港、澳门的回归，海峡两岸科技、文化、经贸交流不断扩大，祖国实现完全统一更加迫近，两岸科技名词对照统一任务也十分迫切。因而，我们的名词工作不仅对科技发展具有重要的价值和意义，而且在经济发展、社会进步、政治稳定、民族团结、国家统一和繁荣等方面都具有不可替代的特殊价值和意义。

最近，中央提出树立和落实科学发展观，这对科技名词工作提出了更高的要求。我们要按照科学发展观的要求，求真务实，开拓创新。科学发展观的本质与核心是以人为本，我们要建设一支优秀的名词工作队伍，既要保持和发扬老一辈科技名词工作者的优良传统，坚持真理、实事求是、甘于寂寞、淡泊名利，又要根据新形势的要求，面向未来、协调发展、与时俱进、锐意创新。此外，我们要充分利用网络等现代科技手段，使规范科技名词得到更好的传播和应用，为迅速提高全民文化素质做出更大贡献。科学发展观的基本要求是坚持以人为本，全面、协调、可持续发展，因此，科技名词工作既要紧密围绕当前国民经济建设形势，着重开展好科技领域的学科名词审定工作，同时又要在强调经济社会以及人与自然协调发展的思想指导下，开展好社会科学、文化教育和资源、生态、环境领域的科学名词审定工作，促进各个学科领域的相互融合和共同繁荣。科学发展观非常注重可持续发展的理念，因此，我们在不断丰富和发展已建立的科技名词体系的同时，还要进一步研究具有中国特色的术语学理论，以创建中国的术语学派。研究和建立中国特色的术语学理论，也是一种知识创新，是实现科技名词工作可持续发展的必由之路，我们应当为此付出更大的努力。

当前国际社会已处于以知识经济为走向的全球经济时代，科学技术发展的步伐将会越来越快。我国已加入世贸组织，我国的经济也正在迅速融入世界经济主流，因而国内外科技、文化、经贸的交流将越来越广泛和深入。可以预言，21世纪中国的经济和中国的语言文字都将对国际社会产生空前的影响。因此，在今后10到20年之间，科技名词工作就变得更具现实意义，也更加迫切。"路漫漫其修远兮，吾今上下而求索"，我们应当在今后的工作中，进一步解放思想，务实创新、不断前进。不仅要及时地总结这些年来取得的工作经验，更要从本质上认识这项工作的内在规律，不断地开创科技名词统一工作新局面，做出我们这代人应当做出的历史性贡献。

2004 年深秋

卢嘉锡序

科技名词伴随科学技术而生，犹如人之诞生其名也随之产生一样。科技名词反映着科学研究的成果，带有时代的信息，铭刻着文化观念，是人类科学知识在语言中的结晶。作为科技交流和知识传播的载体，科技名词在科技发展和社会进步中起着重要作用。

在长期的社会实践中，人们认识到科技名词的统一和规范化是一个国家和民族发展科学技术的重要的基础性工作，是实现科技现代化的一项支撑性的系统工程。没有这样一个系统的规范化的支撑条件，科学技术的协调发展将遇到极大的困难。试想，假如在天文学领域没有关于各类天体的统一命名，那么，人们在浩瀚的宇宙当中，看到的只能是无序的混乱，很难找到科学的规律。如是，天文学就很难发展。其他学科也是这样。

古往今来，名词工作一直受到人们的重视。严济慈先生60多年前说过，"凡百工作，首重定名；每举其名，即知其事"。这句话反映了我国学术界长期以来对名词统一工作的认识和做法。古代的孔子曾说"名不正则言不顺"，指出了名实相副的必要性。荀子也曾说"名有固善，径易而不拂，谓之善名"，意为名有完善之名，平易好懂而不被人误解之名，可以说是好名。他的"正名篇"即是专门论述名词术语命名问题的。近代的严复则有"一名之立，旬月踌躇"之说。可见在这些有学问的人眼里，"定名"不是一件随便的事情。任何一门科学都包含很多事实、思想和专业名词，科学思想是由科学事实和专业名词构成的。如果表达科学思想的专业名词不正确，那么科学事实也就难以令人相信了。

科技名词的统一和规范化标志着一个国家科技发展的水平。我国历来重视名词的统一与规范工作。从清朝末年的科学名词编订馆，到1932年成立的国立编译馆，以及新中国成立之初的学术名词统一工作委员会，直至1985年成立的全国自然科学名词审定委员会（现已更名为全国科学技术名词审定委员会，简称全国科技名词委），其使命和职责都是相同的，都是审定和公布规范名词的权威性机构。现在，参与全国科技名词委领导工作的单位有中国科学院、科学技术部、教育部、中国科学技术协会、国家自然科学基金委员会、新闻出版署、国家质量技术监督局、国家广播电影电视总局、国家知识产权局和国家语言文字工作委员会，这些部委各自选派了有关领导干部担任全国科技名词委的领导，有力地推动科技名词的统一和推广应用工作。

全国科技名词委成立以后，我国的科技名词统一工作进入了一个新的阶段。在第一任主任委员钱三强同志的组织带领下，经过广大专家的艰苦努力，名词规范和统一工作取得了显著的成绩。1992年三强同志不幸谢世。我接任后，继续推动和开展这项工作。在国家和有关部门的支持及广大专家学者的努力下，全国科技名词委15年来按学科共组建了50多个学科的名词审定分委员会，有1800多位专家、学者参加名词审定工作，还有更多的专家、学者参加书面审查和座谈讨论等，形成的科技名词工作队伍规模之大、水平层次之高前所未有。15年间共审定公布了包括理、工、农、医及交叉学科等各学科领域的名词共计50多种。而且，对名词加注定义的工作经试点后业已逐渐展开。另外，遵照术语学理论，根据汉语汉字特点，结合科技名词审定工作实践，全国科技名词委制定并逐步完善了一套名词审定工作的原则与方法。可以说，在20世纪的最后15年中，我国基本上建立起了比较完整的科技名词体系，为我国科技名词的规范和统一奠定了良好的基础，对我国科研、教学和学术交流起到了很好的作用。

在科技名词审定工作中，全国科技名词委密切结合科技发展和国民经济建设的需要，及时调整工作方针和任务，拓展新的学科领域开展名词审定工作，以更好地为社会服务、为国民经济建设服务。近些年来，又对科技新词的定名和海峡两岸科技名词对照统一工作给予了特别的重视。科技新词的审定和发布试用工作已取得了初步成效，显示了名词统一工作的活力，跟上了科技发展的步伐，起到了引导社会的作用。两岸科技名词对照统一工作是一项有利于祖国统一大业的基础性工作。全国科技名词委作为我国专门从事科技名词统一的机构，始终把此项工作视为自己责无旁贷的历史性任务。通过这些年的积极努力，我们已经取得了可喜的成绩。做好这项工作，必将对弘扬民族文化，促进两岸科教、文化、经贸的交流与发展做出历史性的贡献。

科技名词浩如烟海，门类繁多，规范和统一科技名词是一项相当繁重而复杂的长期工作。在科技名词审定工作中既要注意同国际上的名词命名原则与方法相衔接，又要依据和发挥博大精深的汉语文化，按照科技的概念和内涵，创造和规范出符合科技规律和汉语文字结构特点的科技名词。因而，这又是一项艰苦细致的工作。广大专家学者字斟句酌，精益求精，以高度的社会责任感和敬业精神投身于这项事业。可以说，全国科技名词委公布的名词是广大专家学者心血的结晶。这里，我代表全国科技名词委，向所有参与这项工作的专家学者们致以崇高的敬意和衷心的感谢！

审定和统一科技名词是为了推广应用。要使全国科技名词委众多专家多年的劳动成果——规范名词，成为社会各界及每位公民自觉遵守的规范，需要全社会的理解和支持。国务院和4个有关部委（国家科委、中国科学院、国家教委和新闻出版署）已分别于1987年和1990年行文全国，要求全国各科研、教学、生产、经营以及新闻出版等单位遵照使用全国科技名词委审定公布的名词。希望社会各界自觉认真地执行，共同做好这项对于科技发展、社会进步和国家统一极为重要的基础工作，为振兴中华而努力。

值此全国科技名词委成立15周年、科技名词书改装之际，写了以上这些话。是为序。

卢嘉锡

2000 年夏

钱 三 强 序

科技名词术语是科学概念的语言符号。人类在推动科学技术向前发展的历史长河中，同时产生和发展了各种科技名词术语，作为思想和认识交流的工具，进而推动科学技术的发展。

我国是一个历史悠久的文明古国，在科技史上谱写过光辉篇章。中国科技名词术语，以汉语为主导，经过了几千年的演化和发展，在语言形式和结构上体现了我国语言文字的特点和规律，简明扼要，蓄意深切。我国古代的科学著作，如已被译为英、德、法、俄、日等文字的《本草纲目》《天工开物》等，包含大量科技名词术语。从元、明以后，开始翻译西方科技著作，创译了大批科技名词术语，为传播科学知识，发展我国的科学技术起到了积极作用。

统一科技名词术语是一个国家发展科学技术所必须具备的基础条件之一。世界经济发达国家都十分关心和重视科技名词术语的统一。我国早在 1909 年就成立了科学名词编订馆，后又于 1919 年由中国科学社成立了科学名词审定委员会，1928 年由大学院成立了译名统一委员会。1932 年成立了国立编译馆，在当时教育部主持下先后拟订和审查了各学科的名词草案。

新中国成立后，国家决定在政务院文化教育委员会下，设立学术名词统一工作委员会，郭沫若任主任委员。委员会分设自然科学、社会科学、医药卫生、艺术科学和时事名词五大组，聘任了各专业著名科学家、专家，审定和出版了一批科学名词，为新中国成立后的科学技术的交流和发展起到了重要作用。后来，由于历史的原因，这一重要工作陷于停顿。

当今，世界科学技术迅速发展，新学科、新概念、新理论、新方法不断涌现，相应地出现了大批新的科技名词术语。统一科技名词术语，对科学知识的传播，新学科的开拓，新理论的建立，国内外科技交流，学科和行业之间的沟通，科技成果的推广、应用和生产技术的发展，科技图书文献的编纂、出版和检索，科技情报的传递等方面，都是不可缺少的。特别是计算机技术的推广使用，对统一科技名词术语提出了更紧迫的要求。

为适应这种新形势的需要，经国务院批准，1985 年 4 月正式成立了全国自然科学名词审定委员会。委员会的任务是确定工作方针，拟定科技名词术语审定工作计划、实施方案和步骤，组织审定自然科学各学科名词术语，并予以公布。根据国务院授权，委员会审定公布的名词术语，科研、教学、生产、经营以及新闻出版等各部门，均应遵照使用。

全国自然科学名词审定委员会由中国科学院、国家科学技术委员会、国家教育委员会、中国科学技术协会、国家技术监督局、国家新闻出版署、国家自然科学基金委员会分别委派了正、副主任担任领导工作。在中国科协各专业学会密切配合下，逐步建立各专业审定分委员会，并已建立起一支由各学科著名专家、学者组成的近千人的审定队伍，负责审定本学科的名词术语。我国的名词审定工作进入了一个新的阶段。

这次名词术语审定工作是对科学概念进行汉语订名，同时附以相应的英文名称，既有我国语言特色，又方便国内外科技交流。通过实践，初步摸索了具有我国特色的科技名词术语审定的原则与方法，以及名词术语的学科分类、相关概念等问题，并开始探讨当代术语学的理论和方法，以期逐步建立起符合我国语言规律的自然科学名词术语体系。

统一我国的科技名词术语，是一项繁重的任务，它既是一项专业性很强的学术性工作，又涉及到亿万人使用习惯的问题。审定工作中我们要认真处理好科学性、系统性和通俗性之间的关系；主科与副科间的关系；学科间交叉名词术语的协调一致；专家集中审定与广泛听取意见等问题。

汉语是世界五分之一人口使用的语言，也是联合国的工作语言之一。除我国外，世界上还有一些国家和地区使用汉语，或使用与汉语关系密切的语言。做好我国的科技名词术语统一工作，为今后对外科技交流创造了更好的条件，使我炎黄子孙，在世界科技进步中发挥更大的作用，做出重要的贡献。

统一我国科技名词术语需要较长的时间和过程，随着科学技术的不断发展，科技名词术语的审定工作，需要不断地发展、补充和完善。我们将本着实事求是的原则，严谨的科学态度做好审定工作，成熟一批公布一批，提供各界使用。我们特别希望得到科技界、教育界、经济界、文化界、新闻出版界等各方面同志的关心、支持和帮助，共同为早日实现我国科技名词术语的统一和规范化而努力。

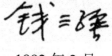

1992 年 2 月

前　言

　　"化工"一词是化学工程和化学工业的简称，其中化学工程作为国家一级学科，是研究化学工业和其他过程工业生产中所进行的化学过程和物理过程共同规律的一门工程科学，也是化学工业的核心支撑学科；而化学工业涉及石油炼制、基本有机化工、无机化工与肥料、高分子化工、生物化工、精细化工等众多生产专业领域，以及公用工程、环保安全、工程设计与施工等诸多辅助专业领域。

　　化学工业属于流程性制造行业，以自然界存在的水、空气，以及煤、盐、石油与天然气等矿产资源作为原料，利用化学反应及物理加工过程改变物质的分子结构、成分和形态，经济地、大规模地制造提供人类生活所需要而自然界又不存在的交通运输燃料、合成材料、肥料和各种化学品，包括汽油、柴油与喷气燃料、合成树脂、合成橡胶、合成纤维、无机酸碱盐、药品等重要物资。

　　我国是化工大国，化学工业在我国工业体系和国民经济发展中占有重要位置。化学工业的高质量发展对于改进生产工艺、扩大产品供给、发展尖端科技、巩固国防安全、提升农业生产、改善人民生活有着重大作用。化工产业对国民经济的贡献也是举足轻重，2020年全国化学工业产值占国内生产总值约12%，销售额占全球化学工业市场的40%。自2013年起，我国化学工业规模已超越美国，位居全球第一。目前，我国无机化工和肥料产量合计约3亿吨，均居世界第一。

　　自1995年全国科学技术名词审定委员会（以下简称全国科技名词委）发布《化学工程名词》以来，距今已过去20余年。这期间，化工领域页岩气、致密油等新原料，甲醇制烯烃（MTO）等新工艺，高端石化新产品，以及新学科、新概念、新理论、新方法不断涌现，包括石油炼制、石油化工在内的我国化工产业取得了巨大的发展成就。通过科技创新，突破了一大批制约行业发展的关键核心技术；化学工程学科本身发展十分迅速，在过程强化、离子液体、微反应工程、产品工程、介尺寸流动等诸多方面取得了新进展，孕育出一些重要的新型分支学科。与此相关联，也涌现出一大批新的化工科学技术名词。因此，对《化学工程名词》进行扩充、修订及增加名词定义十分必要，这对于生产、科研、教学，以及实施"走出去"战略，加强国内外学术交流和知识传播，促进科学技术和经济建设的发展具有十分重要的意义。

　　受全国科技名词委委托，中国化工学会于2013年7月17日启动了《化工名词》的审定工作，按照《化工名词》的学科（专业）框架，组建了化工名词审定委员会（以下简称化工名词委），并相继组建了包括无机化工与肥料名词审定分委员会（以下简称分委会）在内的11个分委员会。同时，为审定工作便利性，分委会由无机化工名词审定分委员会（以下简称无机分委会，秘书处设在无机酸碱盐专业委员会）、肥料名词审定分委员会（以下简称肥料分委会，秘书处设在化肥专业委员会）组成。

　　分委会依托中海油天津化工研究设计院有限公司和上海化工研究院有限公司，由来自中国地质科学院矿产资源研究所、清华大学、北京大学、北京化工大学、大连理工大学、华东理工大学、合肥工业大学、昆明理工大学、中国纯碱工业协会、黎明化工研究设计院有限责任公司、中国成达工程有限公司、中海油天津化工研究设计院有限公司、中海油山东化学工程有限责任公司、中石化南京化工研究院有限公司、中石化南京工程有限公司、中昊（大连）化工研究设计院有限公司、锦西化工研究院有限公司、成都千砺金科技创新有限公司、云南驰宏锌锗股份有限公司、江苏井神盐化股份有限公司，以及来自中国科学院沈阳应用生态研究所、华中农业大学、山东农业大学、郑州大学、上海化工研究院有限公司等著名高校、研究院所及生产单位的专家担任顾问、委员，郑书忠教授级高工、徐大刚教授级高工担任分委会主任。分委会下设秘书处，由中海油天津化工研究设计院有限公司和上海化工研究院有限公司有关人员组成。根据编写要求和进展，还组建了无机化工与肥料名词编写组（以下简称编写组），并由上述著名高校、研究院所及生产单位的人员担任专家。编写组由无机化工名词编写组（以下简称无机编写组）和肥料名词编写组（以下简称肥料编写组）组成。

2013 年 12 月 24 日，分委会接到化工名词委任务后，开始进行相关的实质性工作。

无机化工学科（专业）领域具有门类繁多、工艺多种、产品多样、相对分散的特殊性，并且在《化学工程名词》中属于空白，此项工作具有开创性，属于新增的一类名词。经多次研究讨论，确定收词工作基于传统分类形式，结合当前专业分工，以无机化工（专业框架）的三级目录体系，以硫酸、硝酸、盐酸、烧碱、纯碱、无机盐、单质与气体等 7 个四级专业目录进行。

肥料学科（专业）领域的收词工作基于推荐性国家标准《肥料和土壤调理剂 术语》（GB/T 6274—2016）及其对应的国际标准《肥料和土壤调理剂 术语》（ISO 8157：2015）进行。

2014 年 1 月 7 日，肥料分委会徐大刚主任在上海主持召开肥料名词工作启动会和收词阶段性工作会议，部分委员和全体编写人员参会。会议讨论制定了肥料学科（专业）领域的工作计划，确定了三级、四级目录框架和对应的单位及人员分工。会后秘书处组织编写人员按照《科学名词审定工作手册》开展了选词工作，并经集中讨论、内部查重去重、征求分委会委员意见，确定收录词条 819 个。4 月将收词结果提交至化工名词委秘书处。

2015 年 3 月 6 日，无机分委会郑书忠主任在天津主持召开无机化工名词工作启动会和收词阶段性工作会议，部分委员和编写人员参会。会议讨论制定了无机化工学科（专业）领域的工作计划，确定了三级、四级目录框架和对应的单位及人员分工。会后秘书处组织编写人员按照《科学名词审定工作手册》开展了选词工作，并经集中讨论、内部查重去重、征求分委会委员意见，确定收录词条 2468 个。6 月将收词结果提交至化工名词委秘书处。

2015 年 8 月 14 日，分委会在天津召开《无机化工与肥料名词》第一次编写工作会议，部分委员、编写组专家和编写人员参会。中国化工学会洪定一先生代表化工名词委对中海油天津化工研究设计院有限公司和上海化工研究院有限公司主持的审定编写组织工作进行了表扬，对词条的定义要求和编写内容进行了指导。会后编写人员开始词条的定义工作。

2015 年 8 月下旬，分委会收到化工名词委对词条自查重复和库查重复结果的反馈意见后，删除了重复且没必要在本部分单列的无机化工（专业）词条 748 个、肥料（专业）词条 184 个。随后组织编写人员对保留的无机化工（专业）1720 个、肥料（专业）635 个，合计 2355 个词条进行定义工作。先由各编写小组按工作要求，广泛参考本专业经典文献和标准等技术文件给出定义初稿，征求分委会意见后，开会讨论分析、采纳意见建议修改后形成送审稿，于 2016 年 2 月提交至化工名词委秘书处。

2016 年 3 月，根据化工名词委对送审稿的反馈意见，分委会组织编写人员进行修改形成一修稿。5 月 25 日，无机分委会在天津召开工作会议进行讨论分析，会后邀请 12 位编写组专家对一修稿进行函件内审；9 月，根据内审建议，编写人员进行第二次修改后形成无机化工名词二修稿；

此二修稿定义名词 1788 个，较送审稿增加 68 个。11 月初，肥料分委会在上海召开工作会议进行讨论分析，会后邀请 6 位编写组专家对一修稿进行函件内审；随后根据内审建议进行第二次修改后形成肥料名词二修稿；此二修稿定义名词 635 个。二修稿合计定义名词 2423 个。

2016 年 11 月中旬，分委会收到化工名词委秘书处《关于筹备〈无机化工与肥料名词〉终审会的通知》后，着手进行会议筹备工作，同时对二修稿继续完善。

2016 年 12 月 8 日，化工名词委在上海化工研究院有限公司组织召开了无机化工与肥料分册中肥料名词终审会。审稿专家组组长由中国化工学会洪定一先生担任，成员有中国化工学会肥料专业委员会教授沈华民、全国循环经济技术中心教授吕待清、上海达门化工工程技术有限公司高工於子方、江苏华昌化工股份有限公司高工胡波、华东理工大学资源过程工程研究所教授宋兴福。专家组成员按组长提出的审定规范和要领，对肥料名词二修稿 635 个词条的中文名词、对应英文词和定义进行逐条审查，并与编写人员进行了细致推敲和修改，删除多余和不恰当的词条，并按科学、准确和简明的原则修改了部分定义。会后按专家组的终审意见修改后形成肥料名词终审稿。终审稿定义名词 473 个，于 2017 年 1 月提交至化工名词委秘书处。

2016 年 12 月 15~16 日，化工名词委在中海油天津化工研究设计院有限公司组织召开了无机化工与肥料分册中无机化工名词终审会。审稿专家组组长由中国化工学会洪定一先生担任，成员有中国纯碱工业协会荣誉会长底同立，湖北兴发化工集团股份有限公司教授级高工李永刚，中海油山东化学工程公司顾问锡秀屏，中石化南京化工研究院有限公司高工纪罗军，中海油天津化工研究设计院有限公司教授级高工薛群山、王洁、朱春雨、叶学海。会上审查二修稿名词 1788 个，会后按专家组的终审意见修改后形成无机化工名词终审稿。终审稿定义名词 1684 个，于 2017 年 1 月提交至化工名词委秘书处，后经化工名词委审查并汇总肥料名词终审稿后提交至全国科技名词委。终审稿合计定义名词 2157 个。

2017 年 3 月，分委会收到全国科技名词委安排的四川大学钟本和教授、唐盛伟教授两位专家的复审意见后，组织编写组专家和编写人员对复审意见进行分析讨论，采纳了大部分意见，修改形成报批稿，并分别经分委会主任郑书忠、徐大刚同意后提交至全国科技名词委。报批稿包括无机化工名词 1684 个、肥料名词 472 个，总计 2156 个中英文名词及其定义。

2018 年 4 月，分委会收到名词委对报批稿的反馈意见，组织编写组专家和编写人员进行修改形成修正稿，于 5 月提交至全国科技名词委。修正稿总计 2156 个中英文名词及其定义。

2019 年 7 月 17 日，中国化工学会在北京组织召开了《化工名词》各审定分委员会联审会议，全国科技名词委、化工名词委、科学出版社和九个审定分委员会的委员或编写组专家参加了会议。会上对九个分册中的稿件、名词委内查重及各分册名词定义中存在的问题进行了联审，提出了各分册联审意见。会后，分委会按照联审会议要求，再次梳理删重、修改定义后形成联审稿。联审稿总计定义中英文名词 2051 个。其中，肥料名词 460 个，于 8 月提交至化工名词委秘书处；无机化工名词 1591 个，于 12 月提交。

2021 年 8 月 2 日，分委会收到化工名词委秘书处转自全国科技名词委及科学出版社的名词预公布前编辑加工意见后，对名词、定义、排版和其他有关内容进行了修改和补充，最终确定上报名词 2051 条。其中无机化工名词 1591 条，肥料名词 460 条。

无机化工与肥料名词的审定工作，严格按照全国科技名词委的规定进行，经历了确定三级和四级目录、收词、分委会内查重和征询、化工名词委内查重和征询、定名、定义、化工名词委内查重和专家一审、编写组专家函件二审、化工名词委和分委会专家通稿终审（三审）、全国科技名词委专家复审、修改二审、全国科技名词委内查重及联审（三审）、预公布前定稿等流程，按照学科（专业）框架的三级目录体系进行名词定义。

在十年多的审定工作中，中国化工学会、各专业委员会、各审定分委员会、全国化工界同仁，以及有关专家、学者，都给予了热情的支持和帮助，谨此表示衷心的感谢。名词审定是一项浩繁的基础性工作，难免存在疏漏和不足。同时，现在公布的名词与定义只能反映当前的学术水平，随着科学技术的发展，还将适时修订。希望大家对化工名词审定工作继续给予关心和支持，对其中存在的问题，不吝继续提出宝贵意见和建议，以便今后修订时参考，使之更加完善。

化工名词审定委员会

2023 年 7 月

编 排 说 明

一、本书公布的是化工名词（九）——无机化工与肥料名词，共 2051 条，每条名词均给
　　出了定义或注释。

二、全书分两部分：无机化工、肥料。

三、正文按汉文名所属学科的相关概念体系排列。汉文名后给出了与该词概念相对应的英
　　文名。

四、每个汉文名都附有相应的定义或注释。定义一般只给出其基本内涵，注释则扼要说明
　　其特点。当一个汉文名有不同的概念时，则用（1）、（2）……表示。

五、一个汉文名对应几个英文同义词时，英文词之间用“，”分开。

六、凡英文词的首字母大、小写均可时，一律小写；英文除必须用复数者，一般用单数
　　形式。

七、“［ ］”中的字为可省略的部分。

八、主要异名和释文中的条目用楷体表示。“全称”“简称”是与正名等效使用的名词；
　　“又称”为非推荐名，只在一定范围内使用；“俗称”为非学术用语；“曾称”为被
　　淘汰的旧名。

九、正文后所附的英汉索引按英文字母顺序排列；汉英索引按汉语拼音顺序排列。所示号
　　码为该词在正文中的序码。索引中带“*”者为规范名的异名或在释文中出现的条目。

目　录

01. 无 机 化 工

01.01 硫 酸

01.01.01 原 料

01.0001　硫铁矿　pyrite
化学式为 FeS_x，含铁的硫化物矿物的总称，包括黄铁矿、白铁矿、磁硫铁矿等类型。常与铜、铅、锌、钼、金、钴等硫化矿床共生，并含有脉石、砷、氟等。主要用作生产硫酸的原料。

01.0002　硫磺　sulphur
化学式为 S，有多种同素异形体，自然界硫磺一般为黄色的斜方硫。主要用于生产硫酸，也用于生产二硫化碳、硫化物等。

01.0003　冶炼烟气　smelting flue gas
铜、镍、铅、锌等有色金属冶炼过程产生的含 SO_2 的气体。气体中 SO_2 的体积分数一般为 5%~30%，还含有砷、氟及重金属烟尘等杂质。

01.0004　石膏　gypsum
全称"生石膏"。单斜晶系矿物，主要化学成分为硫酸钙（$CaSO_4$）的水合物。一般来自天然石膏矿开采或化学工业副产。自然界有生石膏（$CaSO_4 \cdot 2H_2O$）和硬石膏（$CaSO_4$）两种矿物，工业副产的磷石膏、脱硫石膏、盐石膏、氟石膏等主要化学成分为二水硫酸钙。石膏及其制品的微孔结构和加热脱水性，使之具有优良的隔音、隔热和防火性能，用于生产水泥缓凝剂、石膏建筑材料、医用食品添加剂、硫酸、纸张填料、油漆填料等以及模型制作。

01.0005　硫化氢　hydrogen sulfide
化学式为 H_2S，是一种易燃的酸性气体，无色，低浓度时有臭鸡蛋气味。燃点为 260℃，与空气或氧气以适当的比例（4.3%~46%）混合就会爆炸。一般为石油化工、天然气化工和煤化工副产，主要用于生产硫磺或硫酸。

01.01.02 过程与装备

01.0006　焙烧　roasting
将矿石、精矿或金属化合物等在空气中配加（或不加）一定的物料，加热至高温但不发生熔融条件下进行氧化、热解或还原等反应的过程。用于金属冶炼、矿物提取、硅酸盐和化工原料制造等。

01.0007　净化　purification
对 SO_2 气体中重金属、砷、氟等有害杂质进行分离的过程。分为干法收尘和稀硫酸洗涤净化两个过程。

01.0008　转化　conversion
SO_2 与 O_2 反应生成 SO_3 的过程。一般以空气作为氧化剂，在催化剂上进行反应。

01.0009　干燥　drying
借助热能使物料中水分（或溶剂）气化，并

由介质带走生成蒸汽的过程。硫酸工业中指用质量分数 93%或 98%硫酸作为干燥剂脱除湿空气或净化后含 SO_2 气体中水分的过程。

01.0010 吸收 absorbing
硫酸工业中用一定质量分数的硫酸（93%、98%）与含 SO_3 气体接触，溶解分离气体中的 SO_3 生成硫酸的过程。通常在塔设备中进行。

01.0011 除尘 dust elimination
清除气体中悬浮的固体颗粒的过程。硫酸工业中指从含 SO_2 气体中去除烟尘等颗粒物的过程。按除尘方式可分为重力式、旋风分离式、布袋式、静电式等。

01.0012 余热 waste heat
生产过程中产生的尚未利用的废热。硫酸工业中指硫酸生产中释放出来的可被利用的热能，主要有焙烧后气体、转化后气体及高温炉渣等携带的热量。

01.0013 余热回收 waste heat recovery
通过与冷介质换热的方式，合理利用显热和潜热技术将热量收集再利用的过程。硫酸生产中指通过余热锅炉产生蒸汽、生产热水等方式回收余热，用于发电、系统自用或供暖等。

01.0014 除雾 demist
从气体中除去微小雾沫的过程。硫酸生产除雾设备有丝网捕沫器、纤维床除雾器、静电除雾器等。

01.0015 转化率 conversion ratio
在 SO_2 转化过程中反应掉的 SO_2 物质的量占起始 SO_2 物质的量的百分数。

01.0016 催化氧化 catalytic oxidation
在一定压力和温度条件下，SO_2 与 O_2 在钒催化剂作用下发生氧化反应生成 SO_3 的过程。

01.0017 一转一吸 single conversion and single absorption
硫酸生产中含 SO_2 气体经过一次转化和一次吸收生成硫酸产品的过程。一般转化率在 95%左右。

01.0018 二转二吸 double conversion and double absorption
硫酸生产中含 SO_2 气体经过两次转化和两次吸收生成硫酸产品的过程。一般转化率在 99.7%以上。

01.0019 高浓度 SO_2 转化 high concentration SO_2 conversion
硫酸生产中 SO_2 体积分数高于 12%的高浓度 SO_2 气体经过部分预转化或其他方式预处理后再进行二转二吸工艺制酸的过程。目的是使转化器一段钒催化剂床层温度不超过 650℃的极限温度。

01.0020 非稳态转化 unsteady-state conversion
通过换向阀周期性切换，使进出转化器气体方向周期性改变，以维持转化器内钒催化剂床层温度的过程。此工艺用于低浓度 SO_2 烟气转化制酸。

01.0021 石灰-铁盐法 lime ferric salt method
利用石灰和硫酸亚铁为沉淀剂，将净化工序污水中的砷和重金属离子等杂质脱除的方法。副产物为石膏铁盐渣。

01.0022 硫化法 sulphurized method
利用硫化钠或硫氢化钠为硫化剂，将净化工序污水中的砷和重金属离子脱除的方法。副产物为硫化物渣。

01.0023 吸收率 absorption rate
硫酸生产中被吸收的 SO_3 量占原气体中 SO_3 总量的百分数。通常以体积分数计。

01.0024 阳极保护 anodic protection
将被保护金属作阳极，使之钝化以防止金属腐蚀的方法。硫酸生产中用该方法对酸冷却器、分酸器、合金管道等进行防腐蚀保护。

01.0025 酸洗净化 acid-scrubbing
在硫酸生产净化工序中，利用质量分数 5%～10%的稀硫酸对含 SO_2 气体进行循环洗涤的方法。经洗涤后气体带入的杂质进入循环酸中。

01.0026 低温热回收 low-level heat recovery
硫酸生产中采用余热锅炉（蒸汽发生器）回收第一级吸收塔中硫酸余热生成低压饱和蒸汽的过程。

01.0027 钠碱法 sodium alkali method
以氢氧化钠或碳酸钠为吸收剂脱除气体中 SO_2 的方法。一般采用一级脱硫工艺，脱硫效率在 95%以上，副产物为硫酸钠或亚硫酸钠。

01.0028 氨法 ammonia method
以液氨或废氨水为吸收剂脱除气体中 SO_2 的方法。一般采用两级脱硫工艺，脱硫效率在 95%以上，副产物为硫酸铵或亚硫酸氢铵。

01.0029 石灰-石膏法 lime gypsum method
以石灰、石灰石为吸收剂脱除气体中 SO_2 的方法。一般采用两级脱硫工艺，脱硫效率在 90%以上，副产物为脱硫石膏。

01.0030 有机胺法 organic amine method
采用有机胺溶液作为吸收剂脱除气体中 SO_2 的方法。一般采用一级脱硫工艺，脱硫效率在 98%以上，副产物为纯净的高浓度 SO_2 气体。

01.0031 活性焦法 active coke method
采用活性焦作为吸收剂脱除气体中 SO_2 的方法。一般采用一级脱硫工艺，脱硫效率在 90%以上，副产物为高浓度 SO_2 气体。

01.0032 破碎机 crusher
用来破碎硫铁矿石等矿料的设备。根据破碎原理，分为颚式破碎机、反击式破碎机、立式冲击式破碎机、圆锥式破碎机等。

01.0033 圆盘给料机 disk feeder
由驱动装置、给料机本体、计量用带式输送机和计量装置组成的一种给沸腾焙烧炉均匀提供硫铁矿的设备。圆盘给料机进料口是由接料套筒和接料套筒下高度可调的调整套组成，物料从接料套筒下落至调整套再由圆盘和调整套筒的间隙中漏散出来，并被刮板从圆盘上刮落下来。

01.0034 星形给料阀 star type feed valve
用于出料或均匀加料的一种设备。设置在混合机、锥形料仓、干燥机、旋风分离装置等处，采用特殊的结构可起到锁气的作用。硫酸生产中也用于硫铁矿渣收集。

01.0035 回转干燥器 rotary dryer
由主窑及其支承传动装置、冷却管、燃油系统、电气控制、二次进风装置、排气除尘装置和预热窑体等组成的一种湿固体物料干燥设备。硫酸生产中用于硫铁矿干燥。

01.0036 沸腾焙烧炉 fluidized roasting furnace
又称"流化床焙烧炉（fluidized bed roaster）"。用固体流态化技术焙烧矿石的设备。由钢制炉壳、内衬保温砖、耐火砖、冷却水管、空气分布板和风帽等组成。用于硫铁矿、锌精矿或其他金属矿石的焙烧。

01.0037 风帽 false ogivc
沸腾焙烧炉空气分布板上的关键部件。用于均匀分布沸腾焙烧炉内空气，主要为侧孔式结构，耐热耐磨合金铸钢材质。

01.0038 旋风除尘器 cyclone dust collector
借助于离心力将尘粒从气流中分离并捕集的设备。由进气管、排气管、圆筒体、圆锥体和灰斗组成。用于余热锅炉后烟气除尘。

01.0039 余热锅炉 waste heat boiler
又称"废热锅炉"。利用高温物流作为热源来生产蒸汽的设备。主要部件有锅炉本体和汽包，辅助设备有给水预热器、过热器等。分为火管锅炉和水管锅炉。

01.0040 浸没式冷却滚筒 immersion type cooling roller
冷却桶浸没在水中冷却硫铁矿烧渣的设备。由钢梁、电动机、传动机构、托轮、前段冷却筒、后段冷却筒、水箱、集水槽、卸料箱等组成，前、后段冷却筒均为水平安装。

01.0041 埋刮板输送机 embedded scraper transporter
借助于在封闭的壳体内运动的刮板链条，使散体物料按预定目标输送的运输设备。用于硫铁矿渣、石膏渣的输送。

01.0042 熔硫槽 sulphur melting tank
将固体硫磺加热熔融为液体硫磺的设备。熔硫槽内装有加热蒸汽盘管和搅拌器。一般为圆筒状结构。

01.0043 磺枪 sulphur gun
将液体硫磺雾化后喷入焚硫炉的设备。喷枪采用蒸汽保温夹套保温。

01.0044 焚硫炉 sulphur furnace
燃烧硫磺生成 SO_2 的设备。采用卧式结构，钢制圆筒内衬保温砖和耐火砖。

01.0045 回转窑 rotary kiln
低速旋转内衬耐火材料的钢制圆形筒体干燥设备。以一定斜度依靠筒体上的滚圈安放在数对托轮上，由电机拖动或液压传动，使筒体在一定转速范围内转动。用于煅烧石膏或水泥熟料等。

01.0046 电除雾器 electrostatic mist precipitator
利用静电场力除去酸雾的设备。主要由电晕极、沉降极、气体分布板、壳体、排液装置和供电装置等组成。为卧式结构，有导电玻璃钢、导电塑料等材质。

01.0047 丝网除沫器 wire mesh demister
利用惯性碰撞除去气体中雾沫的设备。由丝网、丝网格栅和支承装置等组成。丝网按材质分有金属丝网、特氟龙与金属混编丝网等。

01.0048 空塔 empty tower
气液两相间传质传热的设备。塔内未装填料而形成空腔，一般为碳钢内衬耐酸瓷砖结构。

01.0049 动力波洗涤器 dynamic-wave scrubber
利用泡沫区强化气液两相间传质传热的设备。由动力波洗涤管、循环槽、出气管等组成。通常为玻璃钢材质。

01.0050 酸冷却器 acid cooler
通过与冷介质换热，降低硫酸温度的设备。分为管壳式酸冷却器和板式酸冷却器两类，材质为不锈钢和合金。

01.0051 文丘里洗涤器 Venturi scrubber
由文丘里管凝聚器和除雾器组成的用于净化除尘的设备。净化除尘过程分为雾化、凝聚和除雾等三阶段。根据喉管供液方式的不同，分为外喷文丘里洗涤器和内喷文丘里洗涤器。

01.0052 纤维除雾器 fiber mist eliminator
由单个或多个纤维床除雾元件组成的捕集

雾液净化气体的除雾设备。除雾元件由玻璃纤维过滤层、支撑件等构成。分低速型和高速型两类。用于硫酸、氯碱等工业。

01.0053 硫酸泵 sulphuric acid pump
用于输送硫酸的设备。根据输送介质不同分浓硫酸泵和稀硫酸泵。浓硫酸泵材质一般为不锈钢、合金或碳钢等，稀硫酸泵材质一般采用塑料，特别是氟塑料等。

01.0054 斜板沉降槽 inclined-plate settling tank
过滤净化工序外排稀酸中固体杂质的设备。槽内排列一定数量倾斜板，使污水在槽内经多级冲撞提高沉淀分离效率，扩大能力。一般为圆筒状结构，碳钢内衬耐酸瓷砖。

01.0055 转化器 converter
硫酸生产中用于将 SO_2 转化为 SO_3 的设备。为多段催化剂床层轴向固定床结构，有碳钢内衬耐火砖和全不锈钢两种材质。

01.0056 换热器 heat exchanger
硫酸生产中用于高温气体降温或低温气体加热的设备。根据换热类型分为冷热换热器、热热换热器两类；根据设备结构分为管壳式、板式两类，常用的管壳式换热器为缩放管式和光管式。

01.0057 板式换热器 plate type heat exchanger
由一系列具有一定波纹形状的金属片叠装而成的换热设备。各种板片之间形成薄矩形通道，通过板片进行热量交换。按结构分，有框架式（可拆卸式）和钎焊式两类；按换热方式分，有气-气换热式、气-液换热式、液-液换热式。

01.0058 干燥塔 drying tower
硫酸生产中用于脱除气体中水分的设备。为立式圆筒结构。分为钢壳内衬耐酸瓷砖和钢壳内衬不锈钢板两种。塔顶设有分酸器和除雾器。

01.0059 二氧化硫鼓风机 SO_2 blower
用于输送含 SO_2 气体的设备。由电机、空气过滤器、鼓风机本体、气室、底座（兼油箱）、滴油嘴等六部分组成。分为离心式风机和罗茨风机两类。

01.0060 钒催化剂 vanadium catalyst
用于于将 SO_2 氧化成 SO_3 生产硫酸的催化剂，通过表面接触产生催化作用。具有催化活性的主要成分是 V_2O_5，还含有 K_2O 或 Na_2O 作为助催化剂，用硅藻土作为载体。有些钒催化剂还含有活性组分铯。

01.0061 吸收塔 absorption tower
硫酸生产中用于吸收 SO_3 生产硫酸的设备。为立式圆筒结构。分为钢壳内衬耐酸瓷砖和钢壳内衬不锈钢板两种，塔顶设有分酸器和除雾器。

01.0062 循环槽 recirculating tank
硫酸生产中一种储存循环使用硫酸的设备。有立式和卧式两种结构，使用的材质有碳钢内衬耐酸瓷砖和阳极保护不锈钢两类。顶盖上设有加水口、串酸口、液面计口、酸泵等。

01.0063 分酸器 acid distributor
将硫酸均匀分布到填料表面的设备。按结构分，有槽式、管式、管槽式三类；按材质分，有铸铁、不锈钢及阳极保护不锈钢等。

01.0064 瓷质填料 ceramic packing
装填在填料塔内，用于均匀分布液体的陶瓷材质元件。分为规整填料、异鞍环、矩鞍环、拉西环、十字隔板环、鲍尔环等几种。

01.0065 耐酸瓷砖 acid proof ceramic tile
以石英、长石、黏土为主要原料，在高温焙烧下形成的多铝红柱石。具有耐酸碱度高，吸水率低，在常温下不易氧化，不易被介质污染等性能，主要用作塔、池、罐、槽的防腐内衬。

01.0066　尾吸塔　tail gas absorption tower
对制酸尾气进行脱硫处理的设备。按结构分
有填料塔、动力波洗涤器等，一般采用玻璃
钢材质制造。

01.0067　烟囱　chimney
用于向大气排放制酸尾气或其他气体的设
备。一般分为砖块烟囱、钢筋混凝土烟囱和
钢烟囱三类。多为圆柱体，上细下粗。

01.0068　硫酸储罐　sulphuric acid storage tank
为圆柱体碳钢内衬耐酸瓷砖结构，底部进行
耐酸防腐处理，用于存储硫酸的设备。

01.0069　发电机组　generators set
将其他形式的能源转换成电能的成套机械设
备。由动力系统、控制系统、消音系统、减
震系统和排气系统等组成。利用汽轮机驱动
将蒸汽的能量转化为机械能传给发电机，再由
发电机转换为电能，输出到用电设备上使用。

01.01.03　产　　品

01.0070　硫酸　sulphuric acid
化学式为 H_2SO_4，是 SO_3 和 H_2O 的化合物，
一种用途很广的强无机酸。纯硫酸为无色油
状液体，密度 $1.84g/cm^3$，沸点 $337℃$。通过
焙烧分解含硫原料转化吸收生成硫酸。按产
品分类有工业硫酸、蓄电池硫酸、试剂级硫
酸、食品级硫酸和电子级硫酸等。主要用于
生产磷肥，工业中还用于生产钛白粉、氢氟
酸、己内酰胺等多种化学品。

01.0071　浓硫酸　concentrated sulphuric acid
硫酸生产中通常指 H_2SO_4 质量分数大于 70%
的硫酸溶液。浓硫酸具有强氧化性，同时还
具有脱水性，是重要的基础化工原料。

01.0072　稀硫酸　dilute sulphuric acid
通常指 H_2SO_4 质量分数小于 70% 的硫酸溶液。

01.0073　发烟硫酸　fuming sulphuric acid
化学式为 $H_2SO_4 \cdot xSO_3$，一种含有过量 SO_3
的硫酸品种，无色或微有颜色的稠厚液体，
能发出窒息性的 SO_3 烟雾，有很强的吸水性。
与水相混合时，SO_3 即与水结合成硫酸。主
要用作磺化剂制造染料、炸药、硝化纤维及
药物等。

01.02　硝　　酸

01.02.01　原　　料

01.0074　脱盐水　demineralized water
通过不同处理工艺，去除悬浮物和无机阴、
阳离子等水中杂质后所得成品水的统称。硝
酸生产中用于吸收氮氧化物制稀硝酸。

01.02.02　过程与装备

01.0075　氧化性　oxidizability
化学反应中物质得电子的能力，处于高价态
的物质一般具有氧化性。硝酸具有强氧化
性，除金、铂、铑、铱、钽外，所有金属都
能被硝酸氧化。

01.0076　氧化率　oxidation ratio
氧化反应进行程度的参数。即发生氧化反应
物质的量与投入该物质总量的比值。在硝酸
工艺中指转化为氮氧化物的氨占起始氨的
质量分数。

01.0077 产品酸浓度 product acid concentration
又称"成品酸浓度（finished product acid concentration）""酸浓度（acid concentration）"。硝酸生产中产品硝酸在其溶液中所占的比例。是衡量生产工艺先进与否的指标之一。表示方法有质量浓度、摩尔浓度、体积浓度等。生产中一般用质量浓度。

01.0078 浓缩热 heat of concentration
有些溶液在蒸发浓缩时除供给汽化水分所需要的汽化潜热之外，还需供给与稀释热相应的额外热量，这部分热量称为浓缩热。此处指稀硝酸在浓度提高过程中吸收的热量。

01.0079 双加压硝酸工艺 dual-pressure nitric acid process
氨氧化过程为中压，酸吸收过程在高压下进行的硝酸生产工艺。0.4～0.55MPa 的气氨与空气混合后约 200℃进氧化炉，通过铂、铑合金网催化反应，生成氮氧化物。经热回收、冷却后进氧化氮压缩机加压至 1.0～1.2MPa 进硝酸吸收塔，用脱盐水吸收生成 60%～65%的硝酸。

01.0080 硝酸镁法 magnesium nitrate dehydration method
采用硝酸镁作为脱水剂，用稀硝酸为原料精馏制取浓度98%以上浓硝酸的一种工艺方法。

01.0081 超共沸精馏法 super azeotropic distillation method
西班牙 Espindesa 公司开发的生产浓硝酸的工艺。其原理是氨氧化制取氮氧化物气体并脱水后，系统中生成硝酸的浓度超过稀硝酸共沸点的浓度（68.4%，质量分数），经精馏制取浓硝酸的工艺。

01.0082 铂网催化剂 platinum gauze catalyst
以金属铂为主要活性成分，经加工编织成网的催化剂。主要用于硝酸生产中氮氧化物制

备过程氨氧化反应的催化。

01.0083 氨氧化压力 ammonia oxidation pressure
氨氧化反应时所对应的系统内压力。

01.0084 吸收压力 absorption pressure
在硝酸生产中，用脱盐水（或稀硝酸）吸收氮氧化物反应时所对应的系统内压力。

01.0085 能量回收 energy recover
在双加压硝酸工艺中，"四合一"机组中的氧化氮压缩机将氧化氮气体加压至 1.0～1.2MPa 进硝酸吸收塔进行吸收，利用出硝酸吸收塔的尾气的余压，经尾气透平机降压至常压，以回收能量的过程。

01.0086 氨蒸发 ammonia evaporation
液氨受热变成气氨的过程。常用蒸汽、换热后的冷冻水或循环水作为蒸发热源。

01.0087 氨-空混合 ammonia-air mix
氨气和空气在进氧化炉发生反应前，在氨-空混合器内按比例进行混合的过程。

01.0088 氨催化氧化 catalytic oxidation of ammonia
气氨在催化剂作用下和空气中的氧发生反应，生成氮氧化物的过程。

01.0089 氧化空间 oxidation volume
一氧化氮氧化为二氧化氮的反应空间，即从氧化炉出口到吸收塔之间设备、管道的容积之和。

01.0090 氮氧化物吸收 NO_x absorption
在硝酸生产中，氮氧化物被脱盐水（或稀硝酸）吸收生成硝酸的过程。

01.0091 筛板吸收塔 sieve-tray tower
板式塔的一种，内装若干层水平塔板，板上开有筛孔；硝酸吸收塔带有降液管，液体由

塔顶进入，经降液管逐板下降，并在板上积存液层；气体通过筛孔上升、穿越液层、形成鼓泡区并进行气液传质。

01.0092 塔板效率 tray efficiency
用于反映塔板上气、液两相间传质传热效果的值。与塔内酸的浓度、温度、压力、气流速度、板间距等因素有关。

01.0093 非选择性还原法 non-selective catalytic reduction
在催化剂的作用下，还原剂与工业尾气/烟气中所有氧化性物质（包括氮氧化物、氧气）反应生成无害物的工艺方法。

01.0094 碱吸收 alkali absorption
采用碱液如碳酸钠溶液、氢氧化钠溶液吸收尾气中氮氧化物的工艺方法。硝酸工业中用于脱除尾气中的氮氧化物。

01.0095 配料比 mixture ratio
在浓硝酸生产中指稀硝酸与脱水剂（硝酸镁或硫酸）的质量比。

01.0096 硝酸吸收塔 nitric acid absorption tower
用脱盐水或稀硝酸吸收塔内氮氧化物的设备。塔体为不锈钢圆筒，按内部结构分为填料型、泡罩型、筛板型等。在塔内吸收液与氮氧化物气体逆流接触进行传质传热过程，生成稀硝酸。

01.0097 氨氧化炉 ammonia oxidation reactor
氨与空气中的氧进行催化氧化反应生成氮氧化物的设备。该设备上部有多孔气体分布板，中间放置铂网催化剂，下部有废热锅炉回收反应热。

01.0098 氨蒸发器 ammonia evaporator
硝酸生产中，将液氨蒸发为气氨的设备。该设备与吸收塔间建立闭路循环水系统，利用吸收反应所放出的热量作为热源。

01.0099 氨辅助蒸发器 ammonia auxiliary evaporator
硝酸生产中，分离蒸发部分液氨的设备。该设备通常采用蒸汽加热，为内盘管式结构。

01.0100 氨过热器 ammonia surperheater
利用热介质将气氨加热到与操作压力相对应的饱和温度后，再过热 50℃ 的热交换设备。为管壳式结构。

01.0101 高温气-气换热器 high temperature gas-gas exchanger
硝酸生产中利用出氧化炉的高温氧化氮气体加热尾气的热交换设备。为管壳式结构。由于介质温度高、腐蚀性强，材质通常为特殊型号的不锈钢。

01.0102 省煤器 economizer
硝酸生产中的一种热交换设备，利用出高温气-气换热器的氧化氮气体热量将锅炉给水加热到汽包压力下的饱和水的热交换设备。为管壳式结构。

01.0103 低压反应水冷器 low pressure condenser
利用循环水将出省煤器的氧化氮气体快速冷却的换热设备。为管壳式结构。材质通常采用钛材或不锈钢。

01.0104 高压反应水冷器 high-pressure condenser
利用循环水将出尾气预热器的工艺气体快速冷却的换热设备。降低温度后的气体进吸收塔后，提高水对氧化氮的吸收效率。

01.0105 尾气预热器 tail gas preheater
利用氧化氮压缩机出口的氧化氮气体的热量加热出二次空气冷却器的尾气的换热设备。为管壳式结构。材质通常用不锈钢。

01.0106 二次空气冷却器 secondary air cooler
利用出吸收塔的尾气冷却二次空气的换热设备。为管壳式结构。被冷却后的二次空气用于漂白稀硝酸。

01.0107 取样冷却器 sample cooler
用于冷却从管道或容器中取出样品的设备。常为内盘管结构。一般采用循环水作为冷却介质。

01.0108 开工酸槽 start up acid tank
用于收集生产装置停车时系统内硝酸的容器。所储存的硝酸供下一次开车时使用，为常压设备。

01.0109 联氨溶解槽 hydrazine dissolving vessel
用于联氨溶解及储存的容器。联氨溶液供废热锅炉除氧用，该设备通常内设搅拌或者蒸汽加热。

01.0110 磷酸钠溶解槽 sodium phosphate dissolving vessel
用于磷酸钠溶解及储存的容器。磷酸钠溶液供调节锅炉水的 pH 值用，该设备通常内设搅拌或者蒸汽加热。

01.0111 氨过滤器 ammonia filter
用于过滤液氨中的杂质（如油、铁屑等）的一种过滤设备。滤芯通常为高分子纤维材料。

01.0112 蒸汽分离器 steam separator
通常采用折流板或丝网将蒸汽内的液滴从蒸汽系统中分离出来的一种气液分离设备。

01.0113 排污罐 blow down drum
用于收集汽包排污水的容器。该设备通常兼有闪蒸功能，排出的蒸汽可再次利用。

01.0114 氧化氮分离器 NO_x separator
将氧化氮气体内的雾状液滴从气体中分离出来的一种气液分离设备。该设备通常有纤维过滤分离及折板分离两种形式。

01.0115 尾气排气筒 tail gas stack
排放生产系统尾气的设备。经过该设备将尾气高空排放，减少对地面环境的污染。

01.0116 减温器 desuperheater
用水作冷却介质调节过热蒸汽温度的装置。其作用是控制和保持过热蒸汽温度为规定值。

01.0117 管道蒸汽分离器 in-line steam separator
利用流速改变将蒸汽内的液滴从蒸汽系统中分离出来的一种放置于管道系统的分离设备。

01.0118 氨-空混合器 ammonia-air mixer
用于气氨与空气按一定比例混合的设备。硝酸装置常用的有文丘里式混合器和静态混合器。

01.0119 四合一机组 four in one unit
在双加压生产工艺中，空气压缩机、氧化氮压缩机、尾气透平机和蒸汽透平机的组合体。是硝酸装置中的核心设备。

01.0120 氧化氮压缩机 NO_x compressor
硝酸生产过程中压缩、输送氧化氮气体的设备。一般为离心式透平压缩机。其结构紧凑，可以和尾气透平机直连。

01.0121 尾气透平机 tail-gas turbo expander
全称"尾气透平膨胀机"。硝酸生产系统中回收能量的设备。出硝酸吸收塔经换热后的尾气进入尾气透平机，推动透平机内工作叶轮高速旋转，回收动能驱动空气压缩机及氧化氮压缩机。

01.0122 稀酸泵 diluted acid pump
用于稀硝酸输送的设备。该泵通常为离心泵，材质常选用不锈钢。

01.0123　开工酸泵　start up acid pump
将开工酸槽内的稀硝酸输送到吸收塔内的一种用于开工期间稀硝酸输送的设备。该泵通常为离心泵，材质常选用不锈钢。

01.0124　硝酸镁加热器　magnesium nitrate heater
采用蒸汽加热，浓硝酸生产中用于稀硝酸镁溶液加热和脱硝的热交换设备。硝酸镁溶液中含有少量硝酸，该设备常选用不锈钢材质。

01.0125　浓硝酸冷凝器　concentrated nitric acid condenser
浓硝酸生产中利用循环水使硝酸蒸气冷凝的换热设备。该设备为喷淋式热交换器，材质通常选用高硅铸铁。

01.0126　硝酸漂白塔　nitric acid bleaching tower
通过气提释放出硝酸中溶解的氮氧化物使硝酸溶液脱色的设备。有筛板塔和填料塔。

01.0127　硝酸浓缩塔　nitric acid concentrating tower
采用硝酸镁或硫酸作脱水剂，将稀硝酸在塔内脱水蒸馏制成浓硝酸的设备。塔体为高硅铸铁或其他耐腐蚀材料，内部结构多为填料型，上部为精馏段，下部为提馏段。

01.02.03　产　　品

01.0128　稀硝酸　dilute nitric acid
硝酸生产中的稀硝酸一般指浓度为 68%以下的硝酸。纯品为无色透明有刺激性液体，工业品一般呈黄色。能与水按任何比例混合，是强氧化剂。能烧伤皮肤，能腐蚀大部分金属。

01.0129　浓硝酸　concentrated nitric acid
硝酸浓度大于 68%，无色有刺激性气味的液体，易挥发，可以任意比例溶于水，混溶时会释放出大量的热。

01.0130　发烟硝酸　fuming nitric acid
浓度在 86%～97.5%的浓硝酸。因溶有不同的氮氧化物而呈浅黄色或红褐色。腐蚀性极强，在空气中猛烈发烟并吸收水分，为强氧化剂。主要用于有机物的硝化生产等。

01.03　盐　　酸

01.03.01　过程与装备

01.0131　氯化氢合成　hydrogen chloride synthesis
由氯气和氢气反应生成氯化氢气体的一种工艺。反应放出大量热量，每生成 1mol 氯化氢放出 92kJ 的热量。

01.0132　氯化氢合成炉　hydrogen chloride synthetic furnace
氯气和氢气反应生成氯化氢气体的设备。由燃烧器、冷却器等组成。

01.0133　副产蒸汽氯化氢合成炉　by-product steam hydrogen chloride synthesis furnace
由混合燃烧器、合成段、副产蒸汽段和炉顶冷却器等组成的设备。用于氯化氢气体的合成，并利用反应热副产蒸汽。主要材质为石墨。

01.0134　氯化氢催化氧化法　catalytic oxidation of hydrogen chloride
又称"迪肯工艺（Deacon process）"。在催

化剂存在的条件下，用氧气或空气氧化氯化氢生产氯气的工艺。用于处理副产的氯化氢，实现氯元素的闭路循环和零排放。

01.0135 氯化氢干燥 hydrogen chloride drying
脱去氯化氢中水分的过程。主要有冷冻脱水、浓硫酸或分子筛吸收等方法。

01.0136 氯化氢透平压缩机 hydrogen chloride turbo-compressor
由叶轮、蜗壳、轴、齿轮箱、供油系统、电机等组成的大流量、高转速、离心式气体压缩设备。用于输送氯化氢气体，主要材质为高强度钢。

01.0137 氯氢配比 ratio of chlorine to hydrogen
在合成氯化氢的反应中氯气和氢气的配比。一般为摩尔比 1：（1.05～1.10），以保证产品氯化氢中不含游离氯。

01.0138 三合一盐酸合成炉 three-in-one hydrochloric acid synthetic furnace
由燃烧器、冷却器和吸收器组成的设备。用于生产盐酸，主要特点是将氯化氢合成、冷却和吸收三个过程集中在一个设备中完成。也用于含氯废气处理及 P_2O_5 生产。主要材质为石墨。

01.0139 四合一盐酸合成炉 four-in-one hydrochloric acid synthetic furnace
由燃烧器、冷却器、吸收器和尾气洗涤器组成的设备。用于生产盐酸，主要特点是将氯化氢合成、冷却、吸收和尾气净化四个过程集中在一个设备中完成。主要材质为石墨。

01.0140 盐酸解吸 hydrochloric acid desorption
氯化氢吸收的逆过程，精馏得到的纯氯化氢循环使用。常规精馏只能解吸至盐酸质量分数为 20.2%的恒沸物，深度解吸需加入氯化钙等萃取剂。

01.0141 自动点火器 automatic igniter
由点火程控系统、发火系统、燃烧控制及火焰检测系统等组成的设备。用于点燃氢气引发合成炉中氯气与氢气反应生成氯化氢气体。

01.03.02 产　品

01.0142 氯化氢 hydrogen chloride
化学式为 HCl，具有腐蚀性、刺激性气味的无色气体，易溶于水。工业上由氯气和氢气在合成炉内反应制得。是生产聚氯乙烯等含氯或耗氯产品的主要原料。

01.0143 盐酸 hydrochloric acid
氯化氢的水溶液，无色透明液体，在空气中发烟，有刺激性酸味。工业生产方法为用水吸收氯化氢（氯气和氢气反应合成的氯化氢，以及副产的氯化氢）。一种重要的工业原料，广泛用于化工、染料、医药、食品、皮革、制糖、冶金等行业。

01.0144 电子级盐酸 electronic grade hydrochloric acid
用于电子工业中的盐酸，氯化氢的质量分数为 36%±0.5%。一种超净高纯化学品。由工业氯化氢通过精馏、亚沸蒸馏等方法提纯制得。用于半导体、微电子、集成电路特别是超大规模集成电路中配制清洗晶片表面及金属涂层的酸性洗液和蚀刻液等。

01.0145 副产盐酸 byproduct hydrochloric acid
一般是在工业生产主产品过程中产生的氯化氢气体经水吸收而成。

01.0146　高纯盐酸　high-purity hydrochloric acid
由氯气和氢气合成的氯化氢用纯水吸收制成的无色透明液体。相对于工业盐酸，对游离氯和金属离子特别是钙、镁离子含量有特殊要求，氯化氢质量分数≥31%。

01.0147　工业盐酸　industrial hydrochloric acid
由氯气和氢气合成的氯化氢用工业水吸收制成的无色或浅黄色液体，氯化氢质量分数≥31%。

01.0148　食品级盐酸　food-grade hydrochloric acid
用于食品工业的盐酸。与工业盐酸相比主要限制了重金属的含量。在食品加工中用作酸度调节剂、加工助剂等。

01.0149　试剂盐酸　reagent-grade hydrochloric acid
质量达到化学实验使用级别的盐酸。氯化氢质量分数为36%～38%。一般分为化学纯、分析纯、优级纯。

01.04　烧　　碱

01.04.01　原　　料

01.0150　饱和盐水　saturated brine
用于电解法生产氯碱的氯化钠水溶液。其中氯化钠质量浓度一般为305～320g/L。

01.0151　α-纤维素　α-cellulose
由纤维素原料经氢氧化钠溶液处理制备而得。有一定的静电吸附作用，可提高过滤效率。

01.0152　氨基磷酸型螯合树脂　aminophosphonic acid chelating resin
苯乙烯、二乙烯苯与氨基磷酸官能团共聚制得的螯合树脂。具有与许多金属离子形成络合物的性质，在离子交换膜法烧碱生产中用于盐水的二次精制。

01.0153　螯合树脂　chelating resin
以交联聚合物（如苯乙烯或二乙烯苯树脂）为骨架，连接有特殊官能团的一类交联功能高分子材料。能选择性地与特定金属离子形成类似小分子螯合物稳定结构的多配位络合物，广泛应用于各种金属离子的回收分离、氨基酸的拆分以及湿法冶金、公害防治等。

01.0154　淡盐水　depleted brine
在电解槽内进行电解反应后，流出电解槽的质量浓度低于210g/L的氯化钠溶液。

01.0155　一次盐水　primary brine
通过加入碳酸钠、氢氧化钠、次氯酸钠等精制剂并经精密过滤器过滤，除去钙、镁离子及钙、镁盐类固体沉淀物并接近饱和的氯化钠溶液。

01.0156　二次盐水　secondary brine
经过二次精制除去钙、镁离子及钙、镁盐类固体沉淀物并接近饱和，其质量已满足烧碱、纯碱等工艺要求的氯化钠溶液。

01.0157　海盐　sea salt
通过晒干海水从中获得的主要成分为氯化钠的结晶体。可作食用盐、食物防腐剂，也是制烧碱、氯气和金属钠的原料。其成分与海水的成分及生产工艺有关，未经洗涤的工业海盐纯度较低。

01.0158　湖盐　lake salt
从盐湖中直接采出或盐湖卤水经晒制而成的主要成分为氯化钠的结晶体。可作食用盐、食物防腐剂，也是制烧碱、氯气和金属钠的原料。

01.0159　井矿盐　well salt
通过打井的方式抽取地下卤水（天然形成或固体盐注水后生成）制成的主要成分为氯化钠的结晶体。可作食用盐、食物防腐剂，也是制烧碱、氯气和金属钠的原料。

01.0160　原盐　raw salt
生产氯碱的原料，其成分以氯化钠为主，含有钙离子、镁离子、硫酸根等杂质。

01.0161　精制盐　refined salt
采用真空制盐工艺将工业原料盐溶解、除杂、重结晶制得的氯化钠。其质量分数 ≥ 99.1%。

01.0162　卤水　bittern
岩盐井提取的氯化钠盐水，为液体盐。以其为原料的氯碱生产成本比用固体盐为原料的低，使用时一般须先降低其中的硫酸根含量并脱除氨类物质。

01.04.02　过程与装备

01.0163　熬碱锅　solid caustic pot
在常压下直接用火加热，将液碱中水分蒸发制成固体烧碱所用的设备。材质多为铸铁。

01.0164　板框压滤机　plate and frame filter press
用于分离悬浮液中固、液两相的过滤设备。由交替排列的滤板和滤框构成滤室，板、框间有滤布，通过压紧装置压紧板、框达到过滤目的。其特点是结构简单，过滤面积大，可适应各种物料和处理量的要求，缺点是拆装板框和清除滤饼的劳动强度大。

01.0165　斗式提升机　bucket elevator
利用均匀固接于无端牵引构件上的一系列料斗，竖向连续提升散粒或碎块物料的输送机械。

01.0166　螯合树脂塔　chelating-resin tower
氯碱生产中用于盐水二次精制的设备。利用装填的螯合树脂的选择性亲和作用脱除盐水中的二价金属离子，可使钙、镁离子的质量分数降到 2.0×10^{-8} 以下。

01.0167　螯合树脂再生　chelating-resin regeneration
将接近吸附饱和的树脂经过水洗、反洗、酸洗、碱洗等步骤使其可再次发挥作用的过程。

01.0168　百叶窗式电极　louver electrode
离子交换膜电解槽中使用的、外形像百叶窗的一种电极。

01.0169　安全连锁　safety interlock
在生产过程中因某一因素超出控制范围，为防止发生事故或事故扩大而进行自动关闭相关阀门或紧急停车的一种自控方式。

01.0170　钡法脱硫　sulfate removal with barium salt
向氯化钠溶液中加入钡盐，钡离子与硫酸根反应生成沉淀，借以脱除硫酸根的方法。

01.0171　错峰用电　off-peak power consumption
氯碱工业根据峰谷期的不同电价调整生产用电负荷以降低用电成本。

01.0172　变频控制　variable-frequency control
通过改变电动机输入电压的频率来改变电动机的转速，达到减少能源损耗的目的。

01.0173　标准电极电位　standard electrode potential
将某一金属放入该金属盐的溶液中（规定溶液中金属离子的浓度为 1mol/L），在 25℃时，金属电极与标准氢电极（电极电位指定为零）之间的电位差。

01.0174 标准式蒸发器 standard evaporator
由加热室内许多根加热管和一根大直径的中央循环管组成的一种蒸发设备。使用时溶液经中央循环管下降再经加热管上升，不断循环，使溶液在蒸发器内形成自然循环过程。

01.0175 表面冷却器 surface cooler
以空气为冷却剂的一种换热器。

01.0176 捕沫器 mist eliminator
除去气体中夹带的微小液滴的设备。

01.0177 采盐设备 salt collecting equipment
在隔膜法烧碱蒸发过程中用于将析出的氯化钠晶体分离的设备。

01.0178 掺卤比 bittern ratio
氯碱生产中以卤水为部分或全部原料，使用的卤水折成氯化钠的量在全部氯化钠原料量中所占的比例。

01.0179 掺卤制碱 caustic soda production partially from bittern
在电解法氯碱生产中用卤水代替一部分原盐作原料的工艺。

01.0180 槽电压 electrolyzer voltage
电解槽内相邻阴、阳极之间的电压降。由理论分解电压、阳极过电压、阴极过电压、金属导体电压降、电解质电压降、隔膜电压降六个部分组成。

01.0181 沉降效率 settling efficiency
重力沉降式澄清器中单位时间内悬浮颗粒的沉降比率。

01.0182 薄膜蒸发器 film evaporator
使液体沿加热管壁呈膜状流动的同时受热蒸发的设备。

01.0183 澄清桶 clarifier
盐水精制过程中一种依靠重力沉降法分离盐水中悬浮物沉淀所用的设备。

01.0184 盐水除氨 removal of ammonia in brine
脱除氯碱生产用盐水中的氨类物质的工艺。其作用是防止在电解过程中生成易爆炸的三氯化氮。

01.0185 二效蒸发器 second-effect evaporator
烧碱蒸发系统中第二级蒸发的设备。热源一般为二次蒸汽。

01.0186 单元槽 element cell
组成电解槽的基本单元，包括阳极、阴极、离子交换膜、橡胶垫片。

01.0187 单极电解槽 monopolar electrolyzer
离子交换膜电解槽的一种，在电解槽内部各个单元槽的直流供电电路是并联的。因此通过各个单元槽的电流之和即为单极电解槽的总电流，各单元槽的电压是相等的。主要特点是低电压、大电流运行。

01.0188 复极电解槽 bipolar electrolyzer
离子交换膜电解槽的一种，在电解槽内部各个单元槽的直流供电电路是串联的。因此各个单元槽的电压之和即为复极电解槽的总电压，通过各单元槽的电流是相等的。主要特点是低电流、高电压运行。

01.0189 淡盐水浓缩 concentration of depleted brine
对电解后流出离子交换膜电解槽浓度变低的氯化钠盐水进行蒸发浓缩的过程。

01.0190 淡盐水脱氯 depleted brine dechlorination
脱除电解槽出来的低浓度氯化钠溶液中游离氯的工艺。主要有真空脱氯、化学脱氯、空气吹除等方法。

01.0191 低压法液氯生产 chlorine liquefaction at low pressure

在压力 0.25MPa、液化温度−15℃左右条件下使氯气变成液体的过程。

01.0192 高压法液氯生产 chlorine liquefaction at high pressure

在压力 0.8～1.6MPa、液化温度 25～50℃条件下使氯气变成液体的过程。

01.0193 电催化性能 electro-catalytic property

在电极反应过程中，选用的电极材料具有催化剂的作用，可改变电极反应速率或反应方向，而其本身并不发生质的变化。

01.0194 电导率 conductivity

电阻率的倒数。表示物质导电的性能，越大则导电性能越强，反之越弱。单位为西门子/米（S/m）。

01.0195 电感耦合等离子体原子发射光谱仪 inductively coupled plasma atomic emission spectrometer，ICP-AES

联用等离子体光源与原子发射光谱的仪器。利用等离子体形成的高温使待测元素产生原子发射光谱，通过对光谱强度的检测确定试样中待测元素的含量。

01.0196 电化当量 electrochemical equivalent

在电极上通过单位电量时，电极反应产物的理论质量。

01.0197 电化学反应 electrochemical reaction

在电极和溶液界面上进行的电能和化学能之间转变的反应。

01.0198 电化学腐蚀 electrochemical corrosion

金属材料与电解质溶液接触，通过电极反应产生的腐蚀。该腐蚀是一种氧化还原反应，金属失去电子被氧化，反应产物是进入电解质中的金属离子或覆盖在金属表面上的金属氧化物（或金属难溶盐），电解质中的物质从金属表面获得电子被还原。

01.0199 电极电位 electrode potential

当金属放入溶液中时，一方面金属晶体中处于热运动的金属离子在极性水分子的作用下离开金属表面进入溶液，另一方面溶液中的金属离子受到金属表面电子的吸引而在金属表面沉积。在一定浓度的溶液中达到平衡后，在金属和溶液两相界面上形成了一个带相反电荷的双电层，双电层间的电位差称为金属的电极电位，描述电极得失电子的能力。

01.0200 电极反应 electrode reaction

在原电池或电解池的两个电极上发生的反应。分别为氧化反应和还原反应。

01.0201 电极极化 electrode polarization

电极上有电流流过，电极电位偏离平衡电极电位的现象。

01.0202 电极间距 electrode spacing

电解槽中一个单元槽内阳极和阴极之间的距离。

01.0203 电极面积 electrode area

电极上能够发生电极反应的有效面积。

01.0204 电极涂层 electrode coating

通过电镀、涂刷等工艺附着在电极上的、有电化学催化作用的一种或几种物质。

01.0205 电极形状 electrode shape

电极的外观结构。是电解槽设计的重要因素，对电流分布和槽电压有影响。

01.0206 电解 electrolysis

直流电流通过电解质溶液或熔融态电解质，在阴极和阳极上发生氧化还原反应的过程。在此过程中电能转化成为化学能。

01.0207　电解槽　electrolyzer
由槽体、阳极和阴极组成，多数用隔膜将阳极室和阴极室隔开。按电解质的不同分为水溶液电解槽、熔融盐电解槽和非水溶液电解槽三类。当直流电通过电解槽时，在阳极与溶液界面处发生氧化反应，在阴极与溶液界面处发生还原反应，以制取所需产品。

01.0208　电解槽差压电位计　potentiometer for indicating voltage difference of electrolyzers
将复极电解槽的单元槽平均分成前后两组，采用电桥原理测量这两组的不平衡电压的仪表。

01.0209　电解单元成本　electric-chemical unit cost
以电解单元（ECU）为单位进行的氯碱成本核算。根据测算，每一种电解单元可生产 1 单元氯气及 1.13(1/0.885)单元烧碱（折百），公式为 1ECU=1.13NaOH+Cl$_2$。

01.0210　电解室　electrolytic compartment
电解槽内发生电解反应的空间。分为阳极室和阴极室。

01.0211　电解液　electrolyte
化学电源、电解池等使用的液态功能介质。在工作电极之间提供离子传输和辅助电极反应。

01.0212　电解液循环　electrolyte circulation
在电解进行过程中按一定速度不停地流经电解槽的溶液，使电解槽内电解液的组成和温度均一，并减小电极界面扩散层厚度。有自然循环和强制循环之分。

01.0213　电流分布　current distribution
电解过程中直流电流过电极的均匀程度。

01.0214　电流密度　current density
单位有效面积的隔膜（离子交换膜）表面流

过的电流值。

01.0215　电流效率　current efficiency
在电解过程中，生成物的实际产量与理论产量的比值。

01.0216　电压效率　voltage efficiency
在电解过程中，理论分解电压与实际槽电压的比值。

01.0217　兑卤槽　brine mixer
循环卤水与新卤水混合的设备。其作用是用来自冷冻器的低温盐水稀释并降温硫酸钠浓度高的原盐水，使硫酸钠结晶，由此减少冷冻器传热器壁上的结晶。

01.0218　多孔电极　porous electrode
电解中使用的、上面均布有孔的一种电极。

01.0219　多效蒸发　multiple effect evaporation
将多个蒸发器串联运行的一种蒸发工艺。物料在前一蒸发器内蒸发时所产生的二次蒸汽用作后一蒸发器的加热蒸汽，蒸汽热能得到多次利用，从而提高热能的利用率。

01.0220　法拉第常数　Faraday constant
物理学和化学尤其是电化学中的一个重要常数，代表每摩尔电子所携带的电荷，是阿伏伽德罗常数 N_A=6.02214×10^{23}mol^{-1} 与元电荷 e=1.602176×10^{-19}C 的乘积，即（96485.3383±0.0083）C/mol。

01.0221　法拉第第一定律　Faraday's first law
在电极上析出或溶解的物质的质量（W）与通过电解液的总电量（Q）（即电流 I 和通电时间 t 的乘积）成正比。$W=k \cdot Q=k \cdot I \cdot t$。

01.0222　法拉第第二定律　Faraday's second law
当通过各电解液的总电量相同时，在电极上析出（或溶解）的物质的质量与该物质的化学当量（即原子量与原子价的比值）成正比。

也可以表述为：物质的电化学当量（k）同其化学当量（E）成正比，即 $k = C \cdot E$，其中 C 是比例常数。

01.0223　反向电流　reverse current
在氯碱电解槽切断电流后，阳极液中存在 Cl^-/Cl_2 电对，阴极液中存在 $H_2 + OH^-/H_2O$ 电对，并且阴阳极进出口管路中有导电的液体，构成了原电池，发生原电池反应，从而形成的与电解通电方向相反的电流。对电极和离子膜损伤很大。

01.0224　废氯气　chlorine containing waste gas
氯碱生产装置开车、停车、检修置换及处于事故状态时放出的不能收集使用的氯气。一般用 17%～21% 的碱液进行吸收。

01.0225　缝隙腐蚀　crevice corrosion
在狭缝或间隙内或近旁发生的腐蚀。发生缝隙腐蚀的缝隙必须宽到腐蚀溶液能够进入，但又必须窄到能维持溶液静滞。通常发生在金属表面与垫片、垫圈、衬板、表面沉积物等接触的地方以及搭接缝、金属重叠处。

01.0226　浮上澄清法　floating clarification
一种脱除盐水中悬浮物的方法。其原理是将加压空气溶解在带有悬浮物的粗盐水中，然后突然减压，溶解的空气形成微小的气泡释出，并在絮凝剂的作用下附聚在沉淀颗粒上，使其假密度远低于盐水，以一定的速度向上浮起从澄清桶上部排出，少量密度大的颗粒从桶底排出。

01.0227　隔膜　diaphragm
在电解过程中用于将阳极生成物和阴极生成物隔开的多孔性、阳极液可渗透的物质。通常由石棉纤维制成。

01.0228　改性隔膜　modified diaphragm
在石棉纤维中加入聚四氟乙烯等含氟聚合物，制成的坚韧、有弹性、形状固定的隔膜。

与扩张阳极配合使用，用于缩小隔膜电解槽的电极间距，降低槽电压。

01.0229　高电流密度电解槽　high current density electrolyzer
运行电流密度为 4.0～6.0kA/m² 甚至更高的离子交换膜电解槽。

01.0230　隔膜电解槽　diaphragm electrolyzer
由装有阳极的槽底、吸附隔膜的阴极箱和槽盖三部分组装而成的一种电解槽。隔膜是一种由石棉纤维制成的多孔渗透性隔层，将电解槽分隔为阴极室（阴极网袋内）与阳极室（隔膜与阳极之间的空隙）。

01.0231　功率因数　power factor
在交流电路中，电压与电流之间的相位差（Φ）的余弦。用符号 $\cos\Phi$ 表示，在数值上为有功功率和视在功率的比值。

01.0232　固定离子浓度　concentration of fixed ion
离子交换容量与含水率的比值。是离子交换膜的性能指标。单位为 mEq/g H_2O。

01.0233　固碱生产　solid caustic soda production
将液体烧碱在高温下进一步浓缩呈熔融状，再经冷却、成型，生成不同形状固体烧碱的过程。

01.0234　过电位　over potential
在一定电流密度下工作的电极电位与该电极平衡电极电位间的差值。表示电极极化的程度。是电解槽工作电压比理论分解电压大的一个主要原因。

01.0235　过碱量　excessive amount of sodium hydroxide and sodium carbonate
为除去氯化钠盐水中的钙离子和镁离子，加入碳酸钠和氢氧化钠，其实际加入量比理论用量多出的数值。

01.0236　含水率　moisture content
离子交换膜中每克干树脂中的含水量。是离子交换膜性能的特性参数。以百分率表示。

01.0237　虹吸式过滤器　siphon filter
用于过滤流出澄清桶精制盐水中的少量细微悬浮物的一种砂滤器。可无人操作，具有节省动力、投资少的优点。

01.0238　化学腐蚀　chemical corrosion
金属与接触到的物质直接发生氧化还原反应而被氧化损耗的腐蚀过程。

01.0239　化学法脱氯　chemical dechlorination
向流出电解槽的淡盐水、氯水中加入亚硫酸钠、双氧水等物质，通过发生化学反应除去其中游离氯的一种方法。

01.0240　化盐池　salt dissolving pond
用于将原盐溶解于水形成饱和溶液的一种设备。一般位于地下。

01.0241　化盐桶　salt dissolver
用于溶解原盐制备接近饱和粗盐水的立式圆筒形设备。底部有溶盐水分布装置，中间有折流圈，上部有盐水溢流槽及篦子。

01.0242　磺酸层　perfluorosulfonic acid layer
氯碱离子交换膜面向阳极的一侧，较厚。离子交换基团为磺酸基团。

01.0243　磺酸基团　sulfonic acid group
氯碱离子交换膜面向阳极侧的磺酸层中的离子交换基团。

01.0244　活性阴极　active cathode
电催化活性比铁阴极高，析氢过电位比铁阴极低的阴极的统称。

01.0245　机械热泵浓缩技术　mechanical vapor recompression，MVR
不损失蒸汽潜热，用压缩机把蒸发产生的二次蒸汽再压缩，提高压力和温度，回到蒸发器再利用的技术。

01.0246　极化电流　polarization current
在电解槽未通电的情况下，如果电解槽内部有电解液，会发生原电池反应产生反向电流，为抵消此反向电流而投入的电流。

01.0247　极化曲线　polarization curve
某个电极在进行氧化反应或还原反应时，表示电流密度与电极电位（或过电位）之间关系的曲线。

01.0248　极化整流器　polarization rectifier
在电解槽送电前或停电后主整流器没有供电时，向电解槽提供一个比较小的正向极化电流，以阻止产生反向电流的整流设备。

01.0249　极限电流密度　limited current density
离子交换膜法电解中，膜的阳极一侧界面上氯化钠浓度为零时的运转电流密度。超过此电流密度，因为来不及向膜的界面补充氯化钠，不但电流效率降低，电压上升，而且膜的内部结构受到破坏。

01.0250　碱脆　caustic embrittlement
金属及合金材料在碱性溶液中发生的应力腐蚀破裂。

01.0251　降膜蒸发器　falling-film evaporator
一种蒸发设备。其原理是料液自加热室上管箱加入，经液体分布器及成膜装置均匀分配到各换热管内，在重力和真空诱导及气流作用下，成膜状自上而下均匀流动，被壳程加热介质加热汽化，产生的蒸汽与液相共同进入蒸发器的分离室。

01.0252　降膜管　falling-film tube
膜式蒸发器内的列管，料液在其上成膜并被加热。

01.0253 离子交换基团 ion exchange group
离子交换树脂、离子交换膜内进行离子交换的活性基团。

01.0254 交换容量 exchange capacity
离子交换膜中每克干树脂所含交换基团的毫克当量数。是离子交换膜性能的特性参数。单位为 mEq/g 干树脂。

01.0255 金属阳极 metal anode
又称"形稳性阳极(dimensional stable anode)"。在基体金属钛上涂覆一层铂族金属（如钌）氧化物和阀金属（如钛）氧化物混晶结构涂层的电极。涂层既有良好的催化活性，便于氯离子放电（氯过电位比在石墨阳极上低），又具有足够的机械强度和耐蚀性能，能耐盐水和气流的冲击和氯的腐蚀。

01.0256 金属阳极电解槽 electrolyzer with dimensional stable anode
采用金属作为阳极的电解槽。

01.0257 聚合物膜过滤器 polymer membrane filter
过滤膜的材质为聚合物膜的过滤器。

01.0258 局部腐蚀 local corrosion
又称"不均匀腐蚀"。腐蚀集中在金属表面的某些区域，其他的部分几乎没有被腐蚀。包括点蚀、缝隙腐蚀、电偶腐蚀、应力腐蚀开裂、晶间腐蚀、微生物腐蚀、冲蚀和氢脆等类型。虽然质量损失程度比均匀腐蚀小，但可导致金属结构的不紧密或穿漏现象，因此危险性较大。

01.0259 均匀腐蚀 uniform corrosion
腐蚀的一种形式，腐蚀位置均匀分布在金属表面。

01.0260 空气吹除法 air purging process
将空气加压通入脱氯塔内，脱除淡盐水或氯水中游离氯的一种方法。该方法得到的氯气浓度低，不能并入由电解槽出来的氯气系统。

01.0261 扩散系数 diffusivity
当浓度梯度为一个单位时，单位时间内单位面积上通过的气体量。是表示气体（或固体）扩散程度的物理量。

01.0262 扩张阳极 expansible anode
隔膜电解槽使用的一种阳极，安装时呈收缩状态，安装后取出固定卡条，网袋弹开，由此缩小阴阳极间距，降低电解槽电压。需与改性隔膜配合使用。

01.0263 拉网金属阳极 meshed metal anode
形状像拉开的网的一种金属阳极。

01.0264 冷冻脱硝 sulfate removal by freezing
依据氯化钠和硫酸钠在水中的溶解度随温度变化的规律不同，通过降温使十水硫酸钠结晶，达到脱除盐水中硫酸根目的的一种工艺。

01.0265 冷冻盐水 refrigerated water
凝固点低于 0℃ 用作冷却介质的盐水。

01.0266 离子交换膜法电解 ion exchange membrane electrolysis
用阳离子交换膜将电解槽分隔为阳极室和阴极室，利用离子交换膜对阴离子或阳离子具有选择透过的特性，容许带一种电荷的离子通过而限制相反电荷的离子通过，通过电解达到浓缩、脱盐、净化、提纯以及电化学合成目的的一种工艺。

01.0267 离子交换膜电解槽 ion exchange membrane electrolyzer, ion exchange membrane cell
利用离子交换膜法原理进行电解的设备。由阳极、阴极、离子交换膜、电解槽框和导电铜棒等组成。阳离子交换膜把单元槽隔成阴极室和阳极室，每台电解槽由若干个单元槽串联或并联组成。用于生产烧碱、氯气等产品。

01.0268　离子迁移数　ion mobility
电解质溶液中某种离子传递的电量与溶液通过的总电量之比。

01.0269　理论分解电压　theoretical decomposition voltage
使某电解质溶液连续不断发生电解反应时所须外加的最小电压，在数值上等于该电解池作为可逆电池时的可逆电动势。

01.0270　列管式冷却器　shell and tube cooler
换热器的一种，主要由壳体和管束组成，分为管程和壳程，在管内流动流体的行径为管程，在管外流动流体的行径为壳程，管束的壁面为传热面。

01.0271　零电位　zero potential
复极电解槽的阳极端框和阴极端框电压相等、方向相反，正常情况下中间槽的电位为零。如某个单元槽发生接地，则零电位位置偏移。

01.0272　零电位偏移　zero potential shift
离子交换膜烧碱装置分正极区和负极区，电解槽中有个中性点，在该点上正电压和负电压大小相等，其和为零，这个中性点是零电位点。理论上零电位点位于电解槽的中间，使正极区和负极区达到平衡。当因为漏液或其他原因引起电解槽出现接地故障时，接地点不在中性点上，出现零点电位差，中性点发生偏移。

01.0273　螺杆式压缩机　screw compressor
容积式提高气体压力并输送气体的一种设备。汽缸内装有一对互相啮合的螺旋形阴阳转子，两转子都有几个凹形齿，两者反向旋转，随着转子旋转，完成一个吸气—压缩—排气过程。

01.0274　氯碱工业　chlor-alkali industry
用电解饱和氯化钠溶液的方法来制取烧碱、氯气和氢气，并以其为原料生产一系列化工产品的行业。是最基本的化学工业之一。

01.0275　氯气干燥　chlorine drying
除去流出电解槽的湿氯气中所含水分的过程。主要采用浓硫酸或降低氯气温度的方法。

01.0276　氯气缓冲罐　chlorine buffer tank
为使系统工作更平稳，用于缓冲氯气系统中压力波动的容器。

01.0277　氯气紧急处理装置　chlorine emergency treatment plant
用于应急处理意外泄漏的氯气的装置。一般由碱液循环槽、冷却器、循环泵、吸收塔、尾气风机等设备组成。

01.0278　氯气冷却　chlorine cooling
降低流出电解槽氯气的温度，减少其中水分含量的过程。

01.0279　氯气氢含量　hydrogen content of chlorine
氯气中氢的体积分数。一般控制单槽氯气中氢的体积分数$\leqslant 1\%$，总管$\leqslant 0.4\%$。

01.0280　氯气洗涤　chlorine scrubbing
用水或氯水喷淋流出电解槽的氯气，除去其中的机械杂质、盐雾并降温的过程。

01.0281　氯气洗涤塔　chlorine scrubber
用于洗涤从电解槽出来湿氯气的设备，与冷却水进行逆流接触，洗涤除去杂质，同时起到冷却降温的作用。

01.0282　氯气压缩机　chlorine compressor
压缩输送氯气的设备，常用的有纳氏泵和透平压缩机。

01.0283　氯气液化　chlorine liquefaction
将氯气变成液体的单元操作，有低温低压液

化、中温中压液化、高温高压液化三种工艺。

01.0284　氯气中毒　chlorine poisoning
短时间内吸入较大量氯气所致的以急性呼吸系统损害为主的疾病。

01.0285　氯气专用阀　chlorine valve
使用介质为氯气的阀门。

01.0286　氯氢处理　chlorine and hydrogen handling
氯碱生产中对流出电解槽的氯气、氢气进行洗涤、降温、干燥、加压输送的工序。

01.0287　氯氢压差　chlorine and hydrogen pressure difference
电解槽阴极总管、阳极总管压力的差值。

01.0288　氯水　chlorine water
湿氯气降温除水过程中形成的含有溶解氯的水。

01.0289　氯酸盐分解　chlorate decomposition
加入盐酸使其与氯酸盐在 90℃左右反应,降低盐水中的氯酸盐含量的过程。

01.0290　氯酸盐分解槽　chlorate decomposer
用于分解淡盐水中氯酸盐的设备。加入盐酸,盐酸与氯酸盐在 90℃左右反应,降低盐水中的氯酸盐含量。

01.0291　膜电压降　membrane voltage drop
离子膜电解工艺中通直流电后因离子膜电阻造成的电压降。

01.0292　膜法脱硝　sulfate removal by membrane process
借助纳滤膜脱除氯化钠盐水中硫酸根的工艺,使入槽盐水中硫酸根的质量浓度不超过 5g/L。经过预处理的盐水流过纳滤膜,硫酸根被阻止在浓缩液中,再通过冷冻技术将其

中的硫酸根以硫酸钠的形式结晶脱除。

01.0293　膜极距电解槽　membrane gap electrolyzer
阳极、阴极间的距离只有离子膜厚度的电解槽。相比于普通极距电解槽电压低,单位烧碱电耗低。

01.0294　膜利用率　utilization rate of membrane
在电解过程中,离子膜起离子交换作用部分的面积占离子膜实际面积的百分数。主要取决于电解槽设计时电极的反应面积与安装电极的面积之比。

01.0295　纳氏泵　Nash pump
一种液环式气体压缩机。叶轮偏心装在机壳里,启动前壳内灌满水或其他液体,叶轮转动时,水在离心力的作用下被甩到壳壁形成旋转的水环。在一个周期内,前半周水环的内表面先与轮轴逐渐离开,低压气体被吸入;后半周水环的内表面与叶轮轴逐渐接近,形成压力排出气体。这样反复运动,连续不断地吸气与排气,使气体得到压缩。

01.0296　浓差极化　concentration polarization
在电解过程中,电极附近某离子的浓度由于电极反应而发生变化,本体溶液中离子扩散的速度又来不及弥补这个变化,导致电极附近溶液与本体溶液间有一个浓度梯度,这种浓度差别引起的电极电位的改变。

01.0297　浓效蒸发器　enriching-effect evaporator
多效蒸发工艺中使碱液浓缩的最后一个蒸发器。

01.0298　欧姆电压降　ohmic voltage drop
电解装置等因导体电阻造成的电压降。

01.0299　泡沫干燥塔　foam drying tower
用于氯气干燥的一种筛板塔。氯气在塔板上的

硫酸中鼓泡而出，气液相形成悬浮状的泡沫。一般有 5 层塔板。脱水效果好，但操作弹性低。

01.0300　泡罩干燥塔　bubble-cap drying column
用于氯气干燥的一种板式塔。塔内装有多层水平塔板，板上有若干个氯气通过的短管，其上覆盖底缘有齿缝或小槽的泡罩，氯气以泡沫状通过硫酸。其特点介于填料塔和泡沫塔之间。

01.0301　配水罐　water mixing tank
溶解原盐的各种水在其内混合均匀的设备。

01.0302　喷淋塔　spray column
氯碱生产中处理废气的设备。一般为填料塔。喷淋液由塔顶经液体分布器喷淋到填料上，并沿填料表面流下，废气由下部进入，经气体分布装置分布后，与液体在填料表面逆流接触。

01.0303　片碱机　caustic soda flaker
将熔融烧碱制成片状的设备。主要由转鼓、刀片、减速机、电机、下料斗、外壳等组成。

01.0304　平衡电极电位　equilibrium potential
在金属与电解质溶液构成的体系中，当金属成为阳离子进入溶液的速度与溶液中的金属离子沉积到金属表面的速度相等时，反应达到动态平衡，即正逆过程的物质迁移和电荷输送速度都相同，此时该电极的电位值。

01.0305　气泡效应　bubble effect
在电解过程中，溶液中悬浮有许多电解生成的不导电的气泡，同时电极表面也附有由许多气泡组成的气泡帘，影响溶液的导电性、电极表面的欧姆电压降和电流分布。

01.0306　气液分离器　gas-liquid separator
用于气液分离的设备。分离方法有：重力沉降、折流分离、离心分离、丝网分离、超滤分离、填料分离等。

01.0307　强化型泡沫塔　enhanced foam column
在普通泡沫干燥塔基础上改进的氯气干燥设备。其特点是运行气速大，硫酸采取循环的操作方式，干燥效果提升明显。

01.0308　强制内循环蒸发器　evaporator with forced internal-circulation
由蒸发室、加热室、液体箱、循环管和强制循环泵组成的一种蒸发器。循环管在蒸发器的内部。蒸发室下降的溶液经加热室外围的一半加热管进入液体箱，被循环泵送入加热室中间的另一半加热管，再向上进入蒸发室蒸发。

01.0309　强制外循环蒸发器　evaporator with forced external-circulation
由加热室、蒸发室、循环管和强制循环泵组成的一种蒸发器。循环管在蒸发器的外部。蒸发室下降的溶液用循环泵经外设加热室加热后经循环管再次进入蒸发室蒸发。

01.0310　强制循环电解槽　electrolyzer with forced circulation
主要依靠大流量、大功率、高压力的离心泵来实现溶液在电解槽内部的均匀分布的一种电解槽。

01.0311　氢气柜　hydrogen gas holder
储存氢气、稳定氢气压力的设备。主要用于需要稳定、连续、安全地供应氢气的装置上。

01.0312　燃氢蒸汽锅炉　hydrogen fuel boiler
以氢气为燃料产生蒸汽的锅炉。

01.0313　氢气洗涤塔　hydrogen scrubber
用于洗涤从电解槽出来的湿氢气的设备。与冷却水进行逆流接触，洗涤除去杂质，同时起到冷却降温的作用。

01.0314　全卤制碱　caustic soda production totally from bittern
不用固体盐，全部以卤水为原料电解生产烧碱的工艺。

01.0315　全氟羧酸膜　perfluorocarboxylate membrane

以全氟羧酸树脂和聚四氟乙烯织物为原料制成的膜。具有弱酸性，亲水性小，含水率低，膜内的固定离子浓度较高，以其为分离膜的氯碱电解槽生产的产品烧碱的质量分数可达 35%，电流效率大于 96%，缺点是膜电阻较大。

01.0316　全氟磺酸膜　perfluorosulfonate membrane

以全氟磺酰氟化合物和四氟乙烯共聚合成的树脂为原料制成的膜。酸性强，亲水性好，含水率高，电阻低，欧姆电压降小，但膜内的固定离子浓度较低，排斥 OH 能力低，如果只以其为分离膜，氯碱电解槽的电流效率小于 80%，产品烧碱的质量分数小于 20%。

01.0317　全氟磺酰胺膜　perfluorosulfonamide membrane

将全氟磺酰氟类膜用胺类（乙二胺等）进行表面处理制成的膜。酸性很弱，亲水性很小，含水率很低，电阻很大，能够阻挡 OH 的反迁移，如果只以其为分离膜，氯碱电解槽的电流效率约为 90%，但在电解条件下磺酰胺基团易水解，化学稳定性差，已停止使用。

01.0318　全氟磺酸羧酸复合膜　perfluorosulfonate-perfluorocarboxylate composite membrane

以全氟羧酸树脂和全氟磺酸树脂为原料制成的复合膜。性能优良，兼具羧酸膜和磺酸膜的优点。使用时较薄的羧酸层面向阴极，较厚的磺酸层面向阳极。

01.0319　全氟橡胶　perfluoroelastomer

由四氟乙烯、全氟烷基乙烯基醚为主要单体，与少量带硫化点的第三单体共聚而成的高分子物质。聚合物中所有碳原子连接的氢原子被氟原子所取代，耐高温，耐化学药品。

01.0320　燃烧喷嘴　burner nozzle

氯化氢合成炉内用于氯气和氢气混合并燃烧的设备。由透明石英制成。

01.0321　燃烧室　combustion chamber

氯化氢合成炉内氯气和氢气的燃烧区。

01.0322　加压溶气槽　pressurized-air dissolving tank

盐水一次精制工序中将加压空气溶解在带有悬浮物、准备浮上过滤的粗盐水中的设备。

01.0323　熔盐载热体　heat transfer molten salt

熔融的碱金属硝酸盐的混合物。是高温载热体，具有均热性、导热性、流动性、熔点较低等特点，如 HTS（组成为 KNO_3 53%、$NaNO_2$ 40%、$NaNO_3$ 7%）。

01.0324　三氯化氮　nitrogen trichloride

化学式为 NCl_3，在常温下为黄色黏稠的油状、挥发性有毒液体，有刺激性气味。可溶于氯仿、四氯化碳、苯、二硫化碳。在酸性条件下可由 Cl_2 或次氯酸与 NH_3、铵盐反应制得。是威胁氯碱安全生产的一大隐患。氯气中三氯化氮的质量分数应不超过 0.005%，液氯容器排污物中 NCl_3 质量分数不应大于 1.2%。

01.0325　双效蒸发　double-effect evaporation

离子膜法烧碱蒸发时蒸汽被利用两次的蒸发工艺。

01.0326　三效逆流蒸发　three-effect countercurrent evaporation

碱液与蒸汽流向相反，连续在三个蒸发器内蒸发的工艺。对蒸汽做了三次利用。其中二次蒸汽被利用了两次。

01.0327　三效顺流蒸发　three-effect cocurrent evaporation

碱液与蒸汽流向相同，连续在三个蒸发器内

蒸发的工艺。对蒸汽做了三次利用。其中二次蒸汽被利用了两次。

01.0328 三效四体蒸发 three-effect four-compartment evaporation

在三效蒸发工艺外增加浓效蒸发器的蒸发工艺。对蒸汽做了三次利用。其中二次蒸汽被利用了两次。

01.0329 三效蒸发器 third-effect evaporator

由三台蒸发器组成的、对蒸汽作了三次利用的设备。其中二次蒸汽被利用了两次。

01.0330 四效错流蒸发 four-effect cross-current evaporation

碱液与蒸汽流向垂直,连续在四个蒸发器内蒸发的工艺。对蒸汽做了四次利用。其中二次蒸汽被利用了三次。

01.0331 四效逆流蒸发 four-effect counter-current evaporation

碱液与蒸汽流向相反,连续在四个蒸发器内蒸发的工艺。对蒸汽做了四次利用。其中二次蒸汽被利用了三次。

01.0332 砂滤器 sand filter

以石英砂或卵石层为滤料的立式圆筒型过滤设备。用于卤水等物料的初级过滤。

01.0333 筛板塔 sieve-plate column

内装若干层水平塔板,板上有许多小孔,形状如筛的塔器设备。塔内有的装有溢流管,有的没有溢流管。

01.0334 闪蒸罐 flash tank

又称"闪发罐"。一种容器,其内的压力较低,压力相对较高的液体进入后由于压力的突然降低而沸腾汽化。

01.0335 设计电流 design current

按设计工况电解槽处于最佳运行状态时的

电流数值。

01.0336 设计电流密度 design current density

按设计工况电解槽处于最佳运行状态时,单位有效面积的膜上流过的电流数值。

01.0337 石棉 asbestos

天然产的纤维状的硅酸盐水合物的总称。工业上使用价值高的有温石棉、青石棉和铁石棉。不同产地的石棉的化学组成不同。温石棉可用 $3MgO \cdot 2SiO_2 \cdot 2H_2O$ 或 $Mg_3(Si_2O_5)(OH)_4$ 表示,其中含有 Al_2O_3、Fe_2O_3、CaO 等杂质。

01.0338 石棉隔膜 asbestos diaphragm

隔膜电解槽内电解液可透过,但可分开阳极产物和阴极产物,由石棉纤维制成的一种隔膜。

01.0339 石墨阳极 graphite anode

由石油焦、沥青焦、无烟煤、沥青等压制成型,在近 $3000\,℃$ 石墨化形成人造石墨,用其制成的阳极。

01.0340 事故氯气 accidentally chlorine

氯碱生产事故中泄漏出来的氯气。

01.0341 事故氯吸收塔 accidental chlorine absorption tower

用石灰溶液或氢氧化钠溶液吸收生产事故中泄漏的氯气和氯碱开停车时产生的不合格氯气,防止环境污染的一种塔器设备。

01.0342 树脂层高度 height of chelating resin bed

螯合树脂塔内填装的树脂层的高度。

01.0343 树脂再生 regeneration of chelating resin

交换能力明显降低的螯合树脂,经水洗、酸洗、碱洗等操作后使其恢复交换能力的操作过程。

01.0344 水合离子 hydrated ion
在电解质溶液中，离子与水分子结合生成的带电微粒。

01.0345 水喷射器 water ejector
一定压力的水流经喷嘴高速喷出，在周围形成负压，借此抽吸引射流体的一种抽真空的机械装置。

01.0346 水银电解法 mercury cathode electrolysis
电解槽以水银为阴极，生产烧碱和氯气的工艺。

01.0347 全氟羧酸层 perfluorocarboxylic acid layer
全氟羧酸-磺酸复合离子膜面向阴极侧的一面。

01.0348 钛冷却器 titanium cooler
用钛材制成的冷却器。多用于湿氯气的冷却除水。

01.0349 钛阳极 titanium anode
氯碱电解槽中以钛为基体的金属阳极。

01.0350 碳素管过滤器 carbon tube filter
由许多根烧结的碳素管组成，用于盐水进入螯合树脂塔前滤除悬浮物的设备。过滤前须先预涂助滤剂 α-纤维素。

01.0351 陶瓷膜过滤器 ceramic membrane filter
由若干根陶瓷管组成的精密型超级过滤净化设备。平均过滤孔径为 40nm。

01.0352 填料干燥塔 packed drying tower
内装拉西环、鲍尔环、泰勒花环等填料，用于氯气干燥的塔器。

01.0353 铁阴极 iron cathode
氯碱电解槽中铁制的阴极。

01.0354 氯气透平压缩机 chlorine turbocompressor
用于压缩、输送氯气的离心式压缩机。借叶轮高速旋转产生的离心力使氯气压缩。一般分成几段压缩，每段的压缩比不能过大，并设级间冷却器以除去热量。对氯气含水和其他杂质的要求较高。

01.0355 脱氯塔 dechlorination tower
淡盐水或氯水真空脱氯工艺中使用的设备。

01.0356 脱氯盐水 chorine-removed brine
脱除了游离氯的淡盐水。

01.0357 脱硝盐水 sulfate-removed brine
脱除了硫酸根的淡盐水。

01.0358 贫硝盐水 sulfate-depleted brine
膜法脱硝工艺中出纳滤膜后硫酸根含量低的淡盐水。

01.0359 富硝盐水 sulfate-enriched brine
膜法脱硝工艺中出纳滤膜后硫酸根浓度增大的淡盐水。

01.0360 外沸式蒸发器 levin evaporator
沸腾区在加热管外的一种蒸发器。设法在加热室内形成过剩压力，溶液过热不在加热室内沸腾汽化，减轻加热面的结垢，在加热室的上部或旁侧设沸腾室用于过热溶液沸腾汽化。

01.0361 尾气吸收塔 tail gas absorber
通过吸收液吸收尾气中的有害成分，治理废气的塔器设备。

01.0362 涡流澄清桶 vortex clarifier
依靠重力沉降的一种盐水澄清设备。混有凝聚剂的盐水沿切线方向进入桶内倒置的锥体内，由下向上减速旋转流动，产生涡流，使盐水中的沉淀物与凝聚剂充分接触凝聚成较大的絮团

01.0363 无机铵含量 inorganic ammonium content

盐水中无机铵的含量，要求进槽盐水中无机铵质量浓度≤1mg/L。

01.0364 析氯反应 chlorine evolution reaction

电解氯化钠水溶液时阳极上发生的主反应，生成氯气。

01.0365 析氢反应 hydrogen evolution reaction

电解氯化钠水溶液时阴极上发生的主反应，生成氢气。

01.0366 析氧反应 oxygen evolution reaction

电解氯化钠水溶液时与析氯反应竞争的阳极副反应，生成氧气。

01.0367 牺牲电极 sacrificial electrode

由电位较负的金属材料制成的电极。与被保护的管道或设备连接，有电流流过时自身优先发生离解，从而抑制管道设备的腐蚀。

01.0368 牺牲芯材 sacrificial core

离子交换膜内的一种纤维，在电解过程中可以溶解，占据的位置变为水通道，从而降低膜电压。

01.0369 折流槽 baffle tank

在盐水流经的通道上交替设置了很多挡板的设备。盐水和精制剂可以在其内混合均匀并延长反应时间。

01.0370 斜板式澄清桶 inclined-plate clarifier

依靠重力沉降的一种盐水澄清桶。内部装有多块斜板或斜管用以增大沉降面积，缩短沉淀颗粒的沉降距离，改善水力条件，盐水在层流状态下分离悬浮颗粒。

01.0371 谐波电流 harmonic current

将非正弦周期性电流函数按傅里叶级数展开时，频率为原周期电流频率整数倍的各正弦分量的电流统称。其危害十分严重，使电能的生产、传输和利用的效率降低，使电气设备过热、产生振动和噪声，并使绝缘材料老化，使用寿命缩短，甚至发生故障或烧毁。

01.0372 泄漏电流 leakage current

在没有施加电压的情况下，电气中相互绝缘的金属零件之间，或带电零件与接地零件之间，通过其周围介质或绝缘表面所流过的电流，是沿不希望的绝缘途径流过的电流。

01.0373 絮凝剂 flocculant

使液体中的胶体悬浮物颗粒长大沉降的助剂。带有正（负）电性的基团，通过中和水中的带有负（正）电性难以分离的一些粒子或颗粒，降低其电势，使其处于不稳定状态，聚集成大颗粒而加速沉降。

01.0374 絮凝物 flocculate

通过絮凝作用在液体内形成的絮状物，可用重力或浮选加以分离。

01.0375 悬筐式蒸发器 basket type evaporator

加热室像篮筐一样悬挂在蒸发器壳体的下部，溶液沿加热管中央上升并沿着悬筐式加热室外壁与蒸发器内壁间的环隙向下流动而构成循环的蒸发器。是标准式蒸发器的改进形式，不易结晶、结垢，易清洗。环隙面积为加热管总截面积的100%～150%，溶液循环速度比标准式蒸发器大。

01.0376 旋转薄膜蒸发 rotary-film evaporation

利用内装转子上的刮板对沿器壁流下的液膜进行连续不断的搅动和更新，在真空条件下进行降膜蒸发的工艺。

01.0377 亚氨基二乙酸型螯合树脂 iminodiacetic acid chelating resin

螯合基团为亚氨基二乙酸型的螯合树脂。

01.0378 亚铁氰化钾 potassium ferrocyanide

又称"黄血盐"。化学式为 $K_4Fe(CN)_6 \cdot 3H_2O$，

为浅黄色单斜体结晶或粉末，无臭，略有咸味，常温下稳定，加热至 70℃开始失去结晶水，100℃时完全失去结晶水而变为具有吸湿性的白色粉末，高温下发生分解，放出氮气，生成氰化钾和碳化铁。具有抗结性能，可用于防止细粉、结晶性食品板结。

01.0379 盐泥 salt slurry
氯碱盐水精制中排出的泥浆。主要含有硫酸钡、碳酸钙、氢氧化镁、泥沙等。

01.0380 盐泥压滤 salt slurry filter pressing
将含水率为 85%～90%的盐泥压滤成含水率为 45%左右泥饼的过程。

01.0381 盐水精制 brine refining
加入精制剂、过滤、螯合吸附去除盐水中的杂质，使其质量达到进入电解槽要求的过程。

01.0382 盐水二次精制 secondary refining of brine
将一次精制盐水经脱游离氯、过滤后在螯合树脂塔内处理，使钙镁离子质量浓度降至 20μg/L 以下的过程。

01.0383 盐水高位槽 elevated brine tank
安装位置高于电解槽的精盐水贮槽。主要用于系统全部停电时，其中储存的盐水自动流入电解槽阳极室，防止离子膜出现干区，以及置换阳极液内滞留的氯气。

01.0384 盐水过滤器 brine filter
除去盐水中悬浮物的设备。

01.0385 盐水预热器 brine pre-heater
加热入槽盐水的换热器，一般用电解余热作为热源。

01.0386 盐酸电解 hydrochloric acid electrolysis
盐酸经过精制后在电解槽中电解，阳极产生氯气，阴极产生氢气的工艺。是循环回用氯气的一种方法。

01.0387 阳极 anode
电解池中与电源的正极相连、能使电解质发生氧化反应的电极。

01.0388 阳极垫片 anode gasket
电解单元槽阳极密封面与离子膜间的垫片。

01.0389 阳极过电位 anode overvoltage
在一定电流密度下工作的阳极的电位与该阳极平衡电极电位的差值。为正值。

01.0390 阳极盘 anode plate
组成阳极的部件之一，是用于支撑阳极网的一种骨架结构。

01.0391 阳极室压力 anode chamber pressure
电解槽阳极室内的气相压力。

01.0392 阳极涂层 anode coating
氯碱工业电解装置的金属阳极上涂覆的具有电催化活性的金属氧化物。以二氧化钌、二氧化钛为主。

01.0393 阳极涂层寿命 service life of anode coating
在电解条件下阳极涂层能维持电解正常进行的使用周期。

01.0394 阳极网 mesh anode
组成阳极的呈网状结构的核心部件。阳极反应在其上发生。

01.0395 阳极液循环槽 anolyte circulation tank
流出电解槽的淡盐水的一部分由此循环回电解槽的设备。

01.0396 阳极重涂 anode recoating
寿命到期的阳极去除旧涂层，重新涂新涂层的过程。

01.0397 阳极组件 anode component
构成阳极的部件。主要由阳极网、支撑骨架、底盘、导流管等组成。

01.0398 阳离子交换膜 cation exchange membrane
膜体中的活性基团是带有负电荷的固定离子，可选择性透过阳离子的离子交换膜。

01.0399 液化 liquefaction
压缩、冷却气体使其变成液态的过程。

01.0400 液化温度 liquefaction temperature
气体变成液体时的温度。

01.0401 液化效率 liquefaction efficiency
已液化的氯气量除以进入液化系统的氯气总量的商。需保证尾气中氢气的体积分数不超过 4%。

01.0402 液环式压缩机 liquid ring compressor
气体输送设备。随着偏置于泵体中的叶轮的转动，工作液由于离心力的作用形成一个贴在气缸内表面的液环。叶轮表面与液环之间的容积周期性地扩大和缩小，由此来实现吸气、压缩和排气。

01.0403 液氯充装 liquid chlorine filling
液氯装进钢瓶、罐车的过程。充装量不应大于容器容积的 80%。液氯钢瓶的充装系数为 1.25kg/L，罐车的充装系数为 1.20kg/L。

01.0404 液氯泵 liquid chlorine pump
输送液氯的设备。必须保证无泄漏。不存在汽化法输送工艺中存在的三氯化氮积聚的危险。

01.0405 液氯气瓶 liquid chlorine cylinder
装液氯的钢瓶，有充装量 50kg、100kg、500kg和 1000kg 四种。

01.0406 液氯屏蔽泵 liquid chlorine canned-motor pump
用于液氯包装、输送的高度密封、零泄漏的设备。全封闭内循环结构，泵和电机一体，电动机完全封闭在屏蔽套内。但对液氯质量要求高，且须挖坑放置。

01.0407 液氯气化 liquid chlorine vaporization
加热液氯变成氯气的过程。间歇气化需防止三氯化氮累积。

01.0408 液氯气化器 liquid chlorine vaporizer
使液氯受热变成氯气的设备。常见的种类有列管式、盘管式、套管式，不宜用釜式气化器。

01.0409 液氯尾气 tail gas from chlorine liquefaction
在氯气液化过程中没有变成液氯的气体。要求其中的氢体积分数不超过 4%。

01.0410 液氯液下泵 liquid chlorine submerged pump
用于液氯包装、输送、安装在中间罐上的多级立式泵。中间罐与液氯储罐相连，液氯储罐内的液氯连续进入中间罐，液下泵将中间罐内的液氯连续抽出。泵与中间罐连接的上部空间需用干燥空气或氮气密封。

01.0411 液氯贮槽 liquid chlorine storage tank
储存液氯的容器。是氯碱装置的重大危险源。

01.0412 一效蒸发器 first-effect evaporator
生蒸汽第一次发挥作用的蒸发器。

01.0413 阴极 cathode
电解池中与电源的负极相连、能使电解质发生还原反应的电极。

01.0414 阴极垫片 cathode gasket
电解单元槽阴极密封面与离子膜间的垫片。

01.0415 阴极过电位 cathode overvoltage
在一定电流密度下工作的阴极电位与该阴

极平衡电极电位的差值。一般为负值。

01.0416 阴极盘 cathode plate
组成阴极的部件之一。是用于支撑阴极网的一种骨架结构。

01.0417 阴极室 cathode chamber
电解槽的阴极部分。

01.0418 阴极室压力 cathode chamber pressure
电解槽阴极室内的气相压力。

01.0419 阴极涂层 cathode coating
阴极上涂覆的具有电催化活性的金属氧化物。一般为钴、镍的氧化物。

01.0420 阴极涂层寿命 service life of cathode coating
在电解条件下阴极涂层能维持电解正常进行的使用周期。

01.0421 阴极液循环槽 catholyte circulation tank
流出电解槽的碱液的一部分由此加纯水稀释后循环回电解槽的设备。

01.0422 阴极重涂 cathode recoating
寿命到期的阴极去除旧涂层，重新涂新涂层的过程。

01.0423 阴极组件 cathode component
构成阴极的部件。主要由阴极网、支撑骨架、底盘、导流管等组成。

01.0424 氧阴极 oxygen cathode
全称"氧去极化阴极（oxygen depolarized cathode）"。把氧气或空气通入阴极，氧在阴极上还原成 OH^-，不生成氢气，标准电位为 0.401V，而生成氢气的阴极的标准电极电位为 –0.828V，因此氧阴极电解槽节能。

01.0425 应力腐蚀 stress corrosion
在拉应力作用下，金属在腐蚀介质中受到的破坏。是由残余应力或外加应力导致的应变和腐蚀联合作用产生的材料破坏过程。

01.0426 游离氯 free chlorine
以次氯酸、次氯酸根离子或溶解的单质氯形式存在的氯。

01.0427 有效氯含量 available chlorine content
氯化物中可起氧化作用的氯所占的比例，即与盐酸反应可放出的氯气相当于氯化物的质量分数。

01.0428 有机胺含量 organic amine content
盐水中有机胺类物质的质量浓度。

01.0429 预处理器 pre-treater
由若干个大小不一的倒锥体、分布均匀的盐水管道及管道顶端的可调节高度的旋转头组成的设备。以气浮方式除去粗盐水中的氢氧化镁等轻物质不溶物，以沉淀方式去除泥沙、碳酸钙等重物质不溶物。

01.0430 预涂泵 precoat pump
盐水用碳素管过滤器过滤前，用于将 α-纤维素和盐水不断循环的泵。使 α-纤维素吸附在碳素管表面形成预涂层。

01.0431 预涂罐 precoat tank
配制由 α-纤维素和盐水组成的预涂液的设备。

01.0432 原电池效应 galvanic cell effect
氯碱电解槽切断电流后，阳极液中存在（Cl^-/Cl_2）电对，阴极液中存在（H_2+OH^-/H_2O）电对，并且阴阳极进出口管路中有导电的液体，构成了原电池，形成反向电流。

01.0433 原子吸收光谱仪 atomic absorption spectrometer
从光源辐射出的具有待测元素特征谱线的

光，通过试样蒸气时被蒸气中待测元素基态原子所吸收，根据辐射特征谱线光的减弱程度来测定试样中待测元素的含量。由光源、原子化系统、分光系统和检测系统组成，可测定多种元素。火焰原子吸收光谱法可检测到 10^{-9}g/mL 数量级，石墨炉原子吸收光谱法可检测到 10^{-13}g/mL 数量级。

01.0434 杂散电流 stray current
由于某些原因，离开了指定的导体，在原本不应有电流的导体内流动的电流，使导体被腐蚀。

01.0435 造粒塔 granulation tower
生产粒碱的设备。熔融碱液由喷嘴喷入塔中，成液滴坠落，与空气逆流接触冷却并固化。

01.0436 增强网布 enhanced mesh fabric
离子交换膜中为改善膜的机械强度而加入的聚四氟乙烯织布支撑材料。

01.0437 真空脱氯法 vacuum dechlorination
利用在不同压力下氯气在盐水中的溶解度不同的原理，使溶解在水中的氯气在减压情况下逸出的方法。

01.0438 振动加料器 vibration feeder
物料借框板的振动作用沿框板移动而被加入接收设备的一种固体加料器。框板装在斜平面弹簧上且与电磁振动器直接连接。加料量可通过调节振动频率和振动幅度来调节。

01.0439 蒸发器 evaporator
加热蒸发溶液中的溶剂，使溶质浓度增大的设备。一般由加热室和蒸发室组成。

01.0440 蒸汽喷射泵 steam-jet pump
依靠从喷嘴中喷出的高速水蒸气来携带气体的真空设备。由工作喷嘴、扩压器及混合室相连组成。

01.0441 中压法液氯生产 chlorine liquefaction at medium pressure
氯气在压力 0.3～0.5MPa、温度–10～5℃条件下液化的工艺。

01.0442 中间直流断路器 central direct current disconnecting switch
安装在电解槽导电铜排上的开关装置，断开后将反向电流回路分割成两部分，可减小总反向电流，降低反向电流对电解单元槽的影响。

01.0443 重饱和 resaturation
用氯化钠溶液溶解固体盐，使溶液重新饱和的过程。

01.0444 重力式过滤器 gravity filter
靠料液自身重量产生的静压进行过滤的装置。一般在过滤器底部的适当高度处放置多孔板并铺上过滤介质。

01.0445 自然循环电解槽 electrolyzer with natural circulation
一种电解槽。阳极室内增设导流管，利用管内的气泡率与单元槽内的气泡率不同形成的密度差，引导单元槽上部的电解液流入单元槽的下部，形成单元槽内部的循环。

01.0446 总铵含量 total ammonium content
盐水中有机胺、无机铵类物质的质量浓度。入槽盐水中总铵含量一般要求小于 4mg/L。

01.0447 总有机碳 total organic carbon, TOC
溶液中有机物质的含量，以溶解性和悬浮性有机物含碳的总量来表示。

01.0448 组合式干燥塔 combined drying tower
氯气干燥设备。一般由泡罩塔和填料塔组合成一个塔，上面是泡罩，下面是填料。

01.0449 最高电流密度 maximum current density
离子膜电解槽可以运行的极限电流密度。

01.0450 最佳电流密度 optimum current density
电解槽运行性能最佳时的电流密度。

01.0451 正水封 positive water seal
容器内存留一定高度的水，进气管口伸进水中，出气管口在水面上，气体在进气管内利用压差压入存水中，然后从水中逸出进入出气口排出。

01.0452 负水封 reverse water seal
与正水封的方向相反，当系统压力降低时，气体由储罐或气柜返回，防止系统出现负压。

01.0453 储氢密度 hydrogen storage density
评价储氢材料储氢能力的一个指标。分为质量储氢密度和体积储氢密度。

01.0454 溴化锂吸收式制冷机组 lithium bromide absorption chillers
以水为制冷剂，溴化锂为吸收剂，采用热水、蒸汽、燃气等为热源的制冷设备。特别适用于有余热可供利用的场所。

01.04.03 产 品

01.0455 棒状固碱 rod-shaped caustic soda
圆柱体形烧碱，主要用于脱除物料中的水。

01.0456 粒状固碱 granulated caustic soda
熔融碱通过造粒塔制成的直径 0.25～1.3mm 的粒状产品。

01.0457 片状固碱 flaky caustic soda
厚度 0.5～1.2mm，大小为 0.3～1.2cm^2 的片状固体氢氧化钠。

01.0458 次氯酸钙 calcium hypochlorite
俗称"漂粉精（bleaching powder concentrate）"。化学式为 $Ca(ClO)_2$，白色或灰白色固体颗粒，强氧化剂，受热易分解，易吸潮。由氢氧化钙溶液或氢氧化钙与氢氧化钠的混合溶液通入氯气反应，经离心分离、干燥、造粒等工序制得。是氯碱工业的产品之一，广泛用作游泳池、食品容器的消毒剂和纤维素的漂白剂。

01.0459 次氯酸钠 sodium hypochlorite
化学式为 $NaClO$，淡黄色液体，强氧化剂，受热及光照易分解。由氢氧化钠溶液与氯气反应制得。具有漂白和消毒杀菌的作用。用

于纸浆、织物的漂白；在水处理中是一种高效无毒的杀菌灭藻剂，具有消毒、除异味、除生物黏泥等作用；在化学工业中用于生产水合肼、清净电石乙炔等。

01.0460 钙法漂粉精 calcium-process bleaching powder concentrate
以石灰乳为原料，通氯气生产次氯酸钙的工艺。有效氯质量分数为 60%～65%。杂质较多，溶解性差。

01.0461 氯气 chlorine gas
化学式为 Cl_2，常温常压下为黄绿色气体，比空气重，有刺激性气味，剧毒，1L 空气中最多可允许含氯气 0.001mg。工业上由电解氯化钠溶液制得，是氯碱工业的主要产品之一，用于水的消毒，制漂白剂，是重要的化学工业原料，下游产品种类繁多，大宗产品包括盐酸、聚氯乙烯、有机氯溶剂、甲烷氯化物等。

01.0462 钠法漂粉精 sodium-process bleaching powder concentrate
以液体烧碱和石灰乳为原料，通氯气生产次氯酸钙的工艺。有效氯质量分数可达 70%以

上。氯化钙含量低，产品稳定性好。

01.0463　漂白粉　bleaching powder
主要成分为 $CaCl_2 \cdot Ca(ClO)_2 \cdot 2H_2O$ 的物质。常混有 $Ca(OH)_2$。有效成分为 $Ca(ClO)_2$。白色或灰白色粉末，有显著的氯臭味，很不稳定，吸湿性强，易受光、热、水和乙醇等作用而分解。由消石灰与氯气反应制得，有效氯质量分数一般为 30%～35%。具有杀菌消毒、漂白、脱臭、脱色作用。

01.0464　氢气　hydrogen gas
化学式为 H_2，无色、无味、无臭，易燃易爆，常温下为气体。在空气中体积分数为 4%～74% 时，即形成爆炸性混合气体。是世界上已知的最轻的气体，密度只有空气的 1/14。工业上可由电解水或氯化钠溶液、煤气化等方式制得。主要用作还原剂，也可作为燃料，被誉为清洁能源。

01.0465　桶装固碱　barreled solid caustic soda
固体烧碱的一种包装形式，是熔融烧碱装入铁桶后凝固结晶得到的产品。

01.0466　液氯　liquid chlorine
在加压及冷却状态下形成的液态氯单质。黄绿色的油状液体，遇水对钢铁有强烈的腐蚀性。氯气以此状态进行储存和长距离输送。

01.05　纯　　碱

01.05.01　原　　料

01.0467　滴度　titer
纯碱工业中常用的、以物质的量浓度（单位：mol/L）的 1/20 为单位表示的液体浓度。单位：ti 或 tt。滴度换算成 g/L 浓度公式为：（滴度×分子量）/（20×化合价）。

01.0468　碱卤　trona solution
纯碱工业中指以水溶法开采或溶解固体的天然碱矿得到的碱溶液。

01.0469　粗盐水　raw brine
将原盐溶解制得接近饱和浓度的盐水。

01.0470　精制盐水　refined brine
在纯碱工业中，除去镁、钙离子及钙、镁盐类固体沉淀物等杂质的接近饱和的盐水。

01.0471　氨盐水　ammoniacal brine
精制盐水经吸氨、二氧化碳和控制温度后，制成的含二氧化碳及游离氨的氯化钠溶液。

01.0472　中和水　pre-carbonating liquor
又称"预碳化液"。预碳化塔（清洗塔）取出加入制碱塔的母液。

01.0473　碳化取出液　suspension out of the carbonation tower
从制碱塔取出的含有 $NaHCO_3$ 结晶的悬浮液（晶浆）。

01.0474　滤过洗水　washing water
为提高产品纯度，在重碱过滤时用于洗涤滤饼内的 NaCl 等可溶性杂质的洗涤用水。通常使用软水或废淡液等。

01.0475　滤过母液　filter mother liquor
碳化取出液过滤出碳酸氢钠结晶后的母液。其中包含洗涤滤饼所用洗水。

01.0476　预热母液　preheating mother liquor
预热后的滤过母液在蒸氨塔预热段经加热后，将母液中的游离氨和二氧化碳蒸出后的仅含有结合铵（氯化铵）的母液。温度为 89～96℃。

01.0477　调和液　mixing solution
预热母液与石灰乳在预灰桶（调和槽）内充

分混合，氯化铵经化学反应分解为氢氧化铵后的悬浊液。

01.0478　废液　waste liquor
调和液在蒸馏塔的蒸馏段，进行热量与质量传递，分离回收氨气后产生的液体。含有氯化钙、氯化钠、硫酸钙、碳酸钙、氧化钙等。

01.0479　炉气冷凝液　calciner gas condensate
煅烧炉出气经分离固体碱尘后，进一步间接冷却后产生的溶液。溶液中含有 NH_3 及 CO_2。

01.0480　母液Ⅰ　mother liquor Ⅰ
联碱法碳化取出液经过滤后得到的溶液。

01.0481　氨母液Ⅰ　ammoniated mother liquor Ⅰ
母液Ⅰ吸氨后得到的溶液。

01.0482　母液Ⅱ　mother liquor Ⅱ
氨母液Ⅰ经过冷析结晶器和盐析结晶器析出氯化铵后的溶液。

01.0483　半母液Ⅱ　overflow liquor from cooling crystallizer
冷析结晶器溢流到盐析结晶器的溶液。

01.0484　氨母液Ⅱ　ammoniated mother liquor Ⅱ
母液Ⅱ吸氨后得到的溶液。

01.0485　重碱　crude sodium bicarbonate
碳化塔取出液经真空过滤机过滤得到的滤饼。

01.0486　一次泥　primary mud
氨碱法一次盐水精制过程中产生的氢氧化镁沉淀浓缩泥浆。

01.0487　二次泥　secondary mud
氨碱法二次盐水精制过程中产生的碳酸钙等沉淀浓缩泥浆。

01.0488　灰乳　lime milk
将生石灰进行消化反应，分离出较大固体颗粒物，获得的高固液比浓度的乳浊液。

01.0489　碳化尾气　carbonation exit gas
碳化塔塔顶出气，含有大量 N_2、少量 NH_3、CO_2 及水蒸气。

01.0490　炉气　calciner gas
煅烧炉的出气。为重碱加热分解产生的含有 $80\% \sim 90\%$ 的 CO_2，以及少量空气、NH_3、水蒸气和细颗粒碱尘的气体。经除碱尘及换热降温，再经压缩机升压后送至碳化塔进行碳化反应的气体。

01.0491　窑气　kiln gas
石灰窑的出气。为石灰石加热分解产生的含有约 40% CO_2 的气体。经湿法除尘和电除尘，再经压缩机升压后送至碳化塔进行碳化反应的气体。

01.05.02　过程与装备

01.0492　氨碱法　ammonia-soda process
又称"索尔维法（Solvay process）"。以氯化钠、石灰石为主要原料，氨为循环辅助原料，通过化学反应得到碳酸钠的工业生产方法。

01.0493　联碱法　combined soda process
又称"侯氏制碱法（Hou's process）""循环制碱法（cyclic process soda production）"。由侯德榜先生发明的制碱方法，为纯碱与氯化铵联合生产工艺。以氯化钠、氨、二氧化碳为主要原料制得碳酸钠，并联产氯化铵的生产工艺。

01.0494　吕布兰法　Leblanc process
以硫酸和食盐为原料制成纯碱，是人类首先

采用的人工合成碱的方法，以其创始人的名字命名为吕布兰法。

01.0495 新旭法 new Asahi process，NA process
日本旭硝子株式会社试验成功的一种改良的联碱法。特点是设备费用低，可以调整氯化铵产出比例，氯化铵还可直接加石灰乳蒸馏回收氨。

01.0496 浓气制碱工艺 high concentration gas soda process
CO_2 分别来自合成氨脱碳系统（CO_2 浓度一般在 90% 以上）和煅烧炉气（CO_2 浓度一般在 80% 以上），在碳化塔内与氨盐水反应的方法。碳化塔塔底压力一般为 0.4MPa（绝压）。

01.0497 变换气制碱工艺 shift gas soda process
又称"加压碳化工艺（pressurized carbonization process）"。来自合成氨变换系统的变换气在碳化塔内与氨盐水反应，晶浆从塔底取出，尾气送至合成氨净化工序。塔底压力一般大于 1MPa，变换气碳化塔塔体为钢材材质。该塔既为制碱塔，又是合成氨系统的脱碳装置。

01.0498 三聚氰胺尾气制碱工艺 melamine tail gas soda process
尿素法生产三聚氰胺，生产 1t 三聚氰胺得到 2.1～2.2t 的氨和二氧化碳为主的混合气体，以这种气体为原料生产纯碱和氯化铵的方法。

01.0499 固相水合法 solid phase hydration method
利用碳酸钠的水合物具有晶格结构排列变化的特性，轻质纯碱在水合机内与水搅拌混合，生成含有一个结晶水的一水碱，经脱水干燥，得到堆积密度 ≥0.85mg/L 重质纯碱的方法。

01.0500 液相水合法 liquid phase hydration method
根据碳酸钠在不同温度下可以得到不同水合物的相律原理，将轻质纯碱溶解为饱和纯碱溶液，在结晶器中生成一水碱结晶，经脱水干燥得到堆积密度 ≥0.85mg/L 重质纯碱的方法。

01.0501 挤压法 extrusion method
以煅烧炉来的轻质纯碱为原料在挤压机中将碱粉压成片或棒，经粗碎和筛分制得重质纯碱的方法。

01.0502 冷法氯化铵工艺 cooling process for ammonium chloride production
通过冷却母液析出氯化铵晶体的方法。

01.0503 热法氯化铵工艺 distillation process for ammonium chloride production
通过加热滤过母液脱除游离氨和二氧化碳，然后蒸发析出氯化钠和氯化铵的方法。

01.0504 氯化铵并料取出流程 ammonium chloride respectively to take out process
将冷析、盐析结晶器晶浆分别取出到各自的稠厚器，盐析稠厚器稠厚后的晶浆送入冷析稠厚器，再将稠厚后的晶浆送入离心机分离的过程。

01.0505 氯化铵逆料取出流程 ammonium chloride reverse out
将盐析结晶器的晶浆从底部取出送入冷析结晶器，进一步溶解盐析晶浆中的盐分，再从冷析结晶器取出晶浆到稠厚器的过程。

01.0506 洗涤法原盐精制 washing method of crude salt refining
将原盐中的 $MgCl_2$、$MgSO_4$、$CaCl_2$、$CaSO_4$ 等杂质脱出，包括洗涤、粉碎、再洗涤等过程。

01.0507　正压蒸馏工艺　pressure distillation process

蒸馏系统处于正压力下操作。

01.0508　真空蒸馏工艺　vacuum distillation process

蒸馏系统绝对操作压力低，甚至可以将整个装置处于低于大气压力下操作。

01.0509　干灰蒸馏工艺　dry lime distillation process

将石灰窑煅烧好的生石灰送入石灰磨进行粉碎，然后加入蒸馏系统的预灰桶的生产过程。

01.0510　机械采矿工艺　machine mine process

使用机械方法，利用巷道开采埋藏于地下的天然碱矿的开采方法。其开采方式和采煤基本相同。

01.0511　热液溶采工艺　heat solution mining of trona

利用热溶液（热水）开采地下天然碱矿，特别是含碳酸氢钠较高的天然碱矿的方法。把热水用泵提高到一定压力注入开采矿层，溶解固体天然碱后，形成接近饱和的卤水返出地面的开采过程。

01.0512　单井溶采　solution mining of single well

一口井既注水又返卤水的天然碱溶采工艺。

01.0513　压裂溶采　fracturing solution mining

利用压裂车把高压溶液注入地下天然碱矿层，将其压裂并与另一口碱井连通，从而形成溶采通道的工艺。

01.0514　水平井溶采　horizontal well solution mining

利用水平钻井方法把两口井连通起来，形成溶采通道的工艺。

01.0515　露天开采　surface mining

在地表面或接近地表处机械化开采天然碱矿的方式。和露天煤矿开采工艺相同。

01.0516　一水碱工艺　monohydrate crystallization process

通过控制结晶器内的碳酸氢钠的浓度，使结晶处于 $Na_2CO_3 \cdot H_2O$ 结晶区，经蒸发结晶得到 $Na_2CO_3 \cdot H_2O$ 晶，经脱水干燥得到重质纯碱的方法。

01.0517　倍半碱工艺　sesquicarbonate crystallization process

通过控制结晶器内的碳酸氢钠深度，使结晶处于倍半碱结晶区或倍半碱与一水碱共析区，经蒸发结晶得到倍半碱结晶或倍半碱、一水碱混合结晶，经脱水干燥得到轻质纯碱的方法。

01.0518　湿分解工艺　wet decomposition process

以蒸汽为分解介质，在湿分解塔内将碳酸氢钠碱液与蒸汽直接接触进行提馏，直接分解碳酸氢钠的方法。

01.0519　热泵蒸发工艺　vapor compressor process

借压缩机的绝热压缩作用，将蒸发器所产生的二次蒸汽的饱和温度提高，并送回原蒸发器，用作加热蒸汽的蒸发结晶工艺。蒸汽的潜热可得到反复利用。

01.0520　多效蒸发工艺　multiple effect evaporation process

多次重复利用热能，将上效的二次蒸汽作为下一效的加热蒸汽的蒸发过程。其特点是显著地降低了热能耗用量。首效的加热蒸汽为外系统引来的生蒸汽。

01.0521　除钙塔　calcium removing column

用于石灰-碳铵法去除盐水中钙离子的塔器设备。碳化尾气中的氨和二氧化碳与盐水中的钙离子在除钙塔中反应，生成碳酸钙结晶沉淀物，以除去盐水中的钙离子。

01.0522　氨盐水澄清桶　ammoniated brine clarifier

为去除吸氨过程产生的钙、镁盐等固体结晶物，用于氨盐水澄清的重力沉降设备。一般为碳钢材质，配置有集泥及排放装置。

01.0523　洗泥桶　mud-washing barrel

用于洗涤并回收盐水精制时盐泥中氯化钠的桶状设备。为逆流洗涤，配置多层集泥耙及放泥装置。

01.0524　蒸氨塔　ammonia distiller

用于回收制碱母液及其他含氨杂水中所含的以 NH_4Cl、$(NH_4)_2CO_3$、NH_4OH 等形式存在的氨及二氧化碳的塔器装置。塔器分为三段：精馏段、预热段（游离氨塔）、加灰蒸馏段（固定氨塔）。

01.0525　吸氨塔　ammonia absorber

用于精制盐水（二次盐水）吸收来自蒸氨工序的氨气、二氧化碳，制成氨盐水的反应塔器。一般为泡罩塔和筛板塔，并配置冷却器以保证移出吸氨产生的热量。冷却器分为外冷式和内冷式，外冷换热方式分为列管式和板式换热器。

01.0526　热母液桶　warm mother liquor tank

滤过母液经煅烧炉气换热或其他余热换热后的母液贮桶。

01.0527　吸收净氨塔　absorber gas ammonia weak washer

吸收尾气洗涤净化设备。利用含氨低的液体对吸收尾气中的氨进行充分洗涤并回收，以达到排放标准。

01.0528　预灰桶　prelimer

配置有加灰系统和搅拌装置，预热母液与石灰乳混合并进行氯化铵分解反应的反应器。

01.0529　碳化塔　carbonating tower

氨盐水吸收 CO_2 进行碳酸化反应，生成碳酸氢钠结晶的反应塔器。传统的索尔维碳化塔为气液同道，塔板结构为菌状气帽故称菌帽塔，冷却段配有冷却水箱。改进型索尔维碳化塔吸收段为气液分道，塔板结构为深液层大孔径筛板，故称筛板塔。

01.0530　出碱槽　suspension tank

碳化塔取出液汇集槽。将各碳化塔的出碱液汇集并充分地释放二氧化碳后送至滤过工序。因取出液降压释放二氧化碳和氨气，出碱槽须密封并回收释放的二氧化碳和氨气。

01.0531　滤碱机　soda filter

用于碳化取出液固液分离的设备，将碳酸氢钠结晶从碳化液中分离出并进行洗涤干燥，使其满足煅烧工序的水分指标要求；满足成品纯碱氯化钠含量质量指标要求；满足蒸馏工序母液蒸出纯度高、物耗当量低的能耗指标要求，一般为真空转鼓过滤机和真空水平带式过滤机。

01.0532　真空泵　vacuum pump

为真空滤机提供真空压力和真空气量所配置的真空机。一般为离心式或水环式真空机。

01.0533　吹风机　blower

纯碱工业为真空转鼓过滤机再生滤布所配置的低压空气压缩机。一般为离心式或液环式压缩机。

01.0534　滤过净氨塔　filter tail gas washer

用软水或废淡液洗涤回收滤过尾气中 NH_3 的装置。一般为填料塔、泡罩塔或筛板塔。

01.0535　滤液分离器　filter liquor separator

真空过滤机滤液和气体分离设备。一般为旋风离心分离，配有旋液翅片、分离帽等。

01.0536　轻灰煅烧炉　light soda ash calciner
用于将碳酸氢钠加热分解为碳酸钠的干燥设备。为回转式设备，配置有炉气出气装置、进碱预混装置、加热管、进汽装置、冷凝回水装置、出碱装置、返碱装置及机械传动装置、炉体支撑装置等。分为外返碱炉和自身返碱炉。

01.0537　母液洗涤塔　mother liquor scrubbing tower
又称"母液换热塔"。利用冷母液与高温炉气直接换热的塔器设备，回收炉气中的碳酸钠细粉，并利用炉气中热量预热冷母液。一般为填料塔，填料要求耐温耐腐蚀。

01.0538　炉气冷凝塔　calciner gas condensation tower
用于煅烧炉气高温气体冷却降温的塔器设备。分为列管式换热器、水箱式换热器。炉气中的水蒸气被冷却冷凝，冷凝液中含有氨和二氧化碳，冷凝液经淡液塔蒸馏回收氨后可作为软水再利用。

01.0539　返碱埋刮板输送机　return ash scraper conveyer
用于从炉尾出碱口向炉头进碱系统输送返碱的刮板输送机。

01.0540　返碱螺旋输送机　return ash screw conveyer
用于从炉尾出碱口向炉头进碱系统输送返碱的螺旋输送机。

01.0541　出碱螺旋输送机　discharge screw conveyer
用于输送煅烧炉出碱的螺旋输送机。

01.0542　炉气除尘器　calciner gas dust separator
用于净化炉气，分离煅烧炉气中碳酸钠细粉的设备。一般一级除尘采用旋风分离器，二级除尘为电除尘。

01.0543　炉气洗涤塔　calciner gas washing tower
利用滤过净氨塔洗涤后的液体进一步洗涤经冷却后炉气中 NH_3 的塔器设备。一般为填料塔。洗涤塔液体送至过滤机作为滤过工序洗水使用。

01.0544　一次闪蒸罐　flash tank Ⅰ
又称"一次闪发罐"。煅烧炉加热蒸汽冷凝水经第一次降压闪蒸发生蒸汽回收余热的装置。一般为 1.6MPa 压力等级蒸汽。

01.0545　二次闪蒸罐　flash tank Ⅱ
又称"二次闪发罐"。煅烧炉加热蒸汽冷凝水经第二次降压闪蒸发生蒸汽回收余热的装置。一般为 0.5MPa 压力等级蒸汽。

01.0546　凉碱机　soda ash cooler
用于降低煅烧后的轻质纯碱温度的设备。分为回转炉式冷却器、粉体流冷却器和桨叶式冷却器。

01.0547　水合机　hydration machine
将轻质纯碱与水反应生成 $Na_2CO_3 \cdot H_2O$ 的筒式回转设备。由进/出碱装置、大齿轮、滚圈、托轮、传动部件及加水装置组成。

01.0548　重灰煅烧炉　dense soda ash calciner
用于干燥经过水合的一水碱的设备。结构与轻灰煅烧炉类似。重灰煅烧的热负荷比轻灰煅烧小，因此，其加热面积比轻灰煅烧炉小。重灰煅烧炉一般采用自身返碱煅烧炉，也有采用流化床的。

01.0549　石灰窑　lime kiln
用于将石灰石中的碳酸钙加热煅烧分解为氧化钙和二氧化碳的窑状设备。配置有配料系统、上石装置、出灰卸料装置、窑顶密封装置、出气和鼓风系统。氨碱法石灰窑一般为竖式窑。

01.0550 窑气洗涤塔 kiln gas washer
用于窑气湿法洗涤除尘的塔器设备。一般为填料塔或筛板塔。

01.0551 化灰机 lime slaker
用于将生石灰进行消化反应的设备。为回转式设备。配置进料装置、石灰乳筛及洗砂器、排气系统等。

01.0552 返石筛 return stone screen
用于分离返石和返砂的设备。一般为转筒筛。筛上物为返石，筛下物为返砂。

01.0553 冷析结晶器 cooling crystallizer
纯碱生产中将氨母液Ⅰ冷却降温析出氯化铵结晶的设备。结晶器本体为球锥状底的圆筒形容器，分清液段、连接段、悬浮段及锥底。结晶器设有中心循环管，顶盖装有2~4台轴流泵。通过循环管与外冷器连接，实现氨母液Ⅰ降温并析出氯化铵。

01.0554 外冷器 external cooler
属于冷析结晶器的附属设备，为列管式换热器。半母液Ⅱ在管内流动，液氨在管间流动并蒸发，冷却后的半母液Ⅱ返回冷析结晶器。外冷器需按时倒换清洗。

01.0555 氨压缩机 ammonia gas compressor
将外冷器来的气氨进行压缩的设备。压缩后的气氨进入冷凝器变成液氨，再送回外冷器。

01.0556 冷析结晶器轴流泵 axial flow pump of cooling crystallizer
采用悬臂结构，倒吊式安装在冷析结晶器顶部，吸入口浸没在液面以下的泵体。其作用是将半母液Ⅱ送入外冷器，冷却后经中心管返回结晶器底部。

01.0557 盐析结晶器 salting-out crystallizer
纯碱生产中将氯化钠加入半母液Ⅱ中析出氯化铵结晶的设备。结晶器本体为球锥状底的圆筒形容器，设有内部或外部轴流泵，使半母液Ⅱ循环，氯化钠不断溶解，析出氯化铵结晶并成长。

01.0558 盐析结晶器轴流泵 axial flow pump of salting-out crystallizer
其结构和安装形式与冷析结晶器轴流泵类似，但其流量比冷析轴流泵大的设备。其作用是将盐析结晶器内的母液进行循环，加速盐的溶解。

01.0559 氯化铵稠厚器 ammonium chloride thickener
将结晶器取出的浓度较低的晶浆进行稠厚，溢流液返回系统，增稠后的晶浆送入离心机分离的设备。

01.0560 氯化铵离心机 ammonium chloride centrifuge
将氯化铵稠厚器增稠后的晶浆进行离心分离的设备。得到的湿氯化铵水分含量≤7%。

01.0561 氯化铵干燥炉 ammonium chloride drying furnace
干燥湿氯化铵的设备。一般采用流化床干燥炉，有圆形炉和长方形炉两种。利用低压蒸汽间接加热空气作为流化介质。

01.0562 淡液蒸馏塔 light liquid distillation tower
通过加热精馏的方法将淡液中的氨和二氧化碳蒸出，返回到喷射吸氨器回收利用的设备。有泡罩式、筛板式和规整填料式等蒸馏塔。淡液主要来自碳化尾气净氨塔、滤过尾气净氨塔、煅烧炉气冷凝塔。蒸出氨后的废淡液可回收利用。

01.0563 喷射吸氨器 spray ammonia absorber
为强化吸收效果，利用高速喷射液体与氨气接触进行气液混合吸收氨的设备。主要由液相喷嘴、氨气引口、混合喉管、扩散管组成。氨碱法中用于精制盐水吸氨得到氨盐水供碳化工序。联碱法中用于母液 I 吸氨得到氨母液 I 供冷析结晶工序，也用于母液 II 吸氨得到氨母液 II 供碳化工序。

01.0564 氨母液 II 澄清桶 clarifying tank of mother liquid ammonia

又称"A II 澄清桶(clarifying tank of A II)"。沉降式母液澄清设备，作用是降低氨母液 II 的浊度。联碱企业常用的澄清桶有道尔式澄清桶、斜板式澄清桶、斯堡丁式澄清桶和蜂窝式澄清桶等。

01.0565 CO_2 压缩机 CO_2 compressor

将低压二氧化碳气体提升为高压气体的升压输送流体设备。纯碱工业主要有三种介质的压缩机，即脱碳气压缩机、煅烧炉气压缩机和清洗气压缩机，结构形式主要有往复式和离心式。

01.0566 母液换热器 heat exchanger of mother liquor

为直立式双管程换热器，母液 II 走管程，氨母液 I 走壳程。氨母液 I 被冷却后送到冷析结晶器，母液 II 被加热后回到母液 II 桶。

01.0567 矿石煅烧炉 trona calciner

煅烧天然碱矿物的设备，为卧式圆筒形回转设备。每套煅烧炉装置由圆筒壳体、进料部分、炉头天然气燃烧器、机械支承部分及传动部分组成。

01.0568 化碱槽 trona dissolver

呈立式圆筒形，带搅拌器，将天然碱矿物或矿物煅烧物溶解制备卤水的设备。

01.0569 活性炭过滤器 activated carbon filter

呈立式圆筒形容器，内装活性炭，用于吸附卤水中的有机质的设备。

01.0570 α-纤维素过滤器 α-cellulose filter

在卤水中添加 α-纤维素为助滤剂，用于卤水精滤的设备。

01.0571 强制循环蒸发器 forced-circulation evaporator

依靠外加动力使设备内的溶液产生强制循环流动的一类蒸发器。原料液由循环泵自下而上打入，沿加热室的管内向上流动。蒸汽和液沫混合物进入蒸发室后分开，蒸汽由上部排出，流体受阻落下，经圆锥形底部被循环泵吸入，再进入加热管，继续循环。

01.0572 一水碱结晶器 monohydrate crystallizer

使卤水蒸发析出 $Na_2CO_3 \cdot H_2O$ 晶体的设备。外置加热室提供热量来移除多余溶剂，循环泵提供循环动力。

01.0573 碳化结晶器 sodium bicarbonate crystallizer

用于碳酸氢钠结晶的设备。二氧化碳、卤水在循环管内混合通过冷却器，在结晶过程中控制温度梯度，经过传质传热，碳酸氢钠在结晶罐内结晶。

01.0574 循环泵 circulating pump

纯碱工业中的轴流泵，为蒸发器与结晶器之间提供循环动力。

01.0575 汽提塔 stripping column

用于碳酸氢钠湿分解的塔设备，在塔内卤水与蒸汽逆流接触进行提馏操作，碳酸氢钠在液相中湿分解，转化为碳酸钠和二氧化碳。

01.0576 蒸汽压缩机 steam compressor

热回收系统对产生的蒸汽通过压缩作用而提高蒸汽温度和压力的关键设备。作用是将低压（或低温）的蒸汽加压升温，以达到工艺或者工程所需的温度和压力要求。

01.0577 刮刀卸料离心机 scraper centrifuge

借助刮刀的作用自动卸料的一种离心机。刮刀装在转鼓内，不与转鼓接触且不随着转鼓转动，但可上下移动而将滤渣刮除。悬浮液的加料、离心分离和卸除滤渣都是自动依次进行。

01.0578　流化床干燥器　fluidized bed dryer
被干燥物料进入流化床与在床层底部输入

的热气体（空气）逆流充分接触，使物料又处于流态化状态，物料在热气体与蒸气的双重作用下达到理想的干燥效果。

01.0579　筛分机　screen classifier
用于纯碱或小苏打成品的筛分分级的设备。

01.05.03　产　品

01.0580　轻质纯碱　light soda ash
又称"碳酸钠"。俗称"苏打""轻灰"。化学式为 Na_2CO_3，分子量 105.99。为白色粉末。堆积密度（松密度）0.5～0.6g/mL。为化工、玻璃、冶金冶炼、纺织印染、合成洗涤剂、食品添加剂、医药等的重要原料。

01.0581　重质纯碱　dense soda ash
俗称"重灰"。化学式为 Na_2CO_3。化学性质与轻质纯碱相同。但堆积密度（松密度）为 0.9～1.2g/mL，高于轻质纯碱。

01.0582　干氯化铵　dry ammonium chloride
经过干燥的氯化铵，含水率≤1%。易于包装储存。

01.0583　碳酸氢钠　sodium bicarbonate
又称"小苏打"。化学式为 $NaHCO_3$，白色细小晶体。溶于水时呈现弱碱性。由天然碱或纯碱为原料制得。用作分析试剂、无机合成、制药工业、治疗酸血症以及食品工业的发酵剂、汽水和冷饮中二氧化碳的发生剂、黄油的保存剂等。

01.0584　氯化钙　calcium chloride
化学式为 $CaCl_2 \cdot nH_2O$（n=0，2，4，6），白色或无色结晶，易潮解。多为纯碱工业副产。用于干燥剂、制冷剂、防冻剂、灭火剂、融冰剂等。

01.06　无　机　盐

01.06.01　原　料

01.0585　雄黄　realgar
主要成分是 As_4S_4 的矿石，常以共生矿形式存在，通常为橘黄色粒状固体或橙黄色粉末，质软，性脆。主要用于制造砷和砷的化合物。

01.0586　雌黄　orpiment
主要成分是 As_2S_3 的单斜晶系矿石，呈柠檬黄色，条痕呈鲜黄色。有剧毒。主要用于制造砷和砷的化合物。

01.0587　砷黄铁矿　arsenopyrite
主要成分是 FeAsS 的硫化物矿物，呈锡白色

至钢灰色，具有金属光泽。用于提炼砷和制造砷化合物。

01.0588　重晶石　barite
钡的常见矿物，主要成分为 $BaSO_4$。纯的重晶石是无色透明的，一般则呈白色、浅黄色，具有玻璃光泽。最主要的用途是作为加重剂用在钻井行业中及提炼钡。

01.0589　毒重石　witherite
除重晶石外，自然界另一种主要含钡矿物，主要成分为 $BaCO_3$。具有密度大、硬度低、吸收 X 射线和 γ 射线等特性，广泛应用于油气

钻探、化工、轻工、冶金、建材、医药等工业部门，是化工产品制造中的优质钡原料。

01.0590 盐卤 brine
主要成分为 $MgCl_2$，用海水或盐湖水制盐后的剩余母液。

01.0591 溴银矿 bromargyrite
含 AgBr 成分的矿物。自然界分布稀少。可提炼银。

01.0592 氯溴银矿 embolite
含 AgCl、AgBr 成分的矿物，灰黑色，块状，蜡状光泽。自然界分布稀少。可提炼银。

01.0593 碘溴银矿 iodobromite
含 Ag（Br，Cl，I）成分的矿物，灰黄色或淡绿色，晶体呈立方体或八面体。自然界分布稀少。可提炼银。

01.0594 硼镁石 ascharite
主要成分为 $MgHBO_3$，白色或灰白色略带黄色，其晶体可是纤维状、柱状或板状。产于辽宁宽甸、营口等地。主要用于制取硼化物。

01.0595 水方硼石 hydroboracite
主要成分为 $CaMgB_6O_{11} \cdot H_2O$，无色、白色或淡玫瑰色的细针状或针状结晶物。

01.0596 钠硼解石 ulexite
主要成分为 $NaCaB_5O_9$，无色或白色的具有丝绢光泽的物质。

01.0597 硬硼钙石 colemanite
主要成分为 $Ca_2B_6O_{11} \cdot 5H_2O$，是一种含水的钙硼酸盐矿物，为无色、乳白色、乳黄色至灰色的固体。

01.0598 白硼钙石 priceite
主要成分为 $Ca_4B_{10}O_{19} \cdot 7H_2O$，白色块状或结核状的物质。

01.0599 赛黄晶 danburite
主要成分为 $CaB_2(SiO_4)_2$，无色或浅黄色棱柱状结晶，在白云石中与微斜长石和正长石共生，冲积砂矿业是赛黄晶的重要来源地。

01.0600 锰方硼石 chambersite
主要成分为 $MnB_7O_{13}Cl$，产自中国河北省、天津市蓟州区和美国得克萨斯州等地，属高品位硼矿和中等品位锰矿，可作为同时提取硼酸和锰盐的原料。

01.0601 方解石 calcite
碳酸盐矿物。主要化学成分为 $CaCO_3$。三方晶系，颜色为白色、灰白色、灰黑色、浅黄色、淡红色。主要用于生产钙盐及建筑材料。

01.0602 石灰岩 limestone
主要成分为 $CaCO_3$，以方解石为主要成分的矿物，有碎屑结构和晶粒结构两种结构，密度一般为 $2.6 \sim 2.8 g/cm^3$。不溶于水，能与各种强酸反应。煅烧至 900℃以上时分解为氧化钙和二氧化碳。主要作为冶金、建材、化工、轻工、农业等行业的工业原料。

01.0603 文石 aragonite
又称"霰石"。碳酸盐矿物，主要化学成分为 $CaCO_3$。斜方晶系，颜色通常呈白色、黄白色。主要用于生产钙盐、文石饰物、印材等。

01.0604 铬铁矿 chromite
主要成分为 $(Mg, Fe)Cr_2O_4$，呈块状或粒状的集合体，铁黑色或棕黑色，条痕褐色。是提炼铬和制备铬钢、重铬酸钠、重铬酸钾和铬黄等的主要矿物原料。也可用作高级耐火材料。

01.0605 萤石 fluorite
主要成分为 CaF_2 的矿物，颜色多样，硬度 4，解理性好。主要用于化学工业，作为氟化工的原料；用于钢铁工业，作为助熔剂；也可作为建材原料等。

01.0606　水氯镁石　bischofite
主要成分为 $MgCl_2 \cdot 6H_2O$，透明无色、白色块状。具有可塑性，极易变形。味辣而苦。吸湿性很强，极易潮解。易溶于水和乙醇。是制取镁化合物、提炼金属镁的原料。

01.0607　水镁矾　kieserite
主要成分为 $MgSO_4 \cdot H_2O$，无色、灰色或浅黄色，玻璃光泽块状物，硬度 3.5，性脆，密度 $2.57g/cm^3$，是提取镁的一种矿物，还用于制革、造纸、印染。

01.0608　菱镁矿　magnesite
主要成分为 $MgCO_3$，白色或灰白色，含铁的呈黄色至褐色，玻璃光泽。主要用作耐火材料、建材原料、化工原料和提炼金属镁及镁化合物等。

01.0609　镁白云石　magnesia dolomite
主要成分为 $CaCO_3 \cdot 3MgCO_3 \cdot H_2O$，白色块状，相对密度 2.68~2.94，硬度 2.5，不溶于水，是提取镁的一种矿石矿物。

01.0610　褐锰矿　braunite
化学式为 $Mn_2Mn_4O_3$，晶体属四方晶系，呈双锥状，黑色、灰黑色、棕黑色至钢灰色。用于炼制锰铁，制取锰化合物及氮肥的脱硫剂。

01.0611　黑锰矿　hausmannite
化学式为 $MnMn_2O_4$，晶体属复四方双锥晶类，棕黑色不具磁性，呈半金属光泽，溶于盐酸，析出氯。用于颜料及生化研究。

01.0612　菱锰矿　rhodochrosite
化学式为 $MnCO_3$，晶体属三方晶系，常含铁、钙、锌等，呈淡玫瑰红色，氧化表面呈褐黑色。用于生产铁锰合金、玉雕材料和宝石等。

01.0613　磷矿　phosphorite
磷酸盐类矿物的总称，矿石呈灰色、淡黄色或褐色。可制取磷肥、黄磷、磷酸、磷化物及其他磷酸盐类。

01.0614　氟磷灰石　fluorapatite
主要成分为 $Ca_5F(PO_4)_3$，致密块状或瘤状钙氟磷酸盐矿物，具有玻璃光泽，多呈绿色。可制取磷肥、磷酸等。

01.0615　硫磷铝锶矿　svanbergite
含锶铝的磷矿石，呈不同程度灰色或猪肝色，单矿物呈隐晶至显微晶质的豆状、类球粒状、鲕状集合体。可制取磷肥、磷酸等。

01.0616　脉石英　vein quartz
又称"石英脉"。主要成分为 SiO_2。脉状的石英，乳白色、白色，致密坚硬，常与水晶共生。用于制备结晶硅、碳化硅、硅铁、铁熔剂、玻璃和耐火制品等。

01.0617　石英砂　quartz sand
主要成分为 SiO_2，乳白色或无色半透明状，耐高温，耐酸（氢氟酸除外）。用于建材、铸造、冶金、化工、塑料等行业。

01.0618　白铁矿　marcasite
主要成分为 FeS_2，Fe 46.55%，S 53.45%。浅黄铜色，略带浅灰或浅绿色调，新鲜面近似锡白色。主要分布在美国、德国、英国。

01.0619　钙芒硝　glauberite
主要成分为 $Na_2SO_4 \cdot CaSO_4$，集合体常为致密块状，晶体常呈灰色或黄色，微具咸味，在水中缓慢溶解，淋滤出硫酸钠溶液并同时生成石膏。

01.0620　碳酸芒硝　hanksite
主要成分为 $9Na_2SO_4 \cdot 2Na_2CO_3 \cdot KCl$，无色

或白色块状，六方晶系。

01.0621　碳钠矾　burkeite
主要成分为 $Na_2CO_3 \cdot 2Na_2SO_4$，白色、淡褐色或灰色块状，斜方晶系。产于天然碱湖中。

01.0622　白钠镁矾　bloedite
主要成分为 $Na_2SO_4 \cdot MgSO_4 \cdot H_2O$。无色或浅黄色或浅红色或绿色块状。产于陇西、内蒙古额济纳旗等地。

01.0623　钠镁矾　loeweite
主要成分为 $6Na_2SO_4 \cdot 7MgSO_4 \cdot 15H_2O$，无色或白色或浅黄色或浅红色块状。产自鲁、鄂第三纪盐矿等地。

01.0624　杂芒硝　tychite
主要成分为 $2MgCO_3 \cdot Na_2CO_3 \cdot 2Na_2SO_4$，等轴晶系、八面体晶形，无色或白色。产于盐湖中，与无水芒硝等共生。

01.0625　熟石膏　bassanite
又称"烧石膏"。主要成分为 $CaSO_4 \cdot 1/2H_2O$，单斜晶系，无色或白色块状。可用作磨光粉、纸张填充物、气体干燥剂以及医疗上的石膏绷带，也用于冶金和农业等方面。

01.0626　黑钨矿　wolframite
又称"钨锰铁矿"。主要成分为 $(Fe, Mn)WO_4$，褐色至黑色，条痕黄褐色至黑褐色。可综合利用稀有金属，用于提炼钨和制造钨钢。

01.0627　辉钼矿　molybdenite
主要成分为 MoS_2，外形与石墨相像，铅灰色，呈片状体或板状体。用于提炼钼，制造钼钢、钼酸、钼酸盐和其他钼的化合物。

01.0628　金红石　rutile
主要成分为 TiO_2，一般含 TiO_2 在 95%以上。暗红色、深咖啡色或黑色，常呈块状体。用于提炼钛和制造钛颜料等。

01.0629　钛铁矿　ilmenite
主要成分为 $FeTiO_3$。铁黑色或钢灰色，常呈粒状体或块状体。微弱磁性。用于提炼钛和制造钛白颜料等。

01.0630　钒钛磁铁矿　vanadio-titanomagnetite deposit
化学成分为 Fe、TiO_2、V_2O_5、Co、Ni、S、P 的矿物。钒钛磁铁矿不仅是铁的重要来源，而且伴生钒、钛、铬、钴、镍、铂族和钪等多种组分，具有很高的综合利用价值。

01.0631　锆石　zircon
全称"锆英石"。主要成分为 $ZrSiO_4$ 的硅酸盐矿物。粒状，普遍为棕色或浅灰色或红色。是提取金属锆的主要矿石，工业上还用作耐火材料、型砂材料、陶瓷及宝石原料。

01.0632　石煤　stone-like coal
是一种含碳少、发热值低的劣质无烟煤，又是一种低品位多金属共生矿。呈黑色或黑灰色。中国石煤资源的主要利用途径是石煤发电、石煤提钒及用于建材工业。

01.0633　锂辉石　spodumene
主要化学成分为 $LiAlSi_2O_6$，单斜晶系，颜色呈黄色、绿色、红色。是提取锂及其化合物的主要矿物，也是高级耐火材料。

01.0634　锂云母　lepidolite
又称"鳞云母"。主要化学成分为 $K(Li, Al)_{2.5 \sim 3}[Si_{3.5 \sim 3}Al_{0.5 \sim 1}O_{10}(OH, F)_2]$，不溶于酸。单斜晶系，颜色呈淡紫色或黄绿色。是提取锂及其化合物的重要矿物。

01.0635　红锌矿　zincite
由氧化锌构成的矿物，与硅锌矿、锌铁尖晶石、方解石共生。六方晶系，颜色呈橙黄色、带暗红色。主要用于提锌、制取锌粉和锌化合物。

01.0636 菱锌矿 smithsonite
碳酸盐矿物，主要化学成分为 $ZnCO_3$，三方晶系，颜色呈无色、白色、暗灰、浅绿、浅褐及浅蓝色，不溶于水。主要用于炼锌，制取锌化合物。

01.0637 闪锌矿 sphalerite
主要化学成分为 ZnS 的硫化物矿物。六方晶系，颜色呈黄褐黑色。用作制取锌和锌化合物。

01.0638 异极矿 hemimorphite
主要化学成分为 $Zn_4Si_2O_7(OH)_2 \cdot H_2O$，常与菱锌矿伴生。斜方晶系，颜色呈白、黄、褐、绿或浅蓝。用于提取锌、制取锌粉和锌化合物。

01.0639 水锌矿 hydrozincite
主要化学成分为 $Zn_5(CO_3)_2(OH)_6$，是闪锌矿的次生矿物。单斜晶系，颜色为白色至淡黄色。主要用于炼锌和制取锌化合物。

01.0640 赤铁矿 hematite
化学成分为 Fe_2O_3 的三方晶系的氧化物矿物。呈钢灰色至铁黑色。是冶炼钢铁的重要矿物，还可用作矿物颜料。

01.0641 明矾石 alunite
化学成分为 $KAl_3(SO_4)_2(OH)_6$ 的硫酸盐矿物。属三方晶系，呈白色，含杂质呈浅灰色、浅黄、浅红、浅褐色。主要用于制取明矾和铝化合物。

01.0642 一水软铝石 boehmite
又称"软水铝石"。化学成分为 $\gamma\text{-}Al_2O_3 \cdot H_2O$。斜方晶系，颜色呈白色或微带黄色。主要用于炼铝及制取铝化合物。铝的氢氧化物矿物，是组成铝土矿的主要矿物成分。

01.0643 一水硬铝石 diaspore
化学成分为 $\alpha\text{-}Al_2O_3 \cdot H_2O$。斜方晶系，颜色呈白色、灰色、黄褐或黑褐色。用于炼铝及制取铝化合物。铝的氢氧化物矿物，主要分布于铝土矿矿床中。

01.0644 三水铝石 gibbsite
铝的氢氧化物矿物，主要化学成分为 $Al_2O_3 \cdot 3H_2O$，单斜晶系。白色，或因杂质而呈淡红至红色。主要用于制取铝化合物。

01.0645 铝土矿 bauxite
又称"铝矾土（aluminous soil）"。主要化学成分为 Al_2O_3，是以三水铝石、一水软铝石或一水硬铝石为主要矿物组成的矿石统称。颜色呈白色或因杂质呈灰色、灰黄、黄绿、浅红、褐色。主要用于生产铝及其化合物。

01.0646 独居石 monazite
化学组成为 $(Ce、La、Nd、Th)[PO_4]$，晶体属单斜晶系的磷酸盐矿物。因经常呈单晶体而得名。呈棕红、黄、褐黄色，有油脂光泽。主要用于提炼铈、镧。矿石中常含有钍，具有放射性。

01.06.02 过程与装备

01.0647 锥式轧碎机 cone [type] crusher
利用一直立的内圆锥体（轧头）在另一固定的外圆锥体的轧压面（轧臼）中作偏心转动而将物料轧碎的设备。用于粗碎或中碎坚硬脆性物料。

01.0648 磨碎 grinding
通过研磨介质（钢棒、钢球、砾石或矿块本身）的冲击和磨剥作用，将小块固体物料变成粉末的操作方法。用于采矿、冶金、化工、水泥、陶瓷、耐火材料等工业。

01.0649 环滚研磨机 ring roll mill
借转滚或圆球的重力、弹簧的张力或离心力所产生的挤压和研磨作用而将物料粉碎的设备。有摆轮式、弹簧转滚式、离心圆球式、三滚式。

01.0650 粉碎设备 comminution equipment
利用挤压、撞击、研磨、劈裂等作用，有时还有弯曲和撕裂等附带作用，以粉碎固体物料的机械。

01.0651 振动磨 vibrating ball mill
利用卧式圆筒的高频率振动，使筒中的钢球或钢棒介质依靠惯性力冲击物料，将物料粉碎的超细磨设备。

01.0652 筛 sieve
以金属丝（或蚕丝等其他材料）编成的网或穿有很多小孔的金属板为主要部件，用以分离不同粒度颗粒的设备。

01.0653 筛析 sieve analysis
将已称过质量的物料置于筛孔尺寸递减的一套筛子上，筛动一定时间后，物料按颗粒的大小分别留在各层的筛子上，被分为若干级的方法。

01.0654 选矿 ore-dressing
根据矿石中不同矿物的物理化学性质，把矿石破碎磨细以后，将有用矿物与脉石矿物分开，并使各种共生的有用矿物尽可能相互分离，除去有害杂质，以获得冶炼或其他工业所需原料的分选过程。

01.0655 电力选矿 electric separation
矿石磨细以后，利用各种矿物的电导率及其在电场中荷电程度的不同，使之在电力场、机械力和重力的联合作用下而分离的选矿方法。

01.0656 焙烧炉 roasting furnace
在高温下焙烧矿石以分解矿石或制取工业用气体的设备。有高炉、反射炉、回转炉、机械炉、沸腾炉等。

01.0657 竖窑 shaft kiln
由衬有耐火砖的钢筒或钢筋混凝土筒壳组成的立式窑炉设备。用于煅烧石灰石、白云石、菱镁矿等。

01.0658 反射炉 reverberatory furnace
通过火焰直接加热物料的设备。其结构包括炉顶及液面以上炉墙构成的火焰空间；液面以下炉墙及炉底构成的熔池。用于铜、镍、锡等矿石或精矿的熔炼。

01.0659 沸腾焙烧 boiling-bed roasting
又称"流态化焙烧（fluid-bed roasting）"。使炉料形成类似沸腾状的一种焙烧方法。用于硫化物矿石的焙烧，也用于贫铁矿的焙烧。

01.0660 烧成 firing
将生坯或生料在高温下煅烧，使之发生脱水、分解、化合等物理和化学变化，而成为具有充分的机械强度和其他需要性能的制品或熟料的过程。是生产硅酸盐等制品的工序之一。

01.0661 熔融 fusion
温度升高时，分子的热运动能增大，导致结晶破坏，物质由晶相变为液相的过程。

01.0662 电弧炉 electric arc furnace
利用电极电弧产生的高温熔炼矿石和金属的设备。

01.0663 倾覆盘式真空过滤机 tilting-pan vacuum filter
借抽吸作用使过滤和洗涤等操作分别在一组设置在环形面积内的梯形滤盘中完成的连续式过滤设备。用于磷酸工业中分离磷酸和石膏，也用于过滤钛类颜料、处理铁钒土等，还用于有色金属选矿和铀矿处理。

01.0664 连续式过滤机 continuous filter
过滤、洗涤、脱水、卸料四个阶段在设备的不同部位进行的连续操作的一类过滤设备。

01.0665 间歇式过滤机 intermittent filter
过滤、洗涤、脱水、卸料四个阶段在设备的同一部位但在不同时间依次进行的间歇操作的一类过滤设备。

01.0666 真空过滤机 vacuum filter
以真空负压为推动力实现固液分离的设备。在结构上，过滤区段沿水平长度或圆筒周向布置，可以连续完成过滤、洗涤、吸干、卸料、滤布再生等作业。

01.0667 叶滤机 leaf filter
由多个滤叶装于槽中组成的利用滤布作为过滤介质的过滤设备。

01.0668 真空叶滤机 vacuum leaf filter
利用真空泵的抽吸作用使滤浆经过滤叶上的滤布而达到固液分离的设备。

01.0669 圆形滤叶加压叶滤机 pressure filter with cycloid filter leaves
将一组圆形滤叶悬挂于横卧的圆筒形机壳内组成的加压过滤设备。

01.0670 间歇式加压叶滤机 intermittent pressurized leaf filter
将一组不同宽度的多个滤叶装于横卧的密闭圆筒内组成的加压过滤设备。

01.0671 转筒真空过滤机 rotary drum vacuum filter
借抽吸作用使过滤和洗涤等操作分别在一个旋转圆筒中完成的连续过滤设备。圆筒上开许多小孔，筒的四周包有滤布。转筒的内部为若干彼此不相通的扇形格。

01.0672 转盘真空过滤机 rotary vacuum disk-filter
借抽吸作用使过滤和洗涤等操作分别在一组旋转圆盘中完成的连续过滤设备。每个圆盘由 10～30 块彼此独立、互不相通的扇形滤叶组成。

01.0673 压滤机 filter press
用压力使悬浮液中的液体经过滤布以分离固体颗粒的设备。

01.0674 带式压滤机 belt filter press
借助两条保持一定间距、循环行走的滤带，通过滤带外设置的一系列压辊之间的压力作用，对滤带内的料浆先后进行重力脱水、加压压榨脱水直至最后卸料等一系列压滤工序的连续式压滤设备。用于污泥处理等。

01.0675 隔膜压滤机 diaphragm filter press
采用隔膜滤板的板框压滤机。滤板由芯板和膜片两部分组成。与普通板框相比，同等板框面积下，有效压榨面积大，滤饼固含量高，过滤效率高。

01.0676 凹板式压滤机 recessed plate filter
由两侧凹进的滤板组成的压滤设备。用于过滤容易堵塞细通道而不能用板框式压滤机的料浆。

01.0677 多孔陶质管式过滤机 porous ceramic tubular filter
借陶质滤管而达到过滤目的的管式过滤设备。

01.0678 自动离心机 automatic centrifuge
加料和卸料都是自动进行而无须停车或降低转鼓转速的离心设备。

01.0679 间歇式离心机 batch centrifuge
进料、排料间歇进行的一类离心设备。

01.0680 室式分离机 multi-chamber separator

在立式转鼓内装插多个同心圆筒形隔板使转鼓分隔成多个小室的离心分离设备。圆筒形隔板从内到外间隔地安装在顶盖和转鼓的底下，并相应在圆筒的下部和上部开有进料孔，形成串联式的流动通道。用于分离固相量较少且较易分离的悬浮液。

01.0681 碟片式分离机 disk type centrifugal separator

利用将液流分为一系列薄层的方法来加快离心分离过程的设备。转鼓内装有很多叠起来的倒锥式碟片，碟片之间留有很小的间隙。用于分离乳浊液和细粒子悬浮液。

01.0682 锥形沉降器 conical settling tank

器体呈圆锥形（锥角 60°）的一种沉降设备。连于器底的沉淀排出管向上弯曲，以免液体向下流动过快时使器内发生扰动。用于湿法选矿。

01.0683 沉降式螺旋卸料离心机 screw-discharge sedimentation centrifuge

由高转速的转鼓、与转鼓转向相同且转速比转鼓略高或略低的螺旋和差速器等部件组成的离心分离设备。用于固相浓度和颗粒粒度变化范围较大、固相和液相密度相差较大的悬浮液的分离。

01.0684 上悬式离心机 top suspended centrifuge

转鼓被安装在鼓上方的电动机所带动的间歇式重力、机械或人工卸料的离心分离设备。

01.0685 活塞推料离心机 piston push centrifuge

借活塞的往复运动带动推料盘将转鼓内的滤渣排出的一种自动离心分离设备。

01.0686 人工卸料离心机 manual unloading centrifuge

滤渣靠人工卸出的间歇操作的离心分离设备。

主要有三足式离心机和上悬式离心机两种。

01.0687 自动卸料离心机 automatic discharge centrifuge

滤渣借重力作用卸出的一类离心分离设备。转鼓的下部呈锥形，其倾斜角稍大于物料的休止角。

01.0688 三足式离心机 three-column centrifuge

由转鼓和机座借拉杆挂在三个支柱上而得名的一种离心分离设备。

01.0689 振动式离心机 vibrating centrifuge

利用筛网的回转和其轴向的往复振动作用，将滤饼由筛网小端推向大端，达到卸料目的的一种过滤式离心分离设备。

01.0690 水溶液电解 electrolysis of aqueous solution

直流电通过电解质水溶液，在电极上发生化学反应的过程。

01.0691 水银电解槽 mercury electrolytic cell

以石墨为阳极、汞为阴极的一种水溶液电解设备。

01.0692 无隔膜电解槽 non-diaphragm electrolytic cell

阴阳两极间没有隔膜的电解槽，如水银电解槽。用于制氢、金属电解等。

01.0693 置换吸附 substitution adsorption

吸附剂表面上的吸附物由另一吸附能力更强的物质取代而将其置换下来的一类吸附方法。

01.0694 搅拌式萃取塔 agitating extraction column

塔内装有一个机械推动的叶轮搅拌器，用以分散和混合液体的一类萃取设备。

01.0695　脉动式萃取塔　pulsed extraction column
塔内液体借助活塞的往复运动而产生脉动的一类萃取设备。

01.0696　喷洒式萃取塔　spray[-type] extraction column
塔内装有喷洒（喷淋）溶液（轻相或重相）的喷雾器的一种萃取设备。

01.0697　填料式萃取塔　packed extraction tower
用塔内填料作为气液两相接触构件的萃取设备。用于由液体混合物中萃取少量的被溶解物质。

01.0698　筛板式萃取塔　sieve-tray extraction tower
用塔内筛板作为气液两相接触构件的萃取设备。

01.0699　蒸发设备　evaporating installation
通过加热使溶液浓缩或从溶液中析出晶粒的装置。主要由加热室和蒸发室两个部分组成。

01.0700　横管式蒸发器　horizontal-tube evaporator
以一束装置在蒸发器底部的横向管作为加热管的蒸发设备。用于蒸发不起泡沫、不析出固体和黏性较低的溶液。

01.0701　竖管式蒸发器　vertical tube evaporator
以一束竖管作为加热管，加热蒸汽进入管间，被加热的溶液则沿加热室的列管循环的一种自然循环蒸发设备。有中央循环管式蒸发器和悬筐式蒸发器两种。

01.0702　中央循环管式蒸发器　central circulation tube evaporator
加热室由固定在两块花板上的许多小管及一根管径较大的中央循环管组成的竖管式蒸发设备。用于蒸发稀碱液等。

01.0703　外加热式蒸发器　evaporator with external heating unit
由列管式加热器、分离器、循环管三个主要部件组成的竖管式蒸发设备。加热管安装在分离室的外面。

01.0704　单程蒸发器　single-pass evaporator
溶液在设备内仅加热蒸发一次就可达到要求浓度的蒸发设备。如某些薄膜蒸发器。

01.0705　回转式薄膜蒸发器　agitated film evaporator
由一个内装旋转搅拌桨的加热夹套壳件组成的蒸发设备。搅拌桨常用的有刮板、甩盘等。用于蒸发易结晶、易结垢的物料，以及高黏度的热敏性物料。

01.0706　结晶设备　crystallizing equipment
用于将饱和溶液冷却或蒸发使达到一定的过饱和程度而析出晶体的装置。

01.0707　结晶槽　crystallizing tank
由一敞口的槽构成的结晶设备。

01.0708　套筒隔板式结晶器　draft tube baffle crystallizer
器内设一导流筒并装有套筒、在导流筒外侧设一环形隔板、在器的底部设一螺旋桨的结晶设备。环形隔板将器内分成晶体成长区和沉淀区。螺旋桨推动溶液和晶体由中心套筒上升。用于氯化铵的结晶。

01.0709　连续式敞口搅拌结晶器　continuous type open trough crystallizer with agitator
由半圆形敞口长槽构成的结晶设备。槽内装有低速带式搅拌器，槽外装有水夹套。

01.0710　搅拌冷却结晶器　agitation cooling crystallizer
由一个具有平盖和圆锥形底且紧密封闭的

筒形锅构成的结晶设备。锅内装有搅拌器和冷却蛇管。

01.0711　间歇式干燥器　batch dryer
物料只能间歇地进出进行干燥的一类干燥设备。

01.0712　连续式干燥器　continuous dryer
物料能够连续地、均匀地进出进行干燥的一类干燥设备。

01.0713　并流干燥器　parallel-flow dryer
物料移动方向与干燥介质流动方向相同的一类干燥设备。用于：①物料在湿度较大时允许快速干燥；②干燥后的物料不能耐高温；③干燥后的物料具有很小的吸湿性。

01.0714　逆流干燥器　counter-current flow dryer
物料移动方向与干燥介质流动方向相反的一类干燥设备。用于：①物料在湿度较大时不允许快速干燥；②干燥后的物料能耐高温；③干燥后的物料具有很大的吸湿性；④要求物料的干燥速度快，同时又要求干燥程度大。

01.0715　错流干燥器　cross-current dryer
物料移动方向与干燥介质流动方向垂直的一类干燥设备。用于：①物料在湿度大和小时都允许快速干燥，并耐高温；②要求干燥速度快，并允许干燥介质和能量的消耗大一些。

01.0716　空气干燥器　air dryer
用热空气或其他气体（如烟道气等）作为干燥介质的一种干燥设备。

01.0717　红外线干燥　infrared drying
利用红外线辐射使物料中的水分汽化的干燥方法。用于表面积大而又薄的物料以及形状复杂的物品的干燥，如胶状物质。

01.0718　红外线干燥器　infrared dryer
利用红外线加热原理干燥物料的一种设备。

01.0719　气流干燥器　pneumatic dryer
将散粒状固体物料分散悬浮在高速热气流中，在气力输送下进行干燥的一种设备。由干燥管、旋风分离器和风机等组成。用于干燥在潮湿状态时仍能在气体中自由流动的无机颗粒物料等。

01.0720　直管气流干燥器　tube type pneumatic dryer
在一直立管的下部加入湿料，热空气吹入直立管，使物料在热气流中被悬浮干燥的设备。

01.0721　旋风气流干燥器　vortex conveyor dryer
热气流夹带被干燥的物料颗粒以切线方向进入设备内，沿热壁产生旋转运动，使物料颗粒处于悬浮旋转运动状态而进行干燥的一种设备。

01.0722　脉冲气流干燥器　pulsed pneumatic dryer
采用管径交替缩小和扩大，使气流和颗粒做不等速流动，气流和颗粒间的相对速度与传热面积都较大，从而强化传热传质速率的干燥设备。

01.0723　喷雾干燥　spray drying
将需要干燥的物料分散成很细的像雾一样的微粒（增大水分蒸发面积，加速干燥过程），与热空气接触，在瞬间将大部分水分除去，使物料中的固体物质干燥成粉末的方法。

01.0724　喷雾干燥器　spray dryer
液态物料经过喷嘴雾化成微细的雾状液滴，与热介质接触，被干燥成为粉料的设备。无机化工中多用于干燥热敏性的液体、悬浮液和黏滞液体。

01.0725　离心喷雾干燥器　centrifugal spray dryer
将料液注于急速旋转的圆盘上，借离心力的

作用喷成雾状，与热空气接触而被干燥的设备。用于干燥悬浮液和黏滞液料。

01.0726　机械喷雾干燥器　nozzle type spray dryer
将液体物料由泵送到装在十字旋转臂上的喷嘴，在一定压力下喷成雾状，与热空气接触而被干燥的设备。用于溶液、乳浊液物料的干燥。

01.0727　气流喷雾干燥器　pneumatic type spray dryer
将液体物料用泵输送或从高位槽流到喷嘴喷成雾状并与热空气接触而被干燥的设备。用于溶液、乳浊液物料的干燥，也用于含有大量固体粒子的淤浆的干燥。

01.0728　直接传热旋转干燥器　directly heated rotary dryer
干燥介质与湿物料直接接触而传送热量的旋转干燥设备。用于干燥无机物制品。

01.0729　间接传热旋转干燥器　indirectly-heated rotary dryer
干燥介质将热量经器壁间接传给湿物料的旋转干燥设备。用于干燥洁净而不容许灰尘侵入的物料，以及能耐高温而须避免被灰尘等侵入的物料。

01.0730　复式传热旋转干燥器　mixed heated rotary dryer
一部分热量由干燥介质经直接接触传给湿物料，一部分热量由干燥介质经器壁间接传给湿物料的旋转干燥设备。用于干燥容易产生大量粉末的物料。

01.0731　减压干燥器　vacuum dryer
将被干燥的物料置于负压条件下并通过适当加热来干燥物料的一类干燥设备。由干燥器、冷凝器和真空泵组成。

01.0732　减压厢式干燥器　vacuum compartment dryer
密闭厢式容器中抽真空后进行干燥的厢式干燥设备。

01.0733　真空耙式干燥器　vacuum rake dryer
由带有蒸汽夹套的壳体和在壳体内转动的耙齿装置组成的一种真空干燥设备。用于干燥不耐高温和在高温下易于氧化的物料、有爆炸危险的物料及蒸气必须回收的物料。

01.0734　沸腾床干燥　boiling-bed drying
借助沸腾床（层）进行干燥的方法。

01.0735　单层圆筒形沸腾干燥器　single-layer cylindrical boiling-bed dryer
仅有一层沸腾床的干燥设备。

01.0736　多层圆筒形沸腾干燥器　multilayer cylindrical boiling-bed dryer
借多层式沸腾床（层）进行干燥的设备。

01.0737　振动流化床干燥器　vibrating fluidized-bed dryer
应用机械振动改善物料流动状态进行干燥的设备。

01.0738　膜　membrane
能以特定形式限制和传递各种物质的分隔两相的界面。膜可以是气相、液相和固相或它们的组合，也可以是中性的或荷电的。

01.0739　膜催化　membrane catalysis
将催化性能与膜的选择透过性能相结合的催化过程。

01.0740　膜蒸发　pervaporization
将膜分离和蒸发过程相结合的分离过程。

01.0741　砷　arsenic

化学式为 As,单质砷的三种同素异形体是灰砷、黄砷和黑砷。砷单质很活泼,不溶于水,溶于硝酸和王水。可由碳还原三氧化二砷制取。砷是一种在半导体产业和制革工业有着重要用途的类金属。

01.0742　砷化氢　arsine

又称"砷烷""胂"。化学式为 AsH_3,无色可燃气体,剧毒,溶于水及多种有机溶剂。由 As 与 Zn 合成 Zn_3As_2,然后再与 H_2SO_4 反应得到 AsH_3。用于半导体工业中外延硅的 n 型掺杂、合成半导体材料。

01.0743　三氯化砷　arsenic trichloride

化学式为 $AsCl_3$,油状液体或针状结晶,溶于乙醇、乙醚。溶于水,并起水解作用。有毒。采用三氧化二砷与盐酸反应制备。用于陶瓷工业,合成含砷的氯衍生物等。

01.0744　三氟化砷　arsenic trifluoride

化学式为 AsF_3,无色透明发烟的油状液体,溶于水,剧毒。由砷或三氧化二砷与氟化氢反应制备。主要用于制造杀虫剂、微电子材料等。

01.0745　三碘化砷　arsenic triiodide

化学式为 AsI_3,橙红色鳞状或粉状结晶,溶于水、乙醇、乙醚、苯、氯仿、二硫化碳等,剧毒。由三氧化二砷与盐酸和碘化钾反应制备。主要用于医药、有机合成等领域。

01.0746　三氧化二砷　arsenic trioxide

俗称"砒霜"。化学式为 As_2O_3,白色霜状粉末,微溶于水,溶于酸、碱,剧毒。采用雄(雌)黄矿经氧化反应得到产品。主要用于提炼元素砷,制备玻璃澄清剂和脱色剂、杀虫剂、消毒剂和除锈剂等。

01.0747　五氟化砷　arsenic fluoride

化学式为 AsF_5,无色气体,溶于冷水,溶于碱、醇、醚、苯。可由砷与氟直接化合制备。主要用作氟化剂,如六氟砷酸盐的合成,也在微电子工业中用作砷离子注入剂。

01.0748　五氧化二砷　arsenic pentoxide

化学式为 As_2O_5,白色无定形固体,溶于水,溶于乙醇、酸、碱,剧毒。由三氧化二砷与硝酸或过氧化氢反应而制得。用于砷酸盐的制备,以及染料和印刷工业等,也可用作杀虫剂。

01.0749　砷酸　arsenic acid

化学式为 $H_3AsO_4 \cdot 1/2H_2O$,无色至白色透明斜方晶系细小板状结晶,溶于水、乙醇,剧毒。采用三氧化二砷与硝酸(或过氧化氢或空气)氧化制得。用于制造有机颜料,制备无机盐或有机砷酸盐,也用于制造杀虫剂、玻璃,并用于制药等。

01.0750　砷酸钙　calcium arsenate

化学式为 $Ca_3(AsO_4)_2$,白色固体,难溶于水,溶于稀酸,有毒。砷矿加工制砷酸,砷酸再与石灰乳发生中和反应制得。用作杀虫剂、杀鼠剂等。

01.0751　砷酸铅　lead arsenate

化学式为 $Pb_3(AsO_4)_2$,白色固体,微溶于水,溶于硝酸,剧毒。由黄丹(一氧化铅)与砷酸反应得到产品。主要用作胃毒杀虫剂及除草剂,大量用于制取其他砷化物。

01.0752　砷酸二氢钠　sodium dihydrogen arsenate

化学式为 NaH_2AsO_4,无色晶体,有毒。由氢氧化钠与砷酸反应制得。用于制造其他砷盐。

01.0753 亚砷酸钠 sodium arsenite
化学式为 $NaAsO_2$，白色粉末状固体，易溶于水，剧毒。通过三氧化二砷与纯碱（和/或烧碱）反应得到产品。用作普通分析试剂、杀虫剂及防腐剂。

01.06.04 钡化合物和钡盐

01.0754 氯化钡 barium chloride
化学式为 $BaCl_2$，包括无水物和二水合物。无色有光泽的单斜晶体或白色结晶或粒状粉末，易溶于水。可将盐酸加入到硫化钡溶液中得到产品。用于盐水精制、鞣革和制备色淀、颜料、分析试剂、脱水剂、钡盐，并用作杀虫剂等。

01.0755 氟化钡 barium fluoride
化学式为 BaF_2，无色立方晶体粉末。可由碳酸钡与氢氟酸在常温常压下反应制得。用于制造电机电刷、光学玻璃、光导纤维、激光发生器、助熔剂、涂料及珐琅，以及用作木材防腐剂等。

01.0756 氢氧化钡 barium hydroxide
化学式为 $Ba(OH)_2$，有一水合物和八水合物，无色透明结晶或白色粉末，有腐蚀性。可由氯化钡与氢氧化钠发生复分解反应制得。用于糖及动植物油的精制，用作锅炉用水清净剂、杀虫剂，制造钡盐。石油工业中用作多效能添加剂等。

01.0757 氧化钡 barium oxide
化学式为 BaO，无色立方晶体。可由煅烧硝酸钡或氢氧化钡制得。用于玻璃、陶瓷工业，也用于甜菜糖精炼，是制造过氧化钡和钡盐的原料，可作脱水剂和高效干燥剂等。

01.0758 过氧化钡 barium dioxide
化学式为 BaO_2，白色或灰白色粉末。可由氧化钡与氧或过氧化氢与氢氧化钡合成制得。用作氧化剂、漂白剂、媒染剂、铝焊引火剂，以及碳氢化合物热裂催化剂；制备少量过氧化氢、氧气或其他过氧化物。

01.0759 硫化钡 barium sulfide
化学式为 BaS，白色等轴系立方晶体。可由煤粉或天然气还原重晶石制得。有腐蚀性。用于制备钡盐和锌钡白，也用作橡胶硫化剂及皮革脱毛剂，在农业上用作杀螨剂及灭菌剂。

01.0760 硫酸钡 barium sulfate
化学式为 $BaSO_4$，无色斜方晶系晶体或白色无定形粉末。可由芒硝与氯化钡或硫化钡反应制得。主要用作胃肠道造影剂，或用于制造钡盐等。

01.0761 硝酸钡 barium nitrate
化学式为 $Ba(NO_3)_2$，无色立方晶体或白色粉末。可由硝酸与碳酸钡反应制得。用作氧化剂、分析试剂。用于制备钡盐、信号弹及焰火等。

01.0762 亚硝酸钡 barium nitrite
化学式为 $Ba(NO_2)_2 \cdot H_2O$，白色至淡黄色结晶性粉末。由硝酸钡热解或亚硝酸钠与氯化钡发生复分解反应制得。用于重氮化反应，还可防止钢条的腐蚀。

01.0763 亚硫酸钡 barium sulfite
化学式为 $BaSO_3$，无色结晶或粉末。可由钡盐与亚硫酸钠反应制得。主要用于制造钡盐、锌钡白和发光油漆，也用作橡胶硫化剂及皮革脱毛剂，以及造纸。

01.0764 碳酸钡 barium carbonate
化学式为 $BaCO_3$，白色粉末。可由二氧化碳碳化硫化钡或氢氧化钡制得。用于制造光学玻璃、显像管玻璃及钡磁性材料等电子元器件。

01.0765　铬酸钡　barium chromate
化学式为 $BaCrO_4$，黄色单斜或斜方晶。由铬酸钠与氯化钡发生复分解反应制得。用作黄色颜料、安全火柴、陶瓷及军用火药原料等。

01.0766　氯酸钡　barium chlorate
化学式为 $Ba(ClO_3)_2$，无色棱形结晶或白色粉末。可由氯酸铵与氢氧化钡或氯酸钠与氯化钡发生复分解反应制得。用作分析试剂，也用于制造烟花和炸药。

01.0767　钛酸钡　barium titanate
化学式为 $BaTiO_3$，浅灰色四面形或六面形晶体。可由等摩尔的锐钛型二氧化钛和碳酸钡湿法球磨制得。广泛用于电子工业，也用于制造体积很小、电容很大的微型电容器等。

01.0768　锡酸钡　barium stannate
化学式为 $BaSnO_3$，白色立方晶体粉末。锡酸钠与氢氧化钡发生复分解反应或高纯二氧化锡与氧化钡经固相合成制得。用于制造高介电性次绝缘体等。

01.0769　碘化钡　barium iodide
化学式为 BaI_2，无色结晶，易溶解。由氢氧化钡与氢碘酸反应制得。用于制造其他碘化物。

01.0770　碘酸钡　barium iodate
化学式为 $Ba(IO_3)_2$，白色晶状粉末，有刺激性气味。碘酸钾与氯化钡发生复分解反应或将碘加入热氢氧化钡通空气氧化制得。用于医药，用作分析试剂。

01.0771　磷酸钡　barium phosphate
化学式为 $Ba_3(PO_4)_2$，白色立方结晶。由磷酸三钠溶液加入氯化钡反应制得。用于制药和陶瓷工业；也用作分析试剂。

01.0772　磷酸氢钡　barium hydrogen phosphate
化学式为 $BaHPO_4$，无色三方晶系或针状晶体。由磷酸与氢氧化钡及氧化钡反应制得。用于陶瓷及电子工业；用作分析试剂等。

01.0773　锰酸钡　barium manganate
化学式为 $BaMnO_4$，暗绿蓝色的六方晶系结晶，其结构与硫酸钡属同类型。锰酸钾、氯化钡和氢氧化钠与碘化钾一起反应制得。作为氧化剂，优于二氧化锰。

01.0774　溴化钡　barium dibromide
化学式为 $BaBr_2$，无色有潮湿性的块状物，有吸湿性。由碳酸钡与氢溴酸反应制得。用于制备溴酸盐，也可用作氧化剂、防腐蚀剂等。

01.0775　偏磷酸钡　barium dimetaphosphate
化学式为 BaP_2O_6，白色无味粉末，常温常压下稳定。

01.06.05　溴化合物和溴酸盐

01.0776　溴　bromine
化学式为 Br_2，红棕色液体，微溶于水，溶于二硫化碳、有机醇。采用空气吹出法提取含溴卤液（海、湖盐水）得到产品。主要用于制取溴化物，氧化剂、乙烯和重碳氢化合物的吸收剂，溴化丁基橡胶及有机合成的溴化剂。

01.0777　溴化氢　hydrogen bromide
化学式为 HBr，无色，有窒息性臭味的刺激性气体，遇潮湿空气可发出具有腐蚀性的毒烟雾。液体为浅黄色。溶于水和醇。由溴素与氢气直接合成制得。用于无机和有机溴化物的制造，以及合成香料、染料等领域。

01.0778　氢溴酸　hydrobromic acid
化学式为 HBr，溴化氢的水溶液，无色有辛辣刺激气味的液体，易溶于水、乙醇。用溴素和氢气反应制备溴化氢，然后用水吸收即得产品。主要用于制备无机溴化物和某些烷基溴化物，合成镇静剂、麻醉剂等医药用品，以及催化剂等。

01.0779　溴化铵　ammonium bromide
化学式为 NH_4Br，无色或白色结晶性粉末，溶于水、醇。由液氨与溴素反应制得。用作感光乳剂、木材防火剂等。

01.0780　溴化锂　lithium bromide
化学式为 $LiBr$，白色立方晶系结晶或粒状粉末，溶于水、乙醇和乙醚。由碳酸锂或氢氧化锂与氢溴酸反应制得。其溶液主要用作低温热交换介质等。

01.0781　溴化钾　potassium bromide
化学式为 KBr，无色结晶或白色粉末，溶于水和甘油，微溶于乙醇和乙醚。由碳酸钾与溴素反应制得。主要用于光谱分析，极谱分析测定铟、镉和砷，以及用作显影剂。

01.0782　溴化钠　sodium bromide
化学式为 $NaBr$，白色结晶或粉末，溶于水，低毒，有刺激性。由尿素、碳酸钠与溴素反应制得。用于感光胶片、医药（镇静剂）、农药、香料、染料等工业。

01.0783　溴化钙　calcium bromide
化学式为 $CaBr_2$，无色斜方针状结晶或晶块，易溶于水、乙醇、丙酮和酸。由溴素、液氨和氢氧化钙反应制得。用于石油钻井，也用于制备溴化铵及光敏纸、灭火剂、制冷剂等。

01.0784　溴化镉　cadmium bromide
化学式为 $CdBr_2$，白色至微黄色结晶性粉末，溶于水、丙酮和乙醇，微溶于乙醚。由溴化氢与碳酸镉反应制得。用于照相、石印、雕刻。

01.0785　溴化镁　magnesium bromide
化学式为 $MgBr_2$，白色三方晶系立方晶体，溶于水、乙醇、甲醇和吡啶。由氢溴酸与氧化镁反应制得。主要用于有机反应催化剂、污水处理剂、其他镁盐原料、毛织物的印染助剂等。

01.0786　溴化锌　zinc bromide
化学式为 $ZnBr_2$，白色菱形结晶或粉末，易溶于水、醇、丙酮、四氢呋喃。由氢溴酸与氧化锌反应制得。主要用作人造丝后处理剂，也用于制药、洗印、采油等。

01.0787　溴化锰　manganous bromide
化学式为 $MnBr_2$，玫瑰红色结晶，易溶于水，有潮解性。由氢溴酸与氧化锰（或氢氧化锰、碳酸锰）反应制得。主要用作催化剂或医药中间体。

01.0788　溴化锶　strontium bromide
化学式为 $SrBr_2$，无水物是白色六方针状结晶，六水合物为无色六方结晶或白色结晶性粉末，溶于水、乙醇，不溶于乙醚。由氢溴酸与碳酸锶反应制得。主要用于医药镇静剂、分析试剂。

01.0789　溴化铜　cupric bromide
化学式为 $CuBr_2$，浅灰色或黑色结晶或结晶性粉末，溶于水、乙醇、丙酮、吡啶、氨，不溶于苯。由氢溴酸与氧化铜反应制得。用作照相增感剂。有机合成中用作溴化剂，也可用于铜蒸气激光器。

01.0790　三溴化磷　phosphorus tribromide
化学式为 PBr_3，无色或淡黄色发烟液体，可混溶于丙酮、二硫化碳、氯仿、四氯化碳。由赤磷与液溴反应制得。用作有机合成的溴化剂、还原剂。

01.0791　三溴化硼　boron tribromide
化学式为 BBr_3，无色液体，遇水和乙醇分解，溶于四氯化碳。由元素硼与溴素反应制得。

用作半导体的 p 型掺杂源，用于制造乙硼烷和超高纯硼，以及光导纤维等。

01.0792　溴酸钾　potassium bromate
化学式为 $KBrO_3$，无色三角晶体或白色结晶性粉末，溶于水，不溶于丙酮，微溶于乙醇。采用电解溴化钾水溶液制备。主要用作氧化剂、羊毛漂白处理剂等。

01.0793　溴酸钠　sodium bromate
化学式为 $NaBrO_3$，无色结晶、白色颗粒或结晶性粉末。溶于水，不溶于乙醇。采用电解溴化钠水溶液制备。主要用于制备无机化学产品、化学试剂，也被用作氧化剂。

01.0794　亚溴酸钠　sodium bromite
化学式为 $NaBrO_2$，黄色结晶，易溶于水，极易分解。采用次氯酸钠法，即次氯酸钠与溴化钠发生复分解反应，得到的溴酸钠发生歧化反应，得到产品。用作棉纺工业的退浆剂，印染工业染料氧化发色，也用于漂白等。

01.06.06　硼化合物和硼酸盐

01.0795　碱解法　alkaline extraction method
以硼矿粉、氢氧化钠为主要原料，在一定温度、压力下进行碱解生产硼砂的方法。

01.0796　碳碱法　carbon dioxide-soda process
以硼矿粉、纯碱、二氧化碳为主要原料，在一定温度、压力下生产硼砂的方法。

01.0797　硼　boron
又称"单体硼"。化学式为 B，不溶于水、盐酸。高温下在空气中燃烧，能与卤素、氮、碳及金属反应。由硼砂制得。冶金行业中用作去气剂等。

01.0798　氧化硼　boric anhydride
又称"硼酐"。化学式为 B_2O_3，易吸水成硼酸。由硼酸高温脱水制得。用于制取元素硼和精细硼化合物。制备具有特征颜色的硼玻璃、光学玻璃、耐热玻璃等。

01.0799　三氯化硼　boron trichloride
化学式为 BCl_3。由元素硼和氯气直接合成而得。主要用作半导体硅的掺杂源或有机合成催化剂，还用于高纯硼或有机硼的制取。对人体有害，可引起化学灼伤。

01.0800　三氟化硼乙醚　boron trifluoride diethyl etherate
化学式为 $C_4H_{10}BF_3O$。酸与发烟硫酸和萤石粉反应后经乙醚吸收而得。无色发烟液体。易燃，有毒。用作乙酰化反应、烷基化反应、聚合反应、脱水反应和缩合反应的催化剂。还可用作分析试剂和环氧树脂固化剂。

01.0801　硼氢化钾　potassium borohydride
化学式为 KBH_4，易溶于水、液氨。遇无机酸分解放出氢气。由硼氢化钠和氢氧化钾制得。用作醛类、酮类、酰氯等的还原剂。

01.0802　硼氢化钠　sodium borohydride
化学式为 $NaBH_4$，白色结晶性粉末，干空气中稳定，湿空气中分解。由氢化钠硼酸甲酯法制得。可用作醛类、酮类、酰氯等的还原剂，塑料工业的发泡剂等。

01.0803　偏硼酸锂　lithium metaborate
化学式为 $LiBO_2$，白色结晶性粉末，溶于水。由碳酸锂或氢氧化锂与硼酸反应制得。用于 X 射线荧光分析，以及制药工业。

01.0804　偏硼酸钠　sodium metaborate
化学式为 $NaBO_2$，白色结晶性粉末，溶于水。

由碳碱法制得。用作摄影药剂、纺织助剂、黏结剂、洗涤剂、防腐剂、阻燃剂，农业中用作除草剂。

01.0805 偏硼酸钾 potassium metaborate
化学式为 KBO_2，易溶于水并发生水解，水溶液呈碱性，不溶于醇和醚等其他碳氢化合物。由硼酸和氢氧化钾或碳酸钾反应制得。用作化学试剂，以及润滑油脂添加剂等。

01.0806 偏硼酸钙 calcium metaborate
化学式为 CaB_2O_4，白色结晶，水溶性呈碱性。由石灰乳与硼酸溶液反应而得。用于制造无碱玻璃，用作防火、防锈涂料组分。

01.0807 偏硼酸钡 barium metaborate
化学式为 BaB_2O_4，白色结晶性粉末，微溶于水，易溶于盐酸。采用硼砂硫化钡法制得。用于涂料、陶瓷、造纸、橡胶和塑料等工业。

01.0808 氟硼酸镍 nickel tetrafluoroborate
化学式为 $Ni(BF_4)_2$，晶体，易溶于水及酸。由碳酸镍和氟硼酸发生中和反应制得。用于电镀、有色金属表面处理及有机合成催化剂等。

01.0809 氟硼酸钠 sodium fluoroborate
化学式为 $NaBF_4$，晶体，易溶于水。由碳酸钠和氟硼酸中和制得。用作纺织印染的树脂整理催化剂，电化学中的氧化抑制剂，非铁金属的精炼助熔剂。

01.0810 氟硼酸钾 potassium borofluoride
化学式为 KBF_4，微溶于水，有毒。由氢氟酸与硼酸作用后，用氢氧化钾中和而得。用作焊药助熔剂、化学试剂，以及制备含硼合金、含氟硼盐的原料等。

01.0811 氟硼酸铅 lead fluoroborate
化学式为 $Pb(BF_4)_2$，无色或近无色透明水溶液。由氟硼酸与氧化铅或碳酸铅反应制得。

用于镀铅及锡/铅低温焊接。

01.0812 氟硼酸 fluoroboric acid
化学式为 HBF_4，能与水或醇混溶，有毒。由氢氟酸和硼酸反应制得。用作电镀清洗剂、烷基化和聚合的催化剂、防腐剂等。

01.0813 氟硼酸亚锡 stannous fluoborate
化学式为 $Sn(BF_4)_2$，无色透明水溶液，固体为白色。纯品呈微碱性。由金属锡与氟硼酸反应制得。用于高速镀锡铅合金，高纯产品用于印刷线路及电子元件等电镀。

01.0814 氟硼酸铵 ammonium fluoroborate
化学式为 NH_4BF_4，无色晶体，溶于水，不溶于醇。由硼酸经 40% HF 氟化，再用氨中和而得。用作织物印染的树脂整理催化剂、铝或铜等金属焊接助熔剂、防火阻燃剂及化学试剂等。

01.0815 氟硼酸铜 cupric fluoborate
化学式为 $Cu(BF_4)_2$，极易溶于水。由氟硼酸与碱式碳酸铜反应制得。是铜和铜合金电镀液的组分，印染印刷用滚筒的高速镀铜电镀电解质，以及用于镀铅、锡-铅低温焊接中。

01.0816 氟硼酸镉 cadmium tetrafluoborate
化学式为 $Cd(BF_4)_2$，三方结晶，溶于水，呈酸性。由氟硼酸和碳酸镉反应制得。用于有色金属焊接，电镀及作为分析试剂。

01.0817 过硼酸钠 sodium perborate
化学式为 $NaBO_3$，溶于酸、碱及甘油中，微溶于水。可由硼酸和过氧化钠反应制得。可用作氧化剂、漂白剂、脱臭剂、消毒剂及杀菌剂等。

01.0818 过硼酸钾 potassium perborate
化学式为 KBO_3，白色结晶，微溶于水。由硼砂-碳酸钾电解制得。与过硼酸钠相同，用作去污剂、洁净剂等。

01.0819 硼酸铅 lead borate
化学式为 $PbOB_2O_3$，微溶于水，溶于强酸，不溶于氢氧化钠，有毒。由硼砂和乙酸铅反应制得。用作油漆、颜料。

01.0820 硼酸钙 calcium borate
化学式为 $mCaO \cdot nB_2O_3 \cdot aH_2O$，白色粉末。由硼酸铵和石灰乳反应制得。主要用于无碱纤维玻璃，还用作防锈和防火涂料的组分等。

01.0821 硼酸锌 zinc borate
化学式为 $2ZnO \cdot 3B_2O_3 \cdot 3.5H_2O$，微溶于热水，易溶于盐酸、硫酸等。主要用作阻燃剂、陶瓷器釉料等。

01.0822 硼酸镁 magnesium borate
化学式为 $Mg(BO_2)_2$，白色固体粉末，溶于酸，微溶于水。可由偏硼酸钠氯化镁法制得。主要用于制药工业，也用作化学试剂。

01.0823 硼酸锰 manganese borate
化学式为 MnB_4O_7，带红光的白色粉末，溶于稀酸，微溶于水。由硼砂和硫酸锰反应制得。用作清漆和熟油的干燥剂，是油漆催干剂原料之一。

01.0824 三硼酸锂 lithium borate
化学式为 LiB_3O_5，无色透明晶体。以碳酸锂和硼酸为原料，采用坩埚下降法制得。用于近红外、可见光及紫外波段，高功率脉冲激光的倍频、和频、参量振荡的放大器及倍频器件。

01.0825 四硼酸钾 potassium tetraborate
化学式为 $K_2B_4O_7$，溶于水，微溶于醇。由碳酸钾和硼酸中和制得。可制消毒剂，用作酪蛋白溶剂和抗磨添加剂、焊接助熔剂等。

01.0826 四硼酸锂 lithium tetraborate
化学式为 $Li_2B_4O_7$，溶于酸，微溶于水。由硼酸和碳酸锂反应制得。用于搪瓷工业的釉料、润滑脂组分、荧光分析助熔剂。

01.0827 四硼酸铜 cupric tetraborate
化学式为 CuB_4O_7，蓝色结晶性粉末，溶于稀酸和氨水。由硼砂和硫酸铜反应制得。用于油画颜料、瓷器色釉、印刷油墨，以及杀虫剂等。

01.0828 四硼酸铵 ammonium tetra-borate
化学式为 $NH_4HB_4O_7$，白色结晶，溶于水。由硼酸和氨水反应制得。用作尿素-甲醛合成脲醛树脂的催化剂、木材及织物的防火剂、电容器的电解液及杀虫除草剂。

01.0829 五硼酸钾 potassium pentaborate
化学式为 $K_2B_{10}O_{16} \cdot 8H_2O$，白色结晶性粉末。可由硼酸和碳酸钾或氢氧化钾反应制得。可用于不锈钢和非铁金属焊接和铜焊。

01.0830 硼砂 sodium tetraborate
化学式为 $Na_2B_4O_7 \cdot 10H_2O$，非常重要的含硼矿物及硼化合物。白色粉末，易溶于水。可由碱解法、碳碱法等方法制得。用于玻璃、搪瓷、肥料、印染、医药、军工等行业。

01.0831 硼酸 boric acid
化学式为 H_3BO_3，白色结晶，溶于水。可由酸解法、碳氨法等制得。用于玻璃、冶金、电镀、医药、肥料等行业。

01.0832 硼-10 同位素 boron-10 isotope
化学式为 ^{10}B。可用于中子计数管，在核反应堆中用作防护屏、调整棒及燃料加入剂，医药方面可治疗癌症。

01.0833 硼纤维 boron fibre
化学式为 B，棕色粉末，以 BCl_3 和 H_2 为原料，采用气相化学沉积法制得。主要用于与铝和钛复合制成高性能复合材料，用于航天飞机、战斗机、导弹等的结构材料。

01.0834 钕铁硼 neodymium-iron-boron
化学式为 $Nd_{15}Fe_{77}B_8$，一种磁铁。可由钕、铁、硼经旋喷熔炼法制得。应用于电子、电力机械、医疗器械、五金机械、航天航空等领域。

01.0835 硼化钛 titanium boride
化学式为 TiB_2，灰白色六方形晶体或粉末。可由金属钛和元素硼直接制得。用于导电陶瓷材料、陶瓷切削刀具及磨具、复合陶瓷材料等。

01.0836 硼化镧 lanthanum hexaboride
化学式为 LaB_6，紫色立方晶体粉末。可由氧化镧、氧化硼和碳加压成型后烧结而得。应用于雷达航空航天、电子工业、仪器仪表、医疗器械及高科技领域。

01.0837 硼化锆 zirconium boride
化学式为 ZrB_2，灰色坚硬晶体，熔点约 3000℃，带金属光泽，具有金属性。由金属锆和硼直接反应制得。广泛应用于结构材料、功能材料、材料保护等领域。

01.0838 硼化铁 iron boride
化学式为 FeB，灰白色晶体。主要用作特种钢的添加剂。

01.0839 硼化钙 calcium hexaboride
化学式为 CaB_6，黑灰色粉末或颗粒。由氧化硼和碳化钙经高温反应制得。用作核工业中子吸收材料、炼铜工业脱氧剂、电子元件掺杂源、耐火材料添加剂等。

01.0840 磷化硼 boron phosphide
化学式为 BP，（暗）红色透明晶体，黑色晶体或柔软、褐色无定形物质。可由三氯化硼或三溴化硼和磷化氢反应制得。用于光学吸收的研究及超硬材料、半导体材料等。

01.0841 磷酸硼 boron phosphate
化学式为 BPO_4，微细粉末，不溶于水，可溶于苛性碱。可由硼酸和五氧化二磷共热制得。用作多相酸性催化剂、异构化催化剂、陶瓷釉熔剂等。

01.0842 硼酸铝晶须 aluminum borate whisker
化学式为 $nAl_2O_3 \cdot mB_2O_3$，极细的单结晶。将氧化铝和硼酸或氧化硼混合熔融制得。应用于工程塑料、涂料、黏结剂等材料，也用于陶瓷耐火材料及陶瓷填充剂等。

01.06.07 碳 酸 盐

01.0843 碳酸氢铵 ammonium bicarbonate
化学式为 NH_4HCO_3，粒状、板状或柱状结晶。水溶液呈碱性，性质不稳定。由二氧化碳与氨反应制得。用作农业氮肥、食品发酵剂、轻工鞣革剂、纺织脱脂剂、化学催化剂，还用于橡胶、陶瓷等的生产。

01.0844 碱式碳酸铋 bismuth subcarbonate
化学式为 $(BiO)_2CO_3 \cdot 1/2H_2O$，白色粉末，不溶于水，溶于酸。由硝酸铋与纯碱反应制得。用于治疗胃病，制造铋盐等。

01.0845 碳酸镉 cadmium carbonate
化学式为 $CdCO_3$，白色粉末，不溶于水和有机溶剂，溶于酸。用作制造涤纶的中间体、玻璃色素的助熔剂、有机反应的催化剂、生产镉盐的原料等。

01.0846 碳酸锂 lithium carbonate
化学式为 Li_2CO_3，无色单斜晶系结晶体或白色粉末，微溶于水，不溶于醇及丙酮。可由锂矿石与石灰石烧结，再与碳酸钠反应制得。也可通过锂盐苛化-碳化制备。用于制备陶瓷、药物、催化剂及作为锂离子电池原料等。

01.0847 碳酸钴 cobaltous carbonate
化学式为 $CoCO_3$，红色单斜晶系结晶或粉末，有毒。采用向氯化钴溶液中通入二氧化碳，再与碳酸氢钠反应制备。主要用作选矿剂、催化剂、陶瓷及生产氧化钴的原料。

01.0848　碱式碳酸钴　cobalt（Ⅱ）carbonate hydroxide
化学式为 $2CoCO_3 \cdot 3Co(OH)_2 \cdot H_2O$，紫红色棱柱状粉末，几乎不溶于冷水，溶于稀酸及液氨。由碳酸钠与硫酸钴反应制备。用作催化剂和制钴盐的原料，以及陶瓷工业着色剂等。

01.0849　碱式碳酸铜　cupric subcarbonate
化学式为 $Cu_2(OH)_2CO_3$，孔雀绿色。不溶于水和醇，溶于酸、氨水。采用硫酸铜与小苏打或碳酸钠反应制备。主要用于制备有机催化剂、杀虫剂、烟花燃剂。

01.0850　碱式碳酸铅　basic lead carbonate
化学式为 $2PbCO_3 \cdot Pb(OH)_2$，白色重质粉末，有毒。不溶于水和乙醇。由黄丹与冰醋酸反应生成碱式乙酸铅，然后经过碳化得到产品。主要作为白色颜料，用于油漆、塑料等的生产。

01.0851　碳酸镍　nickel carbonate
化学式为 $NiCO_3$，斜方浅绿色结晶。不溶于水，溶于氨水及稀酸中。由碳酸钠与硫酸镍反应制得。主要用于电镀、陶瓷器着色和釉药等。

01.0852　碱式碳酸镍　nickel carbonate basic
化学式为 $NiCO_3 \cdot 2Ni(OH)_2 \cdot 4H_2O$，草绿色粉末状晶体。不溶于水，可溶于氨水和稀酸。由氯化镍、氢氧化钾和碳酸钾反应制得。主要用作催化剂及制镍盐的原料、陶瓷工业着色剂、pH 值调整剂。

01.0853　碳酸钾　potassium carbonate
化学式为 K_2CO_3，白色结晶性粉末。溶于水，不溶于乙醇、丙酮和乙醚。电解氯化钾溶液，将得到的氢氧化钾碳化得到产品。用于光学玻璃、电焊条、染料、聚酯、炸药、肥料、钾盐、电镀液、灭火剂的制备，以及脱除化肥合成气中二氧化碳等。

01.0854　碳酸氢钾　potassium bicarbonate
化学式为 $KHCO_3$，白色晶体。可溶于水，难溶于乙醇。采用对碳酸钾溶液进行碳化反应制得。用作生产碳酸钾等钾盐的原料、食品的焙粉，用于叶面喷施、医药生产。

01.0855　碳酸锶　strontium carbonate
化学式为 $SrCO_3$，白色粉末或颗粒。不溶于水，溶于稀盐酸和稀硝酸。采用硝酸锶与纯碱反应制备。用于制造彩电阴极射线管、电磁铁、锶铁氧体、烟火、荧光玻璃、信号弹等，也是生产其他锶盐的原料。

01.0856　碱式碳酸锌　zinc carbonate hydroxide
化学式为 $ZnCO_3 \cdot 2Zn(OH)_2 \cdot H_2O$，白色细微无定形粉末，不溶于水和醇，微溶于氨。采用硫酸锌与碳酸钠反应制备。用作轻型收敛剂、皮肤保护剂、催化脱硫剂、饲料补锌剂、分析试剂等。

01.0857　轻质碳酸钙　light calcium carbonate
又称"沉淀碳酸钙（precipitated calcium carbonate，PCC）"。化学式为 $CaCO_3$，白色粉末，沉降体积 $2.4 \sim 2.8mL/g$，不溶于水。采用石灰石煅烧后，石灰乳碳化的化学方法制得。主要作为白色填料、颜料用于橡胶、塑料、油漆、造纸、建材等。

01.0858　重质碳酸钙　heavy calcium carbonate，HCC
又称"研磨碳酸钙（ground calcium carbonate，GCC）"。化学式为 $CaCO_3$，白色粉末，沉降体积 $1.1 \sim 1.9mL/g$，不溶于水。采用石灰石或方解石机械粉碎的方法制备。主要作为白色填料、颜料用于橡胶、塑料、油漆、造纸、建材等。

01.0859　二氧化氯消毒剂　chlorine dioxide disinfectant

以亚氯酸钠或氯酸钠为主要原料生产的制剂（商品态），通过物理化学反应操作能产生游离二氧化氯（应用态）为主要有效成分的一种消毒产品。

01.0860　二氧化氯消毒剂发生器　chlorine dioxide disinfectant generator

使反应原料发生化学反应生成主要产物为二氧化氯并用于消毒的设备。

01.0861　氯磺酸　chlorosulfonic acid

化学式为 HSO_3Cl，无色或淡黄色油状液体，有刺激性臭味，强腐蚀性，在空气中发烟，遇水能爆炸。可由三氧化硫和氯化氢气体合成制得。用于制造药物、洗涤剂等。

01.0862　氯铂酸　chloroplatinic acid

化学式为 $H_2PtCl_6 \cdot 6H_2O$，橙红色结晶，湿空气中潮解，有腐蚀性。可由铂溶解于王水中制得。用于制备催化剂及涂镀等。

01.0863　三氯化铝　aluminium trichloride

化学式为 $AlCl_3 \cdot nH_2O$（$n=0$，6），无水氯化铝为六方晶系状晶体，白色颗粒或粉末，工业品为淡黄色，潮解性强，有升华性。可由金属铝和氯气发生氯化反应制得，用作催化剂等。六水氯化铝为无色柱状结晶，工业品为淡黄色或深黄色，吸湿性强，易潮解。可由铝矾土和盐酸反应制得。用作混凝剂、油田破乳剂、造纸的施胶沉淀剂等。

01.0864　聚氯化铝　polyaluminium chloride

化学式为 $[Al_2(OH)_nCl_{6-n}]_m$（n、m 为整数，且 n 为 1～5，$m \leqslant 10$），无色或黄色树脂状固体，其溶液为无色或黄褐色透明液体。由含铝原料和盐酸经缩聚反应制得。主要用作絮凝剂等。

01.0865　聚合氯化铝铁　polyaluminium ferric chloride，PAFC

化学式为 $[Al_2(OH)_nCl_{6-n}]_m \cdot [Fe_2(OH)_nCl_{6-n}]_m$（$n$、$m$ 为整数，且 n 为 1～5，$m \leqslant 10$），固体为淡黄色、黄色，片状、粒状或块状；液体为淡黄色、黄褐色，透明液体或悬浊液。可由铝土矿和工业盐酸经酸解、聚合而得。主要用于水处理及污泥脱水。

01.0866　三氯化锑　antimony trichloride

化学式为 $SbCl_3$，无色斜方晶体，空气中稍发烟，潮解性强，有腐蚀性，遇水分解。可由三氧化二锑和盐酸反应制得。用作催化剂、媒染剂、阻燃剂等。

01.0867　氯化铍　beryllium chloride

化学式为 $BeCl_2$，白色至微黄色结晶性粉末或结晶性块状固体，剧毒，极易潮解。可由氧化铍和盐酸反应制得。用于制备铍或用作催化剂。

01.0868　氯化溴　bromine chloride

化学式为 $BrCl$，橘红色挥发性不稳定的液体或气体。可由氯气和溴反应制得。主要用作工业消毒剂。

01.0869　氯化镉　cadmium chloride

化学式为 $CdCl_2 \cdot 2.5H_2O$，无色单斜结晶。可由氧化镉和盐酸反应制得。用于印染、电镀工业等。

01.0870　氯化钴　cobalt chloride

全称"二氯化钴[cobalt（Ⅱ）chloride]"。化学式为 $CoCl_2 \cdot nH_2O$（$n=0$，6），无水氯化钴为淡蓝色叶片状结晶；六水氯化钴为粉红色至红色单斜晶系结晶。可由金属钴和盐酸反应制得。用于仪器制造、陶瓷、涂料、国防、化工等工业领域。

01.0871　氯化铜　cupric chloride
全称"二氯化铜[copper (Ⅱ) chloride]"。化学式为 $CuCl_2 \cdot nH_2O$（$n=0$，2），无水氯化铜为黄色至棕色单斜晶系结晶，二水氯化铜为浅蓝绿色至绿色斜方晶系结晶，在湿空气中易潮解，在干燥空气中易风化。可由氧化铜和盐酸反应制得。用于化学、印染、石油等工业领域。

01.0872　四氯化锗　germanium tetrachloride
简称"氯化锗[germanium (Ⅳ) chloride]"。化学式为 $GeCl_4$，无色油状液体，在空气中发烟，遇水分解。可由二氧化锗和盐酸反应制得。用作光导纤维掺杂剂和半导体锗的原料。

01.0873　氯化锂　lithium chloride
化学式为 $LiCl$，白色立方结晶或粉末，易潮解。可由氢氧化锂和盐酸发生中和反应制得。用于制备金属锂等。

01.0874　氯化汞　mercuric chloride
又称"升汞（corrosive sublimate）"。化学式为 $HgCl_2$，无色结晶或白色粉末，常温下微量挥发，剧毒，有腐蚀性。可由汞和氯气直接氯化制得。用于制造催化剂、甘汞等。

01.0875　氯化镍　nickel (Ⅱ) chloride
可由镍盐和盐酸反应制得。化学式为 $NiCl_2 \cdot nH_2O$（$n=0$，2，4，6，7），六水氯化镍为绿色单斜棱柱状结晶或绿色结晶性粉末，失水后呈黄棕色粉末，在湿空气中易潮解，在干燥空气中易风化。用于化工、电镀工业等，无水物用作防毒面具的氨吸收剂。

01.0876　氯化金　gold (Ⅲ) chloride
全称"三氯化金（gold trichloride）"。化学式为 $AuCl_3$，红色单斜晶体。可由向金盐水溶液中加亚硫酸钠得金，再通入氯气氯化制得。用于铷、铯的微量分析和生物碱测定。

01.0877　氯化铂　platinum (Ⅳ) chloride
全称"四氯化铂（platinum tetrachloride）"。化学式为 $PtCl_4 \cdot nH_2O$（$n=0$，5），无水氯化铂为红棕色立方结晶或红褐色粉末，空气中吸湿变为五水合物；五水氯化铂为红色结晶。可由氯铂酸在氯气中加热制得。用于容量分析，也用作催化剂。

01.0878　氯铂酸钾　potassium hexachloroplatinate (Ⅳ)
又称"氯化铂钾[potassium platinum (Ⅳ) chloride]"。化学式为 K_2PtCl_6，橙红色结晶性粉末或玫瑰红色针状结晶。可由氯铂酸和氯化钾反应制得。用于制备贵金属催化剂和涂镀。

01.0879　氯铂酸铵　ammonium hexachloroplatinate (Ⅳ)
化学式为 $(NH_4)_2PtCl_6$，红色至橙红色立方结晶或黄色粉末。可由氯铂酸和氯化铵反应制得。用作分析试剂，制备海绵铂。

01.0880　氯化铅　lead (Ⅱ) chloride
全称"二氯化铅（lead dichloride）"。化学式为 $PbCl_2$，白色结晶性粉末，斜方晶系。可由铅盐溶液与盐酸反应制得。主要用作试剂等。

01.0881　氯化铈　cerium (Ⅲ) chloride
全称"三氯化铈（cerium trichloride）"。化学式为 $CeCl_3$，白色或淡黄色结晶或粉末，属六方晶系。可由稀土硫酸铵复盐、氢氧化钠和盐酸反应制得。用作石油化工催化剂、分析试剂等。

01.0882　氯化铊　thallium (Ⅰ) chloride
全称"氯化亚铊（thallous chloride）"。化学式为 $TlCl_2$，白色立方晶体或粉末，高毒，低温时发射出淡蓝色荧光,有抗磁性。可由硫酸亚铊和食盐水发生复分解反应制得。主要用作光学材料。

01.0883 氯化铋 bismuth chloride
全称"三氯化铋(bismuth trichloride)"。化学式为 $BiCl_3$,白色或黄色易潮解结晶。可由三氧化二铋和盐酸反应制得。用作分析试剂、催化剂等。

01.0884 氧氯化硒 selenium oxychloride
化学式为 $SeCl_2O$,无色或微黄色的透明发烟液体,易挥发,属酸性腐蚀品,遇水或高热能放出大量有毒气体。可由氯化氢气体和二氧化硒反应,再经浓硫酸脱水制得。用作树脂溶剂、增塑剂。

01.0885 氯化高锡 tin tetra chloride
简称"氯化锡(stannic chloride)"。化学式为 $SnCl_4 \cdot nH_2O$(n=0, 2, 3, 4, 5, 8, 9),无水物为无色发烟液体,固体为白色立方结晶,遇潮湿空气发生水解反应,产生白烟,有腐蚀性。五水合物最稳定,为白色半透明至黄色单斜晶体。可由金属锡与氯气反应制得。用于制造有机锡化合物,用作分析试剂、有机合成脱水剂等。

01.0886 氯化硒 selenium chloride
全称"二氯化二硒(diselenium dichloride)"。化学式为 Se_2Cl_2,深棕红色液体,剧毒。可由硒的氧化物和盐酸反应制得。用作分析试剂、还原剂。

01.0887 氯化钯 palladium chloride
化学式为 $PdCl_2 \cdot 2H_2O$,棕色或暗红色针状结晶或粉末,有潮解性。可由钯粉经盐酸氯化制得。用作催化剂和分析试剂等。

01.0888 氯化亚汞 mercurous chloride
又称"甘汞(calomel)"。化学式为 Hg_2Cl_2,白色斜方结晶或粉末。可由硝酸亚汞溶液和氯化钠溶液发生复分解反应制得。用作甘汞电极及分析试剂等。

01.0889 氯化亚砜 sulfoxide chloride
又称"亚硫酰氯(thionyl chloride)"。化学式为 $SOCl_2$,无色或淡黄色透明液体,属酸性腐蚀品,有强刺激性、窒息气味。可以氯气、硫磺和二氧化硫为原料制得。用作氯化剂、催化剂、分析试剂等。

01.0890 三氯化钌 ruthenium trichloride
化学式为 $RuCl_3$,分 α 和 β 两种晶型,前者为黑色块状结晶,后者为棕色六方结晶,易吸潮。可以次氯酸钠、金属钌和盐酸为原料制得。用作催化剂、阳极涂层等。

01.0891 氯化银 silver chloride
化学式为 $AgCl$,感光白色四方晶系粉末,有导电性,遇光变紫色至黑色。可由硝酸银和氯化钠发生复分解反应制得。用于医药、电镀、照相等。

01.0892 氯化铑 rhodium chloride
化学式为 $RhCl_3 \cdot nH_2O$(n=0, 3),红褐色结晶性粉末,三水合物为黑红色结晶或红褐色结晶性粉末,易潮解。可由铑粉经盐酸氯化制得。是重要的化工催化剂。

01.0893 氯化铟 indium chloride
化学式为 $InCl_3$,黄色单斜结晶,有吸湿性。可由金属铟粉和氯气氯化制得。用作光谱纯和高纯试剂。

01.0894 氯化铯 cesium chloride
化学式为 $CsCl$,立方结晶或粉末,有潮解性。可由碳酸铯和盐酸发生中和反应制得。用作分析试剂,用于制取金属铯等。

01.0895 氯氧化锑 antimony oxychloride
化学式为 $SbOCl$,白色单斜结晶。可以三氯化锑为原料经水解制得。用于防火阻燃及制药工业。

01.0896 氯氧化铋 bismuth oxychloride
化学式为 $BiOCl$，银白色四方结晶形鳞片微粒或无定形粉末。可以金属铋、硝酸和盐水为原料制得。用作塑料添加剂等。

01.0897 氯化镓 gallium (III) chloride
全称"三氯化镓（gallium trichloride）"。化学式为 $GaCl_3$，无色或白色针状吸湿性晶体，易潮解，有挥发性。可由镓粉和氯气氯化制得。用作催化剂等。

01.0898 次氯酸锂 lithium hypochlorite
化学式为 $LiClO$，白色固体。可由氢氧化锂和氯气反应制得。用作消毒剂和漂白剂。

01.0899 高氯酸镁 magnesium perchlorate
又称"过氯酸镁"。化学式为 $Mg(ClO_4)_2$，白色结晶或粉末，易潮解，有强吸湿性，一级强氧化剂。可由硫酸镁和高氯酸钠溶液发生复分解反应制得。用作干燥剂及催化剂等。

01.0900 氯金酸 chloroauric acid
化学式为 $AuCl_3 \cdot HCl$，金黄色或黄红色单斜晶体。可由三氯化金溶于浓盐酸制得。用于镀金、照相材料等。

01.0901 氯金酸钾 potassium chloroaurate
又称"氯化金钾（gold potassium chloride）"。化学式为 $KAuCl_4$，黄色单斜结晶体。可将三氯化金溶于盐酸中，再加氯化钾溶液制得。用于铷和铯的测定和制药工业等。

01.0902 氯氧化铜 copper oxychloride
化学式为 $CuCl_2 \cdot mCuO \cdot nH_2O$（$m \geqslant 1$，$n \geqslant 3.5$），$CuCl_2 \cdot 3CuO \cdot 3.5H_2O$ 为浅绿色粉末，$CuCl_2 \cdot 2CuO \cdot 4H_2O$ 为蓝绿色结晶性粉末。可以氯化铜溶液和石灰乳为原料反应制得。用作农药中间体、医药中间体、木材防腐剂等。

01.0903 二氯化铁 ferrous chloride
又称"氯化亚铁"。化学式为 $FeCl_2$，绿灰色晶体，$FeCl_2 \cdot 4H_2O$ 为蓝绿色晶体。可由过量铁屑和盐酸反应制得。用作媒染剂、分析试剂等。

01.0904 氯化镧 lanthanum chloride
化学式为 $LaCl_3 \cdot 6H_2O$，白色结晶块状物，或微红色或灰色，溶于水，易潮解。可以氯化稀土为原料制得。用于制取金属镧和催化剂、储氢电池材料。

01.0905 氯化亚锡 stannous chloride
化学式为 $SnCl_2 \cdot 2H_2O$，无色或白色单斜棱柱体结晶。可由金属锡和盐酸反应制得。用作还原剂、分析试剂等。

01.0906 氯化锶 strontium chloride
化学式为 $SrCl_2 \cdot nH_2O$（$n=0$，2，6），无水氯化锶为无色立方结晶，易潮解；六水氯化锶为白色针状晶体，易风化；二水氯化锶为无色片状晶体或白色结晶性粉末。可以天青石、碳酸钠和盐酸为原料反应制得。用于生产烟火和其他锶盐等。

01.0907 一氯化硫 sulfur monochloride
又称"二氯化二硫（disulphur dichloride）"。化学式为 S_2Cl_2，棕黄色油状液体，有窒息性恶臭，在空气中发烟。可由硫磺粉和氯气直接合成制得。用作橡胶的低温硫化剂、有机物的氯化剂、石油添加剂等。

01.0908 二氯化硫 sulfur dichloride
化学式为 SCl_2，暗红色油状液体，有刺激性臭味，有腐蚀性。可由一氯化硫和氯气发生氯化反应制得。用作氯化剂等。

01.0909 硫酰氯 sulfuryl chloride
又称"磺酰氯（sulfonyl chloride）"。化学

式为 SO_2Cl_2，无色发烟液体，有强刺激性臭味，有腐蚀性。可由二氧化硫和氯气发生氯化反应制得。用作氯化剂、药剂等。

01.0910　钡熔剂　barium fluxing agent
俗称"二号熔剂"。由氯化钾、氯化镁、氯化钡等氯化物经高温熔炼混合而成的共熔体，棕黄色固体，极易潮解。用作镁及镁合金的精炼剂和保护剂，镁铝合金的助熔剂和焊接剂，多用于国防工业。

01.0911　氯酸铵　ammonium chlorate
化学式为 NH_4ClO_3，白色结晶或块状，属强氧化剂，在常温下有时也会发生自燃爆炸。可由氯化铵和氯酸钠发生复分解反应制得。用作氧化剂。

01.0912　氯酸钠　sodium chlorate
化学式为 $NaClO_3$，白色或微黄色等轴晶体，属强氧化剂，易吸潮。通过电解精制食盐水溶液制得。用于制造二氧化氯、亚氯酸钠及其他氯酸盐、高氯酸盐等。

01.0913　氯酸钾　potassium chlorate
俗称"洋硝"。化学式为 $KClO_3$，无色或白色单斜晶系结晶或粉末，属强氧化剂。可电解食盐水溶液得到氯酸钠，再与氯化钾发生复分解反应制得。主要用于制造火柴及炸药和雷管等。

01.0914　氯酸钙　calcium chlorate
化学式为 $Ca(ClO_3)_2$，白色至淡黄色结晶或粉末，易潮解，属强氧化剂，常见的是一种二水针状的晶体。可由石灰乳中通入氯气反应制得。用作除草剂、去叶剂和氧化剂等。

01.0915　氯酸镁　magnesium chlorate
化学式为 $Mg(ClO_3)_2 \cdot 6H_2O$，白色斜方晶系针状或片状结晶或粉末，味苦，属二级无机氧化物，有强吸湿性。可由氯化镁和氯酸钠饱和溶液发生复分解反应制得。用作医药、

干燥剂、催熟剂及脱叶剂等。

01.0916　高氯酸　perchloric acid
又称"过氯酸"。化学式为 $HClO_4$，无色透明发烟液体，剧毒，强酸，有强腐蚀性、刺激性，属强氧化剂，与有机物、还原剂或易燃物接触或遇热极易引起爆炸。可电解氯酸钠水溶液制得。用作化学分析试剂、强氧化剂等。

01.0917　高氯酸钠　sodium perchlorate
又称"过氯酸钠"。化学式为 $NaClO_4 \cdot nH_2O$（n=0，1），无水物为白色斜方晶系结晶，一水合物为白色六方晶系结晶，有吸湿性，属强氧化剂。可电解氯酸钠饱和水溶液制得。用于制造高氯酸和其他高氯酸盐、炸药，还用作分析试剂、氧化剂等。

01.0918　高氯酸钾　potassium perchlorate
又称"过氯酸钾"。化学式为 $KClO_4$，白色粉末或无色斜方晶系结晶，有吸湿性，属强氧化剂。可由高氯酸钠和氯化钾发生复分解反应制得。用于制造炸药、焰火等。

01.0919　高氯酸铵　ammonium perchlorate
又称"过氯酸铵"。化学式为 NH_4ClO_4，无色或白色结晶，有刺激性气味，属强氧化剂，有吸湿性。可由高氯酸钠和氯化铵发生复分解反应制得。主要用作火箭推进剂和无烟炸药等。

01.0920　高氯酸钡　barium perchlorate
又称"过氯酸钡"。化学式为 $Ba(ClO_4)_2 \cdot 3H_2O$，无色针状结晶，高毒，属强氧化剂，有吸湿性。可由氯化钡和高氯酸钠溶液发生复分解反应制得。用作火箭燃料、气体干燥剂、脱水剂等。

01.0921　高氯酸锶　strontium perchlorate
又称"过氯酸锶"。化学式为 $Sr(ClO_4)_2$，白色粉末状晶体，通常指的是六水合物，属强

氧化剂，易吸潮。可由高氯酸钠和硝酸锶发生复分解反应制得。用于制造焰火、炸药等。

01.0922 高氯酸锂 lithium perchlorate
化学式为 $LiClO_4$，白色或无色结晶，有潮解性。可由氯化锂和高氯酸钠溶液发生复分解反应制得。用作固体火箭推进剂，用于生产锂电池电解液等。

01.0923 高氯酸银 silver perchlorate
化学式为 $AgClO_4$，无色至白色结晶，属一级无机氧化剂，极不稳定，有潮解性。可由氯化银和高氯酸钠溶液发生复分解反应制得。用于制造炸药等。

01.0924 二氧化氯 chlorine dioxide
化学式为 ClO_2，黄绿色或黄红色气体，有强烈刺激性臭味，属强氧化剂，液体为红褐色，固体为橙红色，见光易分解。可由盐酸还原氯酸钠制得。用作漂白剂、消毒剂、杀菌剂、氧化剂、脱臭剂等。

01.0925 稳定性二氧化氯溶液 stable chlorine dioxide solution
运用稳定化技术将二氧化氯气体（ClO_2）（纯度 >98%）稳定在无机稳定剂水溶液中，并且通过活化技术又能将 ClO_2 重新释放出来的水溶液。无色或淡黄色透明液体，有强氧化性，不易燃，不挥发，不易分解。用作消毒剂等。

01.0926 二氧化氯固体释放剂 solid composition releasing chlorine dioxide
以固体形式存在，能溶解在水中，通过活化反应能释放出 ClO_2 的制品。用作消毒剂等。

01.0927 亚氯酸钠 sodium chlorite
化学式为 $NaClO_2$，白色结晶或粉末，属强氧化剂，有潮解性。可以氯酸钠、硫酸、氢氧化钠和过氧化氢为原料反应制得。主要用作漂白剂、氧化剂等。

01.0928 氯酸锶 strontium chlorate
化学式为 $Sr(ClO_3)_2$，无色或白色结晶性粉末，属强氧化剂，与有机物共热或撞击即爆炸。可由氯化锶和氯酸钠溶液发生复分解反应制得。用于制造红色烟火。

01.06.09 铬化合物和铬酸盐

01.0929 铬渣 chromium residue
生产金属铬和铬盐过程中产生的工业废渣，剧毒。用于制烧结砖、水泥及玻璃着色剂、钙镁磷肥等。

01.0930 二氧化铬 chromium dioxide
化学式为 CrO_2，棕黑色磁性粉末。铬酸酐和水先搅拌，加入三氧化二锑、γ-Fe_2O_3 和三氧化铬搅拌后加入高压釜反应制得。主要用于录音磁带、留声机唱片、记忆装置及永久磁铁的生产。还用作催化剂。

01.0931 氟化铬 chromium fluoride
化学式为 CrF_3，暗绿色结晶性粉末。将氢氧化铬溶于氢氟酸或铬酐并在氢氟酸中还原制得。用于羊毛染色、毛织品防蛀，卤化催化剂，大理石硬化及着色剂，通用试剂。

01.0932 铬铝锆鞣剂 chromium aluminium zirconium tanning agent
碱式硫酸铬与硫酸铝及硫酸锆混溶后喷雾干燥得到的多核络合物。适于各种服装革、软面革的复鞣或主鞣，同时兼有铬鞣剂、铝鞣剂、锆鞣剂的特点。

01.0933 铬化砷酸铜 chromated copper arsenate, CCA
又称"铬砷酸铜""加铬砷酸铜"。有效成

分为铜、铬、砷的氧化物或盐类。这三种不同成分在防腐处理中起不同的作用：铜可以抵制腐朽菌的侵入，砷可以抗虫蚁的同时抵制一些具有耐铜性的腐朽菌的侵入，而铬可以增强处理木材的耐光性和疏水性。用作木材防腐剂。经其处理的木材兼有防腐及阻燃性能。

01.0934　铬酸铵　ammonium chromate
化学式为$(NH_4)_2CrO_4$，黄色单斜晶体。由重铬酸铵与氢氧化铵反应制得。用作分析试剂、催化剂、腐蚀抑制剂、媒染剂、照相胶膜增感剂。

01.0935　铬酸钙　calcium chromate
化学式为$CaCrO_4 \cdot 2H_2O$，黄色单斜棱形结晶。由氯化钙与铬酸钠发生复分解反应制得。用作氧化剂、腐蚀抑制剂，用于电池去极化反应，制备颜料及金属铬等。

01.0936　三氧化铬　chromium trioxide
又称"铬酸酐"。化学式为CrO_3，暗红色或暗紫色斜方结晶。可由重铬酸钠和浓硫酸反应制得。用于生产铬的化合物，用作氧化剂、催化剂、木材防腐剂，电镀上用于镀铬、钝化、清洗等。

01.0937　铬酸钾　potassium chromate
化学式为K_2CrO_4，柠檬黄斜方结晶。可由重铬酸钾与氢氧化钾反应制得。用作陶瓷的着色剂、试剂、氧化剂等。

01.0938　铬酸镧　lanthanum chromate
化学式为$LaCrO_3$，黑色粉末。将La_2O_3、CrO_3、$CaCO_3$按比例混合经高温烧成后制得。属精细功能陶瓷，用于制造高温发热体。

01.0939　铬酸钠　disodium chromate
化学式为Na_2CrO_4，黄色半透明三斜结晶或结晶性粉末。采用铬铁矿碱性氧化焙烧法制得。主要用于墨水、油漆、颜料、金属缓蚀剂、有机合成氧化剂，以及鞣革和印染等。

01.0940　铬酸铅　lead chromate
俗称"颜料黄34"。化学式为$PbCrO_4$，黄色或橙黄色粉末。氧化铅先与硝酸反应生成硝酸铅，再与重铬酸钠反应制得。用作油性和合成树脂涂料的原料，色纸、橡胶和塑料制品的着色剂。

01.0941　铬酸锶　strontium chromate
俗称"锶铬黄"。化学式为$SrCrO_4$，黄色结晶或粉末。重铬酸钠与纯碱反应生成铬酸钠，再与氯化锶发生复分解反应制得。用于制造耐高温涂料、防锈底漆，以及用于塑料和橡胶制品的着色及各种拼色等。

01.0942　铬酸锌　zinc chromate
化学式为$ZnCrO_4$，柠檬黄色或淡黄色粉末。搅拌下向氧化锌悬浮液中加入重铬酸钾及铬酐的水溶液制得。用作锌铬黄颜料、防锈涂料，以及用于橡皮、油毛毡和油布等的着色。

01.0943　碱式铬酸锌　basic zinc chromate
又称"盐基性铬酸锌"。化学式为$4ZnO \cdot CrO_3 \cdot 3H_2O$，柠檬黄或淡黄色粉末。由氧化锌与重铬酸钾、稀盐酸反应制得。产品型号有109锌铬黄、309锌铬黄等。主要用于制造铬酸盐类防锈底漆和其他涂料。

01.0944　碱式硫酸铬　chromium (III) sulphate basic
俗称"铬盐精"。化学式为$Cr(OH)SO_4 \cdot nH_2O$，无定形墨绿色粉末或片状物。可由二氧化硫或蔗糖还原重铬酸钠制得。用于鞣制皮革，生产氢氧化铬、活性黑染料，用作媒染剂等。

01.0945　磷酸铬　chromium phosphate
化学式为$CrPO_4 \cdot xH_2O$，二水合物呈棕色，四水合物是绿色结晶。由铬矾和磷酸氢二钠反应制得。作为防锈颜料用于底漆，用作烃类脱氢催化剂、烯烃聚合催化剂。

01.0946 硫酸铬钾 chromium potassium sulfate
化学式为 $CrK(SO_4)_2 \cdot 12H_2O$，紫色或紫红色八面立方结晶。可采用有机物还原法或二氧化硫还原法制得。用作分析试剂、媒染剂、纤维防水剂，用于制备其他铬盐，以及用于照相制版、皮革鞣制等。

01.0947 氯化铬 chromium trichloride
化学式为 $CrCl_3 \cdot 6H_2O$，紫色单斜晶体。重铬酸钠用硫酸酸化后用糖蜜还原，再与纯碱反应生成碳酸铬后与盐酸反应制得。用作媒染剂，生产其他铬盐，制造各种颜料及含铬催化剂。

01.0948 氢氧化铬 chromic hydroxide
化学式为 $Cr(OH)_3$，灰绿色或灰天蓝色无定形粉末。可以硫酸铬水溶液与氨水为原料采用沉淀法制得。用于制备三价铬盐及三氧化二铬、化学试剂，也用于油漆颜料及羊毛处理等。

01.0949 硝酸铬 chromium nitrate
化学式为 $Cr(NO_3)_3 \cdot 9H_2O$，红紫色单斜结晶。铬酸酐和硝酸在搅拌下用蔗糖还原反应制得。用于玻璃制造、印染及制备含铬催化剂等。

01.0950 氧化铬 chromium (III) oxide
化学式为 Cr_2O_3，六方晶系或无定形深绿色粉末。可由重铬酸钠与硫酸铵发生热分解反应制得。用于冶炼金属铬和碳化铬。用作着色剂、有机合成催化剂，是高级绿色颜料。

01.0951 重铬酸铵 ammonium dichromate
化学式为 $(NH_4)_2Cr_2O_7$，橘黄色单斜结晶或粉末。可由重铬酸钠与氯化铵发生复分解反应制得。用作催化剂、媒染剂、氧化剂及实验室制纯氮的原料等，以及用于鞣革。

01.0952 重铬酸钾 potassium dichromate
化学式为 $K_2Cr_2O_7$，橙红色三斜晶系或单斜晶系结晶。可由重铬酸钠与氯化钾发生复分解反应制得。作为氧化剂用于有机合成、医药合成，制备氧化铬、铬钾矾颜料等，也是重要的试剂。

01.0953 重铬酸锂 lithium dichromate
化学式为 $Li_2Cr_2O_7 \cdot 2H_2O$，淡红橙色结晶性粉末。可由铬酸钠与氯化锂发生复分解反应制得。用作制冷剂、减湿剂。

01.0954 重铬酸钠 sodium dichromate
又称"红矾钠"。化学式为 $Na_2Cr_2O_7 \cdot 2H_2O$，橙色棱形结晶。可由铬酸钠中性液经硫酸酸化制得。用作生产其他铬产品的原料、氧化剂、木材防腐剂、媒染剂等。

01.06.10 氰化合物及氢化物

01.0955 安德鲁索夫法 Andrussow method
简称"安氏法"。是以天然气、氨及空气为原料，以铂铑合金作催化剂，于高温下合成氢氰酸的工艺方法。

01.0956 氰化钾 potassium cyanide
化学式为 KCN，白色等轴晶系块状物或粉末，剧毒，易潮解。可由氢氰酸和氢氧化钾发生中和反应制得。用于提取金和银、电镀等。

01.0957 氰化钠 sodium cyanide
化学式为 $NaCN$，固体为无色立方晶系结晶或白色粉末，剧毒，易潮解、有微弱的苦杏仁味；液体为无色至淡黄色水溶液。可以金属钠、氨、石油焦为原料反应制得。用于提取金和银、电镀等。

01.0958 氰化锌 zinc cyanide
化学式为 $Zn(CN)_2$，白色斜方晶系结晶或粉末，剧毒。可由氯化锌和氰化钠发生复分解反应制得。用于电镀工业、制药工业及有机合成。

01.0959　氰化银　silver cyanide
化学式为 AgCN，白色或带黄色、无臭、无味粉末，曝光后变暗色。可由硝酸银和氰化钾发生复分解反应制得。用于镀银和医药合成。

01.0960　氰化亚铜　cuprous cyanide
化学式为 CuCN，白色或暗绿色单斜晶系结晶性粉末，极毒。可以硫酸铜、氰化钠、亚硫酸钠为原料反应制得。主要用于电镀铜等。

01.0961　氰化亚金钾　potassium aurous cyanide
化学式为 KAu(CN)$_2$，白色结晶或粉末，剧毒。可以黄金、氰化钾、王水、氨水为原料反应制得。主要用于电镀金。

01.0962　亚铁氰化钠　sodium ferrocyanide decahydrate
又称"黄血盐钠（yellow prussiate of soda）"。化学式为 Na$_4$Fe(CN)$_6$·10H$_2$O，淡黄色单斜晶系结晶，易风化。可以氰化钠和硫酸亚铁为原料反应制得。用于钢铁、印染、颜料、医药、化工等工业。

01.0963　铁氰化钠　sodium ferricyanide
又称"赤血盐钠（red prussiate of soda）"。化学式为 Na$_3$Fe(CN)$_6$，红宝石色潮解性晶体。可将氯气通入亚铁氰化钠溶液中制得。用于制备颜料等。

01.0964　氰酸钠　sodium cyanate
化学式为 NaOCN，白色或灰白色结晶或粉末，易吸潮。可以尿素和氢氧化钠为原料反应制得。用作有机合成原料、制药原料和除草剂等。

01.0965　硫氰酸钾　potassium thiocyanate
又称"硫氰化钾（potassium sulfocyanate）"。化学式为 KSCN，无色单斜晶系结晶，易潮解。可以二硫化碳、氨水、碳酸钾为原料反应制得。用作农药原料、制冷剂、钢铁分析试剂等。

01.0966　硫氰酸钠　sodium thiocyanate
又称"硫氰化钠（sodium sulfocyanate）"。化学式为 NaSCN，白色或无色斜方晶系结晶或粉末，易潮解，遇酸产生有毒气体。可由氰化钠和硫磺反应精制而得。用于化学分析、医药、印染等。

01.0967　硫氰酸铵　ammonium sulfocyanate
又称"硫氰化铵（ammonium thiocyanate）"。化学式为 NH$_4$SCN，无色单斜晶系结晶，易潮解。可以二硫化碳和液氨为原料经加压反应制得。用于化学、医药、电镀、印染等工业。

01.0968　硫氰酸钙　calcium thiocyanate tetrahydrate
化学式为 Ca(SCN)$_2$·4H$_2$O，白色吸湿结晶性粉末，剧毒。可由硫氰酸铵和氢氧化钙发生复分解反应制得。用于提取大豆蛋白质、处理醋酸纤维等。

01.0969　硫氰酸镁　magnesium thiocyanate tetrahydrate
化学式为 Mg(SCN)$_2$·4H$_2$O，无色或白色易潮解性结晶。可由硫氰酸铵和氢氧化镁发生中和反应制得。用于处理聚酯纤维等。

01.0970　硫氰酸汞　mercuric sulfocyanate
又称"硫氰化汞（mercuric thiocyanate）"。化学式为 Hg(SCN)$_2$，白色粉末或针状结晶。可以硝酸汞和硫氰酸铵为原料反应制得。用作生产烟火制品的原料和照相显影剂。

01.0971 硫氰酸汞铵 ammonium mercuric thiocyanate
化学式为 $Hg(SCN)_2 \cdot 2NH_4SCN$，无色针状晶体。可由硫酸汞悬浮液、浓硫氰酸铵溶液反应制得。用于分析化学中微量锌、铜和锆的检测。

01.0972 硫氰酸亚铜 cuprous thiocyanate
化学式为 $CuCNS$，白色或淡黄色无定形粉末。可以二氧化硫、硫酸铜、硫氰酸钾为原料反应制得。用于制备有机化学品和船舶防污涂料等。

01.0973 硫氰酸铅 lead thiocyanate
化学式为 $Pb(SCN)_2$，白色或浅黄色无味结晶性粉末。可由硫氰酸钠和硝酸铅发生复分解反应制得。用于安全火柴、染色等。

01.0974 氰熔体 cyanide fusant
又称"黑色氰化盐（black cyanide）"。工业品为灰黑色片状、粉状或块状产品，主要含氰化钙、氯化钠和氧化钙等物质。用于制造氰化钠、黄血盐、赤血盐等。

01.0975 氰化银钾 potassium silver cyanide
化学式为 $KAg(CN)_2$，白色结晶，剧毒。可以金属银、硝酸、氯化钠、氰化钾为原料反应制得。用于电镀银。

01.0976 氰酸钾 potassium cyanate
化学式为 $KOCN$，白色结晶性粉末。可以尿素和氢氧化钾为原料反应制得。用于有机合成，以及用作金属渗氮热处理剂等。

01.0977 氢化钙 calcium hydride
化学式为 CaH_2，无色斜方晶系结晶，工业品为灰色块状。可由金属钙和氢气合成而得。用于粉末冶金，以及用作氢气源等。

01.0978 氢化锂 lithium hydride
化学式为 LiH，白色或带蓝灰色的半透明结晶体或粉末，极易潮解。可由熔融锂和氢气合成而得。用作干燥剂、氢气发生剂、还原剂等。

01.0979 氢化铝锂 lithium aluminium hydride
化学式为 $LiAlH_4$，白色至灰色单斜结晶性粉末。可由氢化锂和三氯化铝合成而得。用作火箭燃料添加剂、强还原剂等。

01.0980 氢化钠 sodium hydride
化学式为 NaH，无色立方晶系结晶，工业品为灰色，强碱性，在潮湿空气中易分解并与水激烈反应。可由金属钠和氢气合成而得。主要用作还原剂。

01.06.11 氟 化 物

01.0981 预反应器 pre-reactor
氟化氢生产过程中，为提高物料转化率、降低物料对反应炉的腐蚀等不利因素，在主反应炉之前设置的小型反应器。

01.0982 氟[气] fluorine
化学式为 F_2，常温下是淡黄色的气体，有特殊难闻的臭味。氟是电负性最强的元素，是很强的氧化剂。采用电解氟化氢钾与氟化氢的混合物制备。主要用于制备无机氟化物、从铀矿中提取铀等。

01.0983 氟化氢 hydrogen fluoride
又称"无水氢氟酸（anhydrous hydrofluoric acid）"。化学式为 HF，在温度高于 $19.54\,℃$ 时为无色、带刺激性的气体。氟化氢及其水溶液氢氟酸均具有很强的腐蚀性、有毒。采用萤石与硫酸反应制备。是用途最广泛的氟化工基础原料。

01.0984 氢氟酸 hydrofluoric acid
化学式为 HF，氟化氢的水溶液，具有刺激性气味，腐蚀性强，能侵蚀玻璃和硅酸盐制品。采用萤石与硫酸反应制备。是制备无机氟化物的主要原料，也用于金属的酸洗，玻璃、芯片的蚀刻，以及矿物提取等。

01.0985　氟硅酸　fluosilicic acid
化学式为 H_2SiF_6，无水物是无色气体，不稳定。其水溶液为无色透明的发烟液体，有刺激性气味，腐蚀性强。采用氢氟酸与二氧化硅反应制备。主要用于制取氟硅酸盐、无机氟化物。

01.0986　氟硅酸钙　calcium fluosilicate
化学式为 $CaSiF_6$，白色晶状粉末，不溶于水，溶于盐酸及氢氟酸。采用氟硅酸与碳酸钙反应制备。主要用作浮选剂、杀虫剂等。

01.0987　氟硅酸钠　sodium fluorosilicate
化学式为 Na_2SiF_6，白色颗粒或结晶性粉末，微溶于水，溶于乙醚等溶剂中，不溶于醇。采用氟硅酸与氯化钠反应制备。主要用作农业杀虫剂、搪瓷的乳白剂，以及制造其他氟化物的原料等。

01.0988　氟硅酸钾　potassium fluo(ro)silicate
化学式为 K_2SiF_6，白色晶体或结晶性粉末，难溶于水，可溶于盐酸。采用氟硅酸与氯化钾反应制备。主要用于木材防腐、陶瓷制造及铝和镁的冶炼等。

01.0989　氟硅酸铅　lead hexafluorosilicate
化学式为 $PbSiF_6 \cdot nH_2O$（n=2,4,6），常以二水合物形式存在，无色结晶性粉末，溶于水，受热易分解，高毒性，有强烈刺激性。采用氟硅酸与氧化铅反应制备。主要用于电镀液，以及铅精炼。

01.0990　氟硅酸铵　ammonium hexafluorosilicate
化学式为 $(NH_4)_2SiF_6$，白色或无色结晶性粉末，溶于水和醇。采用氟硅酸与氨水反应制备。主要用作酿造消毒剂、玻璃蚀刻剂、织物防蛀剂，也用于电镀工业及制备人造冰晶石、氯酸铵等。

01.0991　氟硅酸锌　zinc fluorosilicate
化学式为 $ZnSiF_6 \cdot 6H_2O$，无色六方晶系棱形结晶或白色结晶性粉末，易溶于水，可溶于无机酸。采用氟硅酸与氧化锌反应制备。主要用作混凝土快速硬化剂、熟石膏增强剂、聚酯纤维生产的催化剂等。

01.0992　氟硅酸镁　magnesium silicofluoride
化学式为 $MgSiF_6 \cdot 6H_2O$，无色或白色菱形或针状结晶，易溶于水，不溶于醇。采用氟硅酸与氧化镁反应制备。主要用作混凝土增强剂、混凝土缓硬剂、防腐剂和纺织品防蛀剂等。

01.0993　氟铝酸钠　sodium hexafluoroaluminate
俗称"冰晶石（cryolite）"。化学式为 Na_3AlF_6。无色单斜结晶，常因含有杂质而呈灰白色、淡黄色、淡红色甚至红色。微溶于水，水溶液呈酸性。采用氟化铝与氟化钠反应制备。主要用作电解铝的助熔剂，制造乳白色玻璃和搪瓷的遮光剂。

01.0994　氟铝酸钾　potassium hexafluoroaluminate
俗称"钾冰晶石"。化学式为 K_3AlF_6，白色或浅灰色粉末，微溶于水，有毒。采用氟化氢与氢氧化铝反应生成氟铝酸，再与氢氧化钾反应制备。主要用作杀虫剂、铝钎焊助剂，也用于陶瓷、玻璃工业。

01.0995　氟铝酸铵　ammonium hexafluoroaluminate
化学式为 $(NH_4)_3AlF_6$，白色四方形结晶，在100℃以上仍稳定。采用氟化氢与氢氧化铝反应生成氟铝酸，再与碳酸铵反应制备。主要用作助熔剂。

01.0996　氟锆酸钾　potassium fluorozirconate
化学式为 K_2ZrF_6，白色针状结晶，溶于水，不溶于氨水。可由氧化锆与氟化氢反应生成氟锆酸，然后与碳酸钾反应制备。主要用作生产金属锆和其他锆化合物的原料，以及用于镁铝合金、陶瓷及玻璃生产等。

01.0997　氟化钙　calcium fluoride
化学式为 CaF_2，无色结晶或白色粉末，难溶于水，微溶于无机酸。采用氢氧化钙与氢氟酸反应制备。主要用于光学材料，其他用途同萤石。

01.0998　氟化铜　cupric fluoride
化学式为 CuF_2，浅灰白色粉末，在潮湿空气中形成二水合物，为蓝色结晶体，溶于稀的无机酸和热水。采用氢氟酸与碳酸铜反应制备。主要用作氟化剂。

01.0999　氟化铯　cesium fluoride
化学式为 CsF，无色立方结晶或粉末，有潮解性，沸点 1251℃，熔点 682℃，易溶于水，溶于甲醇。采用氢氟酸与碳酸铯反应制备。主要用作有机合成中的氟化剂。

01.1000　氟化铵　ammonium fluoride
化学式为 NH_4F，白色、易潮解结晶。采用氨水与氟化氢反应制备。主要用作玻璃蚀刻剂、由氧化铍制金属铍的溶剂及硅钢板的表面处理剂，以及油田砂石的酸处理等。

01.1001　氟化银　silver fluoride
化学式为 AgF，白色固体或黄棕色固体，吸湿性极强，极易溶于水。采用氢氟酸与氧化银反应制备。主要用作有机合成中的氟化剂。

01.1002　氟化锌　zinc fluoride
化学式为 ZnF_2，白色块状或四方针状结晶性粉末，有毒，微溶于水和氢氟酸溶液，不溶

于乙醇。采用氢氟酸与氧化锌反应制备。主要用于陶瓷釉药及电镀。

01.1003　氟化汞　mercuric fluoride
化学式为 HgF_2，白色吸湿性立方晶系结晶，有毒。遇水反应，生成 HgO 和 HF。采用氢氟酸与氧化汞反应制备。主要用作有机合成中的氟化剂。

01.1004　氟化钠　sodium fluoride
化学式为 NaF，无色发亮晶体或白色粉末，溶于水，微溶于醇。采用氢氟酸与碳酸钠反应制备。用作消毒剂、防腐剂、杀虫剂，也用于搪瓷、木材防腐、医药、冶金及制备氟化物等。

01.1005　氟化钾　potassium fluoride
化学式为 KF，白色单斜结晶或结晶性粉末，易吸湿，溶于水，不溶于乙醇。采用氢氟酸与碳酸钾反应制备。主要用作焊接助熔剂、杀虫剂、有机物的氟化剂、催化剂等。

01.1006　氟化亚钴　cobalt (II) fluoride
化学式为 CoF_2，淡红色单斜或四方形结晶，微溶于水，溶于浓盐酸、硫酸、硝酸。采用氢氟酸与碳酸钴反应制备。用于制备三氟化钴，以及用作有机合成的氟化剂、催化剂。

01.1007　氟化铈　cerium fluoride
化学式为 CeF_3，浅黄色或略带褐色粉末，不溶于水。采用氢氟酸与碳酸铈反应制备。用于制备金属铈、高纯化学品，以及用作镀膜材料。

01.1008　氟化亚锑　antimony (III) fluoride
化学式为 SbF_3，无色斜方晶系固体，易潮解。采用氢氟酸与三氧化二锑反应制备。用作棉织物的媒染剂，以及用于制备五氟化锑、复合金属氟化物等。

01.1009　二氟化锰　manganese fluoride
又称"氟化[亚]锰"。化学式为 MnF_2，粉红

色粉末，溶于酸，不溶于水、醇、乙醚。采用氢氟酸与碳酸锰反应制备。用于窑业，以及用作有色金属焊接的原料。

01.1010 四水氟化镍 nickel fluoride tetrahydrate
化学式为 $NiF_2 \cdot 4H_2O$，黄绿色或淡黄色晶体或粉末，微溶于水。采用氢氟酸与碳酸镍反应制备。主要用作氟化剂，在合成六氟化氙（XeF_6）时用作催化剂。

01.1011 氟钛酸钾 potassium fluotitanate
化学式为 K_2TiF_6，白色片状结晶，溶于热水，微溶于冷水和无机酸。采用氢氟酸与偏钛酸反应，然后与氢氧化钾发生中和反应制备产品。主要用于制造钛酸和金属钛。

01.1012 氟化氢钠 sodium bifluoride
化学式为 $NaHF_2$，无色或白色结晶性粉末，溶于水。采用氢氟酸与碳酸钠反应制备。主要用于蚀刻玻璃、锡版制造、纺织品处理、除铁锈。

01.1013 氟化氢钾 potassium bifluoride
化学式为 KHF_2，无色晶体，易溶于水，不溶于乙醇。采用氢氟酸与氢氧化钾反应制备。主要用于制造纯氟化钾、电解制取氟气单质，以及用作元素氟产生的电介质。

01.1014 氟化氢铵 ammonium bifluoride
化学式为 NH_4HF_2，白色或无色透明晶体，溶于水。采用氨水与氟化氢反应制备。用作玻璃蚀刻剂、消毒剂、防腐剂、金属铍的溶剂、硅素钢板的表面处理剂，还用于制造陶瓷和镁合金。

01.1015 氟化铅 lead fluoride
化学式为 PbF_2，白色结晶或粉末，微溶于水，不溶于氢氟酸。采用氢氟酸与氢氧化铅反应制备。主要用作熔接剂、还原剂和除硫剂。晶体氟化铅可用作红外线分光材料等。

01.1016 氟化铝 aluminum fluoride
化学式为 AlF_3，无色或白色结晶，性质很稳定，不溶于水，不溶于酸和碱。氟化铝有多种水合物。采用氟化氢与氢氧化铝反应制备。主要用作炼铝工业的助熔剂，还可用作有机合成的催化剂及人造冰晶石的原料等。

01.1017 三氟化磷 phosphorus trifluoride
化学式为 PF_3，无色无味气体，剧毒，可溶于乙醇。采用氟化钙与三氯化磷反应制备。用作半导体元器件的外延刻蚀修复剂、气态磷离子注入剂，也用作氟化剂制备五氟化磷等。

01.1018 四氟化硅 silicon tetrafluoride
化学式为 SiF_4，无色、有毒、有刺激性臭味的气体，易潮解。采用氟硅酸与浓硫酸反应制备。用于制取氟硅酸、氟化铅，以及用作有机硅化合物的合成材料。

01.1019 六氟化钨 tungsten hexafluoride
化学式为 WF_6，无色气体或浅黄色液体，固体为易潮解的白色结晶，易水解。采用金属钨与氟气反应制备。主要用作钨的化学蒸镀，半导体电极和导电浆糊等的原材料，氟化剂等。

01.1020 氟硅酸铜 cupric hexafluorosilicate
化学式为 $CuSiF_6 \cdot 4H_2O$，$CuSiF_6 \cdot 6H_2O$，蓝色结晶，溶于水，微溶于醇。采用氟硅酸与氢氧化铜反应制备。用于大理石硬化、着色和印染、杀菌，用作杀虫剂、混凝土硬化剂、聚酯纤维催化剂等，还用于配制电镀浴等。

01.1021 氟化镧 lanthanum (III) fluoride
化学式为 LaF_3，白色立方晶体，不溶于水，溶于醇。采用氢氟酸与氧化镧反应制备。用于制造弧光灯炭电极、氟化物玻璃光导纤维和稀土红外玻璃，制造特种合金和电解生产金属镧。

01.1022 氟化钕 neodymium trifluoride
化学式为 NdF_3，白色略带紫红色的粉末，不溶于水，也不溶于盐酸、硝酸和硫酸。采用氢氟酸与氧化钕反应制备。用于制备探测器的闪烁体、稀土晶体激光材料、稀土氟化物玻璃光导纤维，镁合金的添加剂和电解生产金属钕。

01.1023 氟化镁 magnesium fluoride
化学式为 MgF_2，无色四方晶体，难溶于水和醇，微溶于稀酸，溶于硝酸。采用氢氟酸与碳酸镁反应制备。用作制造陶瓷、玻璃的助熔剂，阴极射线屏的荧光材料。

01.1024 氟化锶 strontium fluoride
化学式为 SrF_2，白色或无色立方晶系结晶性粉末，微溶于水，溶于盐酸，不溶于氢氟酸、乙醇和丙酮。采用氢氟酸与碳酸锶反应制备。用于制造光学玻璃及激光用单晶，制药工业和日化工业，如牙膏防龋齿添加剂，焊剂，高级电子元件等。

01.1025 氟化镉 cadmium difluoride
化学式为 CdF_2，立方晶系，微溶于水，溶于酸，不溶于乙醇和液氨，有毒。采用氢氟酸与碳酸镉反应制备。主要用作有机合成和脱蜡的催化剂、NH_4ClO_4 的分解抑制剂，还可用于制备荧光粉、玻璃、阴极射线管和激光晶体。

01.1026 氟磺酸 fluorosulfonic acid
化学式为 HFO_3S，无色透明的发烟液体，有强烈的刺激性气味，溶于水。采用二氧化硫与氟化氢反应制备。主要用于不活泼烷烃在超强酸中发生聚合、降解、异物化等反应。

01.1027 六氟磷酸钾 potassium hexafluoro-phosphate
化学式为 KPF_6，白色四方晶体，溶于水、乙腈溶液。采用五氯化磷与氟化氢反应得到五氟化磷，再与氟化钾反应制备。可用作氟化剂。

01.1028 六氟磷酸锂 lithium hexafluorophos-phate
化学式为 $LiPF_6$，白色结晶或粉末，易溶于水，还溶于低浓度甲醇、乙醇、丙酮、碳酸酯类等有机溶剂。采用五氟化磷与氟化锂反应制备。用作锂离子电池的电解质。

01.1029 氟化锂 lithium fluoride
化学式为 LiF，白色粉末或立方晶体，难溶于水。采用氢氟酸与碳酸锂反应制备。用作干燥剂、助熔剂、合成锂离子电池电解质的原料，也用于核工业、搪瓷工业、光学玻璃制造等。

01.1030 硫酰氟 sulfuric oxyfluoride
化学式为 F_2O_2S，无色，强刺激性气体。采用氟磺酸与氯化钡反应制备。用作药品、染料、杀虫剂及熏蒸剂。

01.1031 三氟化氯 chlorine trifluoride
化学式为 ClF_3，常温为无色气体，低于 $11.75℃$ 变为绿色液体，剧毒。采用氟气与氯气反应制备。可用作氟化剂、燃烧剂、推进剂中的氧化剂、高温金属的切割油等。

01.1032 氟化镍 nickel difluoride
化学式为 NiF_2，黄绿色或淡黄色正方晶系的结晶，有吸湿性，微溶于水。采用碳酸镍与氢氟酸反应制备。用作氟化剂，在合成六氟化氙（XeF_6）时用作催化剂，铝合金封孔剂等。

01.1033 三氟化氮 nitrogen trifluoride
化学式为 NF_3，无色、无臭、性质稳定的气体，不溶于水。采用电解氟化氢铵制备。主要作为蚀刻气体。

01.1034 五氟化磷 phosphorus pentafluoride
化学式为 PF_5，无色、有刺激性恶臭味的气体。采用五氯化磷与氟化氢反应制备。用作聚合反应的催化剂，以及合成其他氟化物。

01.1035 氟化钇 yttrium fluoride
化学式为 YF_3，白色面心立方或斜方晶体，不溶于水，难溶于酸，但能溶于高氯酸。采用氢氟酸与氧化钇反应制备。用来制取金属钇，制备激光、光学镀膜材料等。

01.1036 氟化镨 praseodymium trifluoride
化学式为 PrF_3，黑绿色粉末。采用氧化镨与氢氟酸反应制备。用于制取金属镨、电弧碳棒添加剂等。

01.1037 六氟砷酸锂 lithium hexafluoroarsenate
化学式为 $LiAsF_6$，白色粉末，可溶于水。采用六氟砷酸与氢氧化锂反应制备。用作锂离子电池电解质、有机试剂、医药中间体等。

01.1038 氟锆酸 hexafluorozirconic acid
化学式为 H_2ZrF_6，无色透明液体，有毒。采用氢氟酸与氧化锆反应制备。用作制备光学玻璃、锆化合物的原料，合金表面处理的钝化、陶化成膜剂，化学工业的催化剂以及用于烟火、搪瓷、耐火材料的生产。

01.1039 氟钛酸 hexafluorotitanic acid
化学式为 H_2TiF_6，无色透明液体，可溶于水，有毒。采用四氟化钛与氢氟酸反应制备。用于氟钛酸盐及金属钛的制造。

01.1040 氟锆酸铵 ammonium zirconium hexafluoride
化学式为 $(NH_4)_2ZrF_6$，白色结晶体，溶于水，不溶于乙醇和乙醚。采用氟锆酸与碳酸铵反应制备。用于氟化锆和高纯锆的制取，钢及有色金属合金、陶瓷、搪瓷和玻璃行业，以及用作催化剂等。

01.1041 三氟化钴 cobalt (III) fluoride
又称"氟化钴(III)"。化学式为 CoF_3，浅棕色固体，易潮解。氢氟酸与氧化钴反应得到二氟化钴，再与氟气反应得到三氟化钴。主要用作有机合成中的氟化剂。

01.1042 六氟磷酸铵 ammonium hexafluorophosphate
化学式为 NH_4PF_6，白色粉末或无色片状体。可溶于水、甲醇、乙醇、丙酮、乙酸甲酯。采用五氟化磷与氯化铵及氟化氢反应制备。用作制造其他六氟磷酸盐的原料。

01.1043 四氟化碳 carbon tetrafluoride
又称"四氟甲烷（tetrafluoromethane）"。化学式为 CF_4，无色、无臭、不燃的易压缩性气体，有较强温室效应，但不会破坏臭氧层。不溶于水。可由氟与二氯二氟甲烷等反应或电解氟化物制得。用于各种集成电路的等离子刻蚀工艺，也用作激光气体及制冷剂。

01.06.12　碘化合物和碘酸盐

01.1044 碘 iodine
化学式为 I_2，紫黑色鳞片状结晶，易升华。将含碘原料（海藻类）溶液加氢氧化钠除去杂质，再加盐酸后通氯气氧化，采用离子交换法制得粗碘产品。是制造碘化物的原料。

01.1045 氢碘酸 hydriodic acid
化学式为 HI。碘化氢水溶液。由碘和赤磷反应，经蒸馏制得。主要用于碘化物的制备。

01.1046 碘化铵 ammonium iodide
化学式为 NH_4I，无色立方晶体或白色结晶性粉末。将氢碘酸通入氨气发生中和反应制得。是制造无机碘化物的原料。

01.1047 碘化钙 calcium iodide
化学式为 CaI_2，有无水物和六水合物两种。无色或浅黄色结晶或粉末。由碘、硫酸、硫化钠和氧化钙直接合成制得。

01.1048　碘化钾　potassium iodide
化学式为 KI，无色或白色立方晶体。由碘、氢氧化钾与甲酸发生还原反应制得。主要用于医药、照相、食品和饲料行业。

01.1049　碘化银　silver iodide
化学式为 AgI，亮黄色微晶粉末，有 α、β 两种晶型。由硝酸银、碘化钾发生复分解反应制得。用于制造照相感光乳剂、催化剂等。

01.1050　碘化钠　sodium iodide
化学式为 NaI，无色立方晶体或白色结晶性粉末。可由氢碘酸和氢氧化钠发生中和反应制得。用作制备碘化物的原料。

01.1051　碘化汞　mercuric iodide
化学式为 HgI_2，α 型为红色结晶或粉末，经加热可得 β 型黄色结晶，剧毒。由碘化钾和氯化汞发生复分解反应制得。用于医药行业，以及用作化学试剂。

01.1052　碘化锂　lithium iodide
化学式为 LiI，白色结晶或粉末，易潮解。由氢碘酸与氢氧化锂反应制得。用于照相、制药等，并用作锂电池制造原料。

01.1053　碘化铅　lead iodide
化学式为 PbI_2，金黄色六方结晶或粉末。可由碘蒸气与熔融铅直接反应化合而成。用于照相、印染、金属涂装等行业。

01.1054　碘化锌　zinc iodide
化学式为 ZnI_2，白色结晶性粉末，易潮解。可采用锌粉和碘及少量水为原料反应制得。主要用于医药行业，以及用作化学试剂。

01.1055　碘化亚铜　cuprous iodide
化学式为 CuI，白色或黄褐色粉末。由硫酸铜、碘化钾为原料进行还原反应制得。主要用于照相、制药、食品等行业。

01.1056　碘酸　iodic acid
化学式为 HIO_3，有光泽，无色或白色斜方结晶或粉末。可由五氧化二碘溶于水中，蒸发结晶而得。用于制药、合成碘化物等。

01.1057　碘酸钙　calcium iodate
化学式为 $Ca(IO_3)_2$，无色或白色菱形结晶或粉末。由氯气、碘和氢氧化钙直接反应制得。主要用于饲料、食品、医药等行业。

01.1058　碘酸钾　potassium iodate
化学式为 KIO_3，无色或白色单斜结晶或粉末。由氯酸钾与精碘氧化再发生中和反应制得。用于食品、医药行业，还用作氧化剂。

01.1059　碘酸钠　sodium iodate
化学式为 $NaIO_3$，白色结晶性粉末。由氯酸钠和精碘发生氧化反应制得。用于医药、食品、饲料行业，还可用作氧化剂。

01.1060　高碘酸钠　sodium periodate
化学式为 $NaIO_4$，无色或白色四方晶系结晶或粉末。由氢氧化钠、精碘、氯气和硝酸反应制得。主要用于医药和食品，还可用作强氧化剂。

01.1061　高碘酸铵　ammonium periodate
化学式为 NH_4IO_4，无色结晶。由碘、氯气进行氧化反应再加入氨水中和制得。主要用作强氧化剂。

01.1062　高碘酸钾　potassium periodate
化学式为 KIO_4，无色四方结晶或白色粉末。可由高碘酸钠和硝酸钾发生复分解反应制得。用作强氧化剂和化学试剂。

01.06.13　镁化合物和镁盐

01.1063　氧化镁　magnesium oxide
化学式为 MgO，白色或淡黄色粉末，溶于酸和铵盐溶液。可由菱镁矿煅烧或白云石煅烧碳化等制得。用于白色颜料、阻燃剂，轻质产品用作制备陶瓷、搪瓷、耐火坩埚和耐火砖的原料，重质产品用于建筑材料等。此外还有各种精细氧化镁产品，主要用作橡胶中的促进剂和活化剂、医药中的抗酸剂和轻泻剂、化工中的镁盐原料和催化剂、食品中的添加剂等。

01.1064 过氧化镁 magnesium dioxide
化学式为 MgO_2，白色粉末，不溶于水，易溶于稀酸。由可溶性镁盐溶液与过氧化氢反应制得。主要用作氧化剂、漂白剂、杀菌剂等。

01.1065 氢氧化镁 magnesium hydroxide
化学式为 $Mg(OH)_2$，白色粉末，易溶于酸和铵盐溶液。主要用作阻燃剂、脱硫剂，其悬浊液可作制酸剂和缓泻剂等。

01.1066 碳酸镁 magnesium carbonate
化学式为 $MgCO_3$，白色单斜结晶或无定形粉末，易溶于酸和铵盐溶液。可采用卤水-纯碱法或菱苦土复分解法制得。用作耐火材料，食品、药品等的添加剂、干燥剂等。

01.1067 碱式碳酸镁 magnesium carbonate basic
化学式为 $4MgCO_3 \cdot Mg(OH)_2 \cdot 5H_2O$，白色粉末，不溶于水，溶于稀酸并发泡。可采用苦卤-纯碱法等方法制得。用于橡胶、食品、日化产品、玻璃等行业。

01.1068 三硅酸镁 magnesium trisilicate
化学式为 $2MgO \cdot 3SiO_2 \cdot 5H_2O$，白色粉末，难溶于水。可由硅酸钠、氢氧化钠和硫酸镁反应制得。可用作抗酸药、脱臭剂、脱色剂，也用于陶瓷、橡胶等工业。

01.1069 六硅酸镁 magnesium hexasilicate
化学式为 $2MgO \cdot 6SiO_2 \cdot xH_2O$，粒子为无定形，多孔，属两性化合物，具有酸碱两种吸附性能。可由镁盐溶液与硅酸钠溶液反应制得。用于去除有机产品中的微量杂质及医药、食品行业。

01.1070 硅酸铝镁 magnisium aluminometa-silicate
化学式为 $MgAl_2SiO_6$，白色复合胶态物质。可由硅酸钠、硫酸铝、氧化镁、铝酸钠及氢氧化钠反应制得。用于化妆品、药品、食品、饲料、日用化工等行业。

01.1071 磷酸镁 magnesium phosphate
化学式为 $Mg_3(PO_4)_2$，白色粉末，不溶于水。可由磷酸与氧化镁反应制得。在食品工业中用作营养增补剂、抗结剂或牙科研磨剂。

01.1072 磷酸二氢镁 magnesium dihydrogen phosphate
化学式为 $Mg(H_2PO_4)_2$，白色吸湿性结晶性粉末，易溶于水。可由磷酸与氢氧化镁或碳酸镁反应制得。用作医药原料、防火材料、塑料制品稳定剂等。

01.1073 碱式硫酸镁晶须 magnesium hydroxide sulfate hydrate
化学式为 $MgSO_4 \cdot 5Mg(OH)_2 \cdot 3H_2O$，白色粉体。可由硫酸镁与氢氧化钠反应制得。用于汽车、电子电器、化工、建材等行业。

01.1074 氯化镁 magnesium chloride
化学式为 $MgCl_2 \cdot xH_2O$，白色结晶，易潮解。可由氧化镁或碳酸镁与盐酸反应制得。重要的工业原料，用于冶金、化工、建材、纺织等行业。

01.06.14 锰化合物和锰酸盐

01.1075 陶瓷过滤板 ceramic filter plate
又称"陶瓷滤膜(ceramic filtration membrane)"。由碳化硅等经特殊工艺制成。陶瓷过滤机核心部件，广泛用于锰精矿等精矿过滤脱水及煤炭等行业固液分离。

01.1076 铁锰合金 manganese-iron alloy
以锰矿石为原料冶炼而成的锰系铁合金。冶炼时矿石中锰和铁的总含量最好能达到40%～50%。

01.1077 一氧化锰 manganous oxide
又称"氧化亚锰"。化学式为MnO，草绿或灰绿色立方晶系粉末或八面体结晶，不溶于水。由软锰矿与煤粉经高温还原制得。用于制备软磁铁氧体、微肥、玻璃等。

01.1078 二氧化锰 manganese dioxide
化学式为 MnO_2，黑色或棕黑色粉末，不溶于水。可将硝酸锰热分解或电解锰盐制得。用于干电池，用作催化剂，以及用于制备金属锰、软磁铁氧体等。

01.1079 四氧化三锰 trimanganese tetraoxide
化学式为Mn_3O_4，棕红色或褐色结晶性粉末，不溶于水。可将锰盐焙烧或还原三氧化二锰制得。用于制备软磁铁氧体、油漆或涂料等。

01.1080 碳酸锰 manganous carbonate
俗称"锰白"。化学式为$MnCO_3$，无定形亮白棕色粉末。可由硫酸锰与碳酸氢铵发生复分解反应制得。用于制备软磁铁氧体、其他锰盐、瓷釉、微肥等。

01.1081 铬酸锰 manganese(II) chromate
全称"二水合铬酸锰"。化学式为$2MnO \cdot CrO_3 \cdot 2H_2O$，棕色粉末，微溶于水，同时发生水解。用于催化剂、合金、颜料等的生产研究。

01.1082 硝酸锰 manganous nitrate
化学式为 $Mn(NO_3)_2 \cdot 6H_2O$，无色或玫瑰红色单斜晶系结晶，溶于水。可由一氧化锰或金属锰与硝酸反应制得。用于制备二氧化锰，以及用作陶瓷着色剂或金属磷化剂等。

01.1083 硅酸锰 manganese silicate
化学式为 $MnSiO_3$，属红色三斜系晶体，不溶于水。可由二氧化硅与锰盐经锻炼制得。用作锂离子电池正极材料、催化剂材料、陶器用釉等。

01.1084 硫酸锰 manganous sulfate
全称"硫酸亚锰"。化学式为$MnSO_4$，浅粉红色单斜晶系细结晶，溶于水。工业制品有一水和四水合物。用于肥料、饲料、电解锰及其他锰盐生产等。

01.1085 硫酸锰铵 ammonium manganese(II) sulfate
全称"硫酸亚锰铵"。化学式为$3MnSO_4 \cdot (NH_4)_2SO_4$，浅粉红色单斜晶系结晶或粉末，溶于水。可由硫酸锰和硫酸铵溶液反应制得。用作微肥、防火剂等。

01.1086 镍钴锰酸锂 lithium nickel cobalt manganese oxide
化学式为$LiNi_xCo_yMn_{1-x-y}O_2$，属三元材料，成分比例可变，固体黑色粉末。采用共沉淀法先制备一定比例组成的镍钴锰前驱体，洗涤后再与锂盐烧结制得。用作锂离子电池正极材料。

01.1087 次磷酸锰 manganous hypophosphite
化学式为$Mn(H_2PO_2)_2 \cdot H_2O$，桃红色结晶或粉末，溶于水。由硫酸锰与次磷酸钙反应制得。用于医药、纺织等工业。

01.1088 焦磷酸锰 manganese(II) pyrophosphate
全称"焦磷酸亚锰"。化学式为$Mn_2P_2O_7$，属单斜晶系，浅粉色粉末。可由氯化锰与焦磷酸钠反应制得。用于玻璃、陶瓷工业。

01.1089 磷酸锰锂 lithium manganese(II) phosphate
化学式为$LiMnPO_4$，斜方晶系，不溶于水。可将固态锂盐、锰盐和磷酸盐经高温灼烧制得。用作三元锂离子电池正极材料。

01.1090 锰酸锂 lithium manganate
化学式为 $LiMn_2O_4$，尖晶石型或层状结构。将锰盐和锂盐按比例混合经高温烧结粉碎制得。尖晶石型主要用作高性能锂离子电池正极材料。

01.1091 高锰酸钾 potassium permanganate
俗称"灰锰氧"。化学式为 $KMnO_4$，红紫色斜方晶系，粒状或针状结晶，溶于水。可电解锰酸钾制得。用作氧化剂、防腐剂、解毒剂等。

01.1092 高锰酸钠 sodium permanganate
化学式为 $NaMnO_4 \cdot 3H_2O$，红紫色晶体或粉末，溶于水。可由锰酸钠与硫酸反应制得。用作氧化剂、防腐剂、除臭剂、杀菌剂等。

01.1093 锰紫 manganese violet
又称"颜料紫16"。化学式为 $H_4MnNO_7P_2$，紫色粉末，中等遮盖力。可将二氧化锰、磷酸氢二铵和磷酸经高温熔融制得。用于化妆品等。

01.1094 锰红 Mn pink
化学式为 Mn-Al，以锰为发色元素、人工合成的红色粉体颜料。可将含铝、锰及硼、钙等的原料混合经高温焙烧制得。用于坯体着色等。

01.06.15 硝 酸 盐

01.1095 硝酸铝 aluminum nitrate
化学式为 $Al(NO_3)_3$，通常为九水合物，无色斜方晶系结晶，溶于水，与有机物接触能爆炸和燃烧。可由金属铝板与稀硝酸反应制得。用于有机催化、印染媒染及核燃料盐析等。

01.1096 硝酸镉 cadmium nitrate
化学式为 $Cd(NO_3)_2$，通常为四水合物，无色斜方结晶，溶于水，强氧化剂，急性毒性类别 3。由金属镉与硝酸反应制得。用作催化剂、含镉药剂和其他镉盐的原料。

01.1097 硝酸钴 cobaltous nitrate
化学式为 $Co(NO_3)_2$，通常为六水合物，红色单斜晶系柱状结晶，溶于水，与有机物接触能爆炸和燃烧。可由硝酸与金属钴粒反应制得。用作脱硫催化剂、氰化物解毒剂、陶瓷着色剂等。

01.1098 硝酸铜 cupric nitrate
化学式为 $Cu(NO_3)_2$，通常为三水合物，深蓝色柱状结晶。易溶于水和乙醇，强氧化剂，燃烧产生有毒气体。可由硝酸与铜屑反应制得。用作媒染剂、催化剂、光谱试剂等。

01.1099 硝酸铁 ferric nitrate
化学式为 $Fe(NO_3)_3$，通常为九水合物，无色至浅紫色单斜结晶，溶于水，有氧化性。可由硝酸与细铁屑反应制得。用作催化剂和媒染剂等。

01.1100 硝酸铅 lead nitrate
化学式为 $Pb(NO_3)_2$，白色立方或单斜晶系结晶，溶于水，强氧化剂，急性毒性类别 3。可由铅与稀硝酸反应制得。用于制备铅盐、炸药、医药等。

01.1101 硝酸镁 magnesium nitrate
化学式为 $Mg(NO_3)_2$，通常为六水合物，无色单斜结晶或白色结晶，溶于水，与有机物混合有着火及爆炸危险。可由稀硝酸和轻质氧化镁反应制得。用作炸药、烟火和其他硝酸盐的原料等；硝酸工业用于浓缩硝酸的脱水。

01.1102 硝酸镍 nickel nitrate

全称"二硝酸镍"。化学式为 $Ni(NO_3)_2$，通常为六水合物，绿色单斜晶系结晶，溶于水，与有机物接触能燃烧和爆炸，急性毒性类别 4。可由镍与硝酸反应制得。用于电镀、制备其他镍盐和含镍催化剂、陶瓷彩釉等。

01.1103 硝酸锂 lithium nitrate

化学式为 $LiNO_3$，白色结晶性粉末，溶于水，氧化性固体。可由氢氧化锂或碳酸锂与硝酸反应制得。是液氨稳定剂、焰火氧化剂、火箭推进剂和其他锂盐的原料。

01.1104 硝酸钠 sodium nitrate

化学式为 $NaNO_3$，无色三方结晶或菱形结晶或粉末，溶于水和液氨，可助燃，氧化性固体，急性毒性类别 5。可由硝酸和碳酸钠反应制得。用于制备硝酸钾、炸药等。

01.1105 硝酸锶 strontium nitrate

化学式为 $Sr(NO_3)_2$，无色立方结晶或白色结晶性粉末，溶于水，氧化性固体，急性毒性类别 5。可由碳酸锶和硝酸反应制得。用于制备烟火、信号弹和医药荧光体等。

01.1106 硝酸锌 zinc nitrate

化学式为 $Zn(NO_3)_2$，通常为六水合物，无色四方晶体，溶于水和乙醇，与有机物接触能燃烧和爆炸，急性毒性类别 4。可由硝酸和氧化锌反应制得。用于纺织、化工等工业。

01.1107 硝酸锆 zirconium nitrate

化学式为 $Zr(NO_3)_4$，有三水或五水合物，溶于水，高温分解释放出剧毒的氮氧化物气体。可由硫酸锆与硝酸钡的浓硝酸溶液反应制得。用于防腐剂、试剂及锆盐制造。

01.1108 硝酸钐 samarium nitrate

化学式为 $Sm(NO_3)_3$，通常为六水合物，淡黄色三斜结晶，溶于水和醇，易潮解。可由硝酸与氢氧化钐反应生成。用作三元催化剂、化学试剂等。

01.1109 硝酸钆 gadolinium nitrate

化学式为 $Gd(NO_3)_3$，通常为六水合物，无色三斜结晶，溶于水和醇，易潮解。可由氧化钆与硝酸反应制得。用作化学试剂、核反应堆慢化剂等。

01.1110 硝酸钯 palladium nitrate

化学式为 $Pd(NO_3)_2$，深棕色结晶，溶于水和硝酸，与有机物接触能燃烧和爆炸。可由金属钯粉和浓硝酸反应制得。用作分析试剂和氧化剂。

01.1111 硝酸脲 urea nitrate

化学式为 $CO(NH_2)_2 \cdot HNO_3$，无色结晶，微溶于水，热解能放出有毒的氮氧化物气体。由尿素和硝酸反应制得。用于制造炸药，以及用作有机合成中间体。

01.1112 硝酸钍 thorium nitrate

化学式为 $Th(NO_3)_4$，白色晶体，有四水、五水或六水合物，溶于水。由独居石精矿和氢氧化钠反应后再用硝酸溶解碱溶饼制得。用作汽灯纱罩发光体和用于制取其他钍化合物。

01.1113 硝酸铍 beryllium nitrate

化学式为 $Be(NO_3)_2$，通常为三水合物，白色至微黄色结晶，溶于水，遇氧化物等易引起着火或爆炸。可由氧化铍与硝酸反应制得。用于汽灯和乙炔灯灯罩的硬化，以及用作化学试剂。

01.1114 硝酸铋 bismuth nitrate

化学式为 $Bi(NO_3)_3$，通常为五水合物，无色透明有光泽结晶，溶于含硝酸的水中，有吸湿性。可由氧化铋与浓硝酸反应制得。用于电子陶瓷、荧光材料、发光油漆等。

01.1115 硝酸汞 mercuric nitrate
全称"硝酸高汞"。化学式为 $Hg(NO_3)_2$，通常为一水合物，白色或微黄色结晶性粉末，溶于水，易潮解，急性毒性类别 2。可由硝酸与汞反应制得。用于合成硝化剂、农药杀虫剂和分析试剂等。

01.1116 硝酸亚汞 mercurous nitrate
化学式为 $Hg_2(NO_3)_2$，通常为二水合物，无色板状或棱柱状结晶，对光敏感，溶于水并发生水解，急性毒性类别 3。可由稀硝酸与汞反应制得。用作氧化剂、分析试剂等。

01.1117 亚硝酸钙 calcium nitrite
化学式为 $Ca(NO_2)_2$，通常为一水合物，无色至淡黄色六方结晶，易潮解。与有机物混合能燃烧和爆炸。可由石灰乳吸收一定配比的一氧化氮和二氧化氮混合气制得。用于建筑、医药、石油等工业。

01.1118 亚硝酸钠 sodium nitrite
化学式为 $NaNO_2$，白色或微带淡黄色斜方晶系结晶或粉末，溶于水，易潮解，急性毒性类别 3。可由碳酸钠与一氧化氮和二氧化氮反应制得。用作织物媒染剂、金属热处理剂等。

01.1119 硝酸氧锆 zirconium oxynitrate
化学式为 $ZrO(NO_3)_2 \cdot nH_2O$（$n=1$，2，5），通常为二水合物，白色结晶或粉末，溶于水和醇，易潮解。可将氢氧化锆溶于硝酸反应制得。用作钾和氟化物的测定试剂，以及用于耐火材料的制备。

01.1120 次硝酸铋 bismuth subnitrate
又称"碱式硝酸铋"。化学式为 $4BiNO_3(OH)_2 \cdot Bi(OH)$，白色珠光粉末，不溶于水。可用液氨中和硝酸铋制得。临床检验中用以检验糖和生物碱，是制造铋盐、陶釉的原料。

01.06.16 磷化合物和磷酸盐

01.1121 二水合物法 dihydrate process
又称"二水合物流程"。磷矿经酸分解后，石膏在二水合物（$CaSO_4 \cdot 2H_2O$）结晶区所要求的工艺条件下结晶分离，生产湿法磷酸的方法。

01.1122 半水合物法 hemihydrate process
又称"半水合物流程"。磷矿经酸分解后，石膏在半水合物（$CaSO_4 \cdot 0.5H_2O$）结晶区所要求的工艺条件下结晶分离，直接生产湿法磷酸的方法。

01.1123 半水-二水再结晶法 hemihydrate-dihydrate recrystallization process
磷矿经酸分解后，石膏先在半水合物（$CaSO_4 \cdot 0.5H_2O$）结晶区所要求的工艺条件下结晶，料浆再在石膏的二水合物（$CaSO_4 \cdot 2H_2O$）结晶区所要求的工艺条件下结晶分离，生产湿法磷酸的方法。

01.1124 二水-半水再结晶法 dihydrate-hemi-hydrate recrystallization process
磷矿经酸分解后，先后在二水合物和半水合物硫酸钙结晶区所要求的工艺条件下进行两次结晶，生产湿法磷酸的方法。

01.1125 无水物法 anhydrate process
磷矿经酸分解后，在无水物硫酸钙结晶区所要求的工艺条件下，生产湿法磷酸的方法。

01.1126 黄磷 yellow phosphorus
化学式为 P_4，白色至黄色略脆的蜡状固体，不溶于水，较易溶于乙醚、苯、二硫化碳等，有剧毒。工业上以磷矿粉、焦炭、石英砂为原料制备。常用于制备化学武器、磷酸及其化合物和杀虫剂等。

01.1127 粗磷 crude phosphorus
高温下用碳还原磷矿石生成磷蒸气，经冷凝

后聚集的液滴与机械杂质混合形成的初等磷产品。

01.1128 热法磷酸 phosphoric acid by furnace process

化学式为 H_3PO_4，以黄磷为原料，经氧化、水化等反应而制取的磷酸。溶于水和乙醇。可制造磷酸盐、磷肥，用于医药、食品、电子工业等。

01.1129 湿法磷酸 phosphoric acid by wet process

用无机酸分解磷矿粉，分离出粗磷酸，再经净化后制得磷酸产品。用硫酸分解磷矿制得的磷酸的方法是湿法磷酸生产中最基本的方法。目前，湿法磷酸工艺处于磷酸生产的主导地位。

01.1130 磷酸钾 potassium phosphate

全称"磷酸三钾"。化学式为 K_3PO_4，无色或白色晶体或粉末，有三水合物和八水合物，溶于水，不溶于乙醇。由磷酸与氢氧化钾中和制得。用于水处理及化肥、医药和食品工业等。

01.1131 磷酸铵 ammonium phosphate

全称"磷酸三铵"。化学式为 $(NH_4)_3PO_4$，无色透明薄片或白色菱形结晶，溶于水，不溶于丙酮、乙醇等。由磷酸与足量氨中和制得。用于水处理及化肥、医药工业等。

01.1132 磷酸钴 cobaltous phosphate

化学式为 $Co_3(PO_4)_2$，粉红色结晶或赤色块，有无水物、二水合物和八水合物，溶于无机酸，不溶于水、甲醇等。由氯化钴与磷酸氢二铵反应制得。用于颜料、玻璃陶瓷、饲料等。

01.1133 磷酸镍 nickel phosphate

化学式为 $Ni_3(PO_4)_2$，淡绿色粉末或结晶，有七水合物和八水合物，溶于无机酸、氨水，不溶于水。由磷酸二氢钠与氯化镍反应制得。用于电镀和颜料。

01.1134 磷酸锌 zinc phosphate

俗称"磷锌白"。化学式为 $Zn_3(PO_4)_2$，无色斜方结晶或白色微晶粉末，有二水合物和四水合物，溶于无机酸、氨水，不溶于乙醇和水。由磷酸与氧化锌反应制得。用于医药、颜料、涂料、橡胶等领域。

01.1135 磷酸锂 lithium phosphate

化学式为 Li_3PO_4，白色结晶，溶于稀酸，微溶于水，不溶于丙酮。由氯化锂和磷酸反应制得。用于生产彩色荧光粉、特种玻璃、催化剂等。

01.1136 磷酸脲 urea phosphate

化学式为 $CO(NH_2)_2 \cdot H_3PO_4$，无色透明棱柱状晶体，易溶于水和醇，不溶于醚类、甲苯等。由磷酸与尿素反应制得。用作饲料添加剂、氮磷复合肥、阻燃剂、清洗剂等。

01.1137 磷酸铝 aluminium phosphate

化学式为 $AlPO_4$，白色斜方晶体或粉末，不溶于水，溶于浓盐酸和浓硝酸、碱，微溶于醇。由磷酸三钠与硫酸铝发生复分解反应制得。用于玻璃、陶瓷、涂料、造纸、纺织、医药等领域。

01.1138 磷酸锆 zirconium phosphate

化学式为 ZrP，白色粉末或层状结晶，不溶于水、强酸和有机溶剂，溶于氢氟酸。由三氯化锆与磷酸钠反应制得。用作离子交换剂和石油化工催化剂。

01.1139 偏磷酸铝 aluminum metaphosphate

化学式为 $Al(PO_3)_3$，白色玻璃状态粉末，不溶于水和酸，溶于沸浓碱溶液。由氧化铝或氢氧化铝与磷酸在高温下反应制得。用于玻璃、水泥、颜料和石油化工催化剂。

01.1140 磷酸铁 ferric phosphate

化学式为 $FePO_4$，白色或浅黄色粉末，有二水合物、三水合物和八水合物，加热时易溶于盐酸，几乎不溶于水、醇。由硝酸亚铁与浓磷酸反应制得。用于制造电池材料、催化剂，以及陶瓷、涂料、医药和食品工业等。

01.1141 磷酸氢二钠 sodium hydrogen phosphate

简称"磷酸二钠（disodium phosphate）"。化学式为 Na_2HPO_4，无色结晶或白色粉末，有无水物、二水合物、七水合物和十二水合物，可溶于水，不溶于醇。由磷酸与碳酸钠反应制得。用于水处理，以及纺织、电镀、医药、颜料、食品工业等。

01.1142 磷酸二氢钠 sodium dihydrogen phosphate

化学式为 NaH_2PO_4，无色结晶或白色粉末，有无水物、一水合物和二水合物，溶于水，不溶于醇。由磷酸与碳酸钠按化学计量比反应结晶制得。用于水处理、电镀、医药、颜料、食品工业等。

01.1143 磷酸钠 sodium phosphate

全称"磷酸三钠（trisodium phosphate）"。化学式为 Na_3PO_4，无色或白色结晶，有无水物和十二水合物，溶于水，不溶于乙醇和二硫化碳。由磷酸二氢钠溶液中加入烧碱制得。用于水处理、冶金、纺织、搪瓷、制革和食品工业等。

01.1144 磷酸氢二钾 potassium hydrogen phosphate

简称"磷酸二钾（dipotassium phosphate）"。化学式为 K_2HPO_4，无色、白色结晶或粉末，通常含 3 个结晶水，有无水物、三水合物和六水合物，易溶于水，微溶于醇。由磷酸与碳酸钾反应制得。用于水处理、医药、发酵和食品工业等。

01.1145 磷酸氢二铵 ammonium hydrogen phosphate

简称"磷酸二铵（diammonium phosphate）"。化学式为 $(NH_4)_2HPO_4$，无色透明晶体或白色粉末，易溶于水，不溶于醇。由磷酸与氨或氨水反应制得。用于制备高浓度磷肥、水处理、纺织、陶瓷、发酵和食品工业等。

01.1146 磷酸二氢锌 zinc dihydrogen phosphate

又称"C. I. 颜料白 32（C. I. pigment white 32）"。化学式为 $Zn(H_2PO_4)_2$，白色三斜晶体或凝固状物，溶于水并发生分解，溶于盐酸和碱。由磷酸与氧化锌反应制得。用于电镀、陶瓷和玻璃工业。

01.1147 磷酸二氢钙 calcium dihydrogen phosphate

又称"过磷酸钙（calcium superphosphate）""磷酸一钙（monocalcium phosphate）"。化学式为 $Ca(H_2PO_4)_2$，白色晶体或粉末，有无水物和一水合物，溶于稀酸，略溶于水，几乎不溶于乙醇。由磷酸氢钙或磷酸三钙溶于磷酸，经浓缩结晶制得。用于水处理、化肥、饲料、发酵和食品工业等。

01.1148 磷酸三钙 tricalcium phosphate

简称"磷酸钙（calcium phosphate）"。化学式为 $Ca_3(PO_4)_2$，白色晶体或无定形粉末，不溶于水、乙醇，溶于酸。由过磷酸钙煅烧，再经脱氟、脱硫处理后冷却、粉碎、筛分制得。用于橡胶、印染、玻璃陶瓷、医药和食品工业等。

01.1149 磷酸二氢铝 aluminum dihydrogen phosphate

又称"酸式磷酸铝（aluminium acid phosphate）"。化学式为 $Al(H_2PO_4)_3$，无色黏稠液体或粉状晶体，有无水物和三水合物，易溶于水。由磷酸与氢氧化铝反应制得。用于耐火材料、水泥陶瓷和涂料等。

01.1150　磷酸二氢锰　manganous dihydrogen phosphate
又称"马日夫盐（Mazhef salt）""酸式磷酸锰（manganese acid phosphate）"。化学式为 $Mn(H_2PO_4)_2 \cdot 2H_2O$，白色或微红色结晶。由磷酸与碳酸锰反应制得。用作钢铁磷化剂、武器润滑剂等。

01.1151　焦磷酸　pyrophosphoric acid
化学式为 $H_4P_2O_7$，无色针状结晶或浅黄色黏稠状液体，溶于水、醇、醚。由磷酸加热脱水浓缩制得。用于电镀金属精制、催化剂等。

01.1152　焦磷酸钙　calcium pyrophosphate
化学式为 $Ca_2P_2O_7$，白色结晶性粉末。不溶于水，不溶于乙醇，溶于酸。由磷酸氢钙煅烧脱水制得。用于涂料、牙膏和食品工业等。

01.1153　酸式焦磷酸钙　calcium acid pyrophosphate
化学式为 $CaH_2P_2O_7$，白色晶体或粉末，难溶于水，溶于稀盐酸或稀硝酸。以氧化钙、氢氧化钙及磷酸为原料反应制得。用作食品添加剂。

01.1154　焦磷酸铜　copper pyrophosphate
化学式为 $Cu_2P_2O_7$，淡绿色粉末，不溶于水，溶于酸。由可溶性铜盐与可溶性焦磷酸盐发生复分解反应制得。用于涂料、无氰电镀和防渗碳涂层。

01.1155　焦磷酸锡　tin pyrophosphate
化学式为 $Sn_2P_2O_7$，白色结晶或粉末。不溶于水，溶于浓酸。由焦磷酸钠与氯化亚锡反应制得。用于无氰电镀、牙膏填充，印染、陶瓷和涂料等行业。

01.1156　食用焦磷酸铁　ferric pyrophosphate
化学式为 $Fe_4(P_2O_7)_3 \cdot 9H_2O$，黄白色粉末，

溶于无机酸、碱、柠檬酸盐，不溶于冷水。由焦磷酸钠与硝酸铁反应制得。作为营养增补剂用于食品工业。

01.1157　食用焦磷酸亚铁　ferrous pyrophosphate
化学式为 $Fe_2P_2O_7$，白色无定形固体，在空气中易由绿色转变为褐色，溶于水。由食品级硝酸亚铁与食品级焦磷酸钠反应制得。作为营养增补剂用于食品工业。

01.1158　焦磷酸铁钠　ferric sodium pyrophosphate
化学式为 $Na_8Fe_4(P_2O_7)_5 \cdot xH_2O$，白色或黄白色粉末，不溶于水，溶于盐酸。由焦磷酸四钠与可溶性铁盐反应制得。用于食品、食盐、保健品、医药等行业。

01.1159　焦磷酸钠　sodium pyrophosphate
化学式为 $Na_4P_2O_7$，无色或白色结晶或粉末，有无水物和十水合物，溶于水，不溶于醇。由磷酸氢二钠喷雾聚合制得。用于水处理、电镀、印染、纺织、洗涤等。

01.1160　酸式焦磷酸钠　sodium acid pyrophosphate
又称"焦磷酸二氢二钠（disodium dihydrogen pyrophosphate）"。化学式为 $Na_2H_2P_2O_7$，白色结晶状粉末或熔融状固体，溶于水，不溶于乙醇。由磷酸与纯碱经中和、干燥、脱水聚合制得。用于食品发酵。

01.1161　焦磷酸钾　potassium pyrophosphate
化学式为 $K_4P_2O_7$，白色粉末或块状固体，有无水物、一水合物和三水合物，溶于水，不溶于乙醇。由磷酸氢二钾经煅烧缩合得到。用于电镀、洗涤、陶瓷、印染、橡胶和食品工业等。

01.1162　酸式焦磷酸钾　potassium acid pyrophosphate
又称"焦磷酸二氢二钾（potassium dihydrogen

pyrophosphate）"。化学式为 $K_2H_2P_2O_7$，无色块状固体，有无水物和半水合物，溶于水，不溶于乙醇。由磷酸氢二钾熔融失去水分子而制得。用于食品发酵。

01.1163　亚磷酸　phosphorous acid
化学式为 H_3PO_3，带大蒜气味的白色或淡黄色晶体，易溶于水和醇。由三氯化磷经水解制得。用于有机合成、润滑油，以及制造亚磷酸盐、聚碳酸酯。

01.1164　次磷酸　hypophosphorous acid
化学式为 H_3PO_2，无色油状液体或易潮解的结晶，有酸味，溶于水、醇、醚。由次磷酸钠经离子交换制得。用于医药、涂料、电镀等行业以及制造催化剂和次磷酸盐等。

01.1165　次磷酸钠　sodium hypophosphite
化学式为 NaH_2PO_2，无色有珍珠光泽的晶体或白色结晶性粉末，易溶于水、甘油，不溶于乙醚。由黄磷与氢氧化钠反应制得。用于电镀、水处理、医药和食品工业等。

01.1166　次磷酸钾　potassium hypophosphite
化学式为 KH_2PO_2，无色六角结晶，易溶于水、乙醇，不溶于氨水。由次磷酸钙与碳酸钾反应制得。用于电镀、医药和食品工业等。

01.1167　次磷酸钙　calcium hypophosphite
化学式为 $Ca(H_2PO_2)_2$，白色结晶性粉末，溶于水，不溶于醇。由黄磷与石灰乳反应制得。用于阻燃、电镀、医药、饲料和食品工业等。

01.1168　次磷酸铵　ammonium hypophosphite
化学式为 $NH_4H_2PO_2$，白色片状或颗粒结晶，溶于水、醇、氨，不溶于丙酮。由黄磷、石灰乳、氨水经两次反应制得。用于制药、电焊及制造催化剂。

01.1169　次磷酸镁　magnesium hypophosphate
化学式为 $Mg(H_2PO_2)_2$，通常含 6 个结晶水，白色晶体，有荧光，溶于水。可由次磷酸与氧化镁或氢氧化镁发生中和反应制得。用于医药、塑料和化肥等领域。

01.1170　偏磷酸镁　magnesium metaphosphate
化学式为 $Mg(PO_3)_2$，无色结晶，不溶于水、酸和碱。由氯化镁与磷酸氢二铵反应制得。作为营养增补剂用于食品工业。

01.1171　三偏磷酸钠　sodium trimetaphosphate
化学式为 $(NaPO_3)_3$，白色结晶或粉末，溶于水，不溶于醇。由磷酸和纯碱的反应产物经干燥聚合制得。用于水处理、牙膏、洗涤和食品工业，是生产单氟磷酸钠的原料。

01.1172　六偏磷酸钠　sodium hexametaphosphate
化学式为 $(NaPO_3)_6$，透明玻璃状或白色粒状结晶，易溶于水，不溶于有机溶剂。由磷酸二氢钠经高温处理后骤冷制得。用于水处理、印染、造纸、采油、医药和食品工业等。

01.1173　三氯化磷　phosphorus trichloride
化学式为 PCl_3，无色澄清发烟液体，遇水分解溶于有机溶剂。由黄磷与氯气反应制得。用于医药、染料、催化剂行业和制造有机农药。

01.1174　三氯氧磷　phosphorus oxychloride
又称"磷酰氯（phosphoryl chloride）"。化学式为 $POCl_3$，无色澄清、有刺激性臭味的发烟液体，溶于氯气或五氯化磷，遇水、乙醇快速分解。由三氯化磷与氧气反应制得。用于医药、染料、催化剂、制造光纤和有机农药行业。

01.1175　三氯硫磷　phosphorus sulfochloride
又称"硫代磷酰氯（thiophosphoryl chloride）"。

化学式为 $PSCl_3$，无色或浅黄色、有刺激性气味的发烟液体。遇水分解，溶于有机溶剂、三氯化磷和三溴化磷。由三氯化磷与硫反应制得。用于有机合成和农药。

01.1176　五氯化磷　phosphorus pentachloride
化学式为 PCl_5，白色或淡黄色晶体，有刺激性气味，易升华。遇水分解，溶于有机溶剂。由三氯化磷与氯气反应制得。用于医药、染料、化纤、有机合成和催化剂等行业。

01.1177　五氧化二磷　phosphorus pentoxide
又称"磷酸酐（phosphoric anhydride）"。化学式为 P_2O_5，白色粉末，溶于水生成磷酸，溶于硫酸，不溶于丙酮、氨水。由黄磷熔融后氧化燃烧制得。用于医药、农药、玻璃、化纤行业，并作为原料生产磷酸及其盐等。

01.1178　五硫化二磷　phosphorus pentasulfide
化学式为 $P_2S_5(P_4S_{10})$，有似硫化氢臭味的淡黄色到灰黄色晶体，遇水分解，溶于氢氧化钠水溶液。由黄磷和硫磺直接合成制得。用于医药、农药、选矿、橡胶和洗涤等行业。

01.1179　三硫化四磷　phosphorus sesquisulfide
化学式为 P_4S_3，黄色或棕黄色可燃性结晶，不溶于冷水、盐酸、硫酸，溶于三氯化磷和有机溶剂。由黄磷和硫磺直接合成制得。用于有机合成，制造火柴及烟火。

01.1180　磷化铝　aluminium phosphide
化学式为 AlP，深黄色或灰色晶体或粉末，微溶于冷水，不溶于乙醇和乙醚。采用电流或火焰使赤磷和铝粉的混合物在 600～700℃反应制得。用作杀虫剂，是制造高纯磷化氢的原料。

01.1181　磷化锌　zinc phosphide
化学式为 Zn_3P_2，灰黑色恶臭粉末，不溶于水和醇类，溶于酸、苯和二硫化碳。使赤磷和锌粉的混合物在 500～600℃点火反应制

得。用作杀鼠剂。

01.1182　磷化钙　calcium phosphide
化学式为 Ca_3P_2，红棕色结晶性粉末或灰色颗粒状物质，遇水分解，不溶于乙醇、乙醚和苯。由磷酸钙用铝或炭加热还原制得。用于合成磷化氢和信号弹、焰火的制造，以及灭鼠剂制备等。

01.1183　磷化氢　hydrogen phosphide
化学式为 PH_3，无色、剧毒、有大蒜臭味的气体，微溶于水，易溶于乙醇。由金属磷化物与水作用制得。用于生产半导体器件、集成电路及有机合成。

01.1184　三聚磷酸钠　sodium tripolyphosphate, STPP
又称"三磷酸五钠（pentasodium triphosphate）"。化学式为 $Na_5P_3O_{10}$，白色颗粒或粉状，易溶于水，水合时得到六水合物。由适当配比的正磷酸盐溶液经加热干燥聚合制得。用于石油、冶金、采矿、造纸、橡胶、水处理和食品工业等，曾用于合成洗涤剂的助剂。

01.1185　三聚磷酸钾　potassium tripolyphosphate
又称"三磷酸五钾（pentapotassium triphosphate）"。化学式为 $K_5P_3O_{10}$，白色结晶，易溶于水。由碳酸钾与缩聚磷酸发生中和反应制得。用于化肥、特种玻璃和食品工业等。

01.1186　三聚磷酸二氢铝　aluminium dihydrogen tripolyphosphate
化学式为 $AlH_2P_3O_{10}\cdot 2H_2O$，白色粉末，难溶于水，微溶于醇。通过正磷酸铝脱水聚合制得。用作催化剂、颜料、涂料、耐火阻燃材料等。

01.1187 氯化磷酸三钠 chlorinated trisodium phosphate
化学式为 $Na_3PO_4 \cdot 1/4NaOCl \cdot 12H_2O$，白色针状或棒状晶体。微有氯气气味，易溶于水。由次氯酸钠和磷酸三钠反应制得。用于洗涤剂，起杀菌消毒作用。

01.1188 单氟磷酸钠 sodium monofluoro phosphate
化学式为 Na_2PO_3F，白色粉末或结晶。易溶于水、乙醇和有机溶剂。通过磷酸盐与氟化钠在高温下熔融反应制得。用于牙膏、洗涤剂和饮用水氟化。

01.1189 磷酸二氘钾晶体 potassium dideuterium phosphate crystal
化学式为 KD_2PO_4，非线性光学晶体。通过重水溶液降温法制得。用于激光技术、光信息处理、光纤通信、国防和医疗等。

01.1190 磷酸氧钛钾晶体 potassium titanyl phosphate crystal
化学式为 $KTiOPO_4$，非线性光学晶体。采用湿化学法凝胶原位析晶热处理或高温溶液法生产。用于军事科研、医疗、海洋光学、激光武器和环境遥感监测等。

01.1191 磷酸铜钙 calcium copper phosphate
化学式为 $99.75\% Ca_3(PO_4)_2 \cdot 0.25\% Cu_3(PO_4)_2$，白色带微蓝色粉末，不溶于水，溶于盐酸、硝酸。由磷酸钙浆液与乙酸铜反应制得。用作乙炔水合制乙醛的无毒催化剂。

01.1192 二盐基亚磷酸铅 dibasic lead phosphite
又称"二碱式亚磷酸铅"。化学式为 $2PbO \cdot PbHPO_3 \cdot 1/2H_2O$，白色或微黄褐色粉末。不溶于水和有机溶剂，溶于酸。由三氯化磷与氧化铅反应制得。用作聚氯乙烯稳定剂。

01.1193 磷酸氢锶 strontium hydrogen phosphate
化学式为 $SrHPO_4$，白色粉末。不溶于水和醇酮，溶于酸。由碳酸锶与磷酸反应制得。用于医药与试剂，可作发光材料。

01.1194 磷酸锶 strontium phosphate
化学式为 $Sr_3(PO_4)_2$，白色粉末，不溶于水，溶于盐酸和硝酸。由碳酸锶与磷酸反应制得。用于电子及医药工业。

01.1195 羟基磷酸钙 hydroxyl calcium phosphate
又称"羟基磷灰石（hydroxyapatite）"。化学式为 $Ca_5OH(PO_4)_3$，六方晶体，极微溶于冷水和醇，溶于盐酸和硝酸。由磷酸和氢氧化钙反应制得。用于树脂、生物材料、食品、水处理剂、染料、橡胶、陶瓷、医药等。

01.1196 三溴氧磷 phosphorus oxybromide
又称"磷酰溴（phosphoryl bromide）"。化学式为 $POBr_3$，有刺激性臭味的无色或淡橙色晶体，遇水和醇分解，溶于有机溶剂和浓硫酸。以三氯化铝为催化剂，三氯氧磷与溴化氢反应制得。用作中间体和溴系阻燃剂原料。

01.1197 五溴化磷 phosphorus pentabromide
化学式为 PBr_5，红色或黄色结晶，遇水和醇分解，溶于有机溶剂。将三溴化磷和稍过量的溴在二硫化碳中反应制得。用于有机合成，用作溴化剂。

01.1198 焦磷酰氯 pyrophosphoryl chloride
化学式为 $Cl_4O_3P_2$，无色透明液体，与水剧烈反应，溶于三氯化磷、三氯氧磷和有机溶剂。由三氯氧磷和五氧化二磷反应制得。用于制药、激光材料及电子元件。

01.1199　卤磷酸钙荧光粉　calcium halophosphate fluorescent powder
主要成分为 $3Ca_3(PO_4)_2 \cdot Ca(F, Cl)_2: Mn, Sb$，白色粉末。以磷酸氢钙、碳酸钙、氟化钙、无水氯化钙、碳酸锰、三氧化二锑为原料在氮气气氛中恒温烧结而成。用作荧光材料。

01.1200　食用聚偏磷酸钠　edible sodium polymetaphosphate
化学式为 $(NaPO_3)_n$，白色结晶性粉末。溶于无机酸、氯化钾和氯化铵溶液，几乎不溶于水。由磷酸二氢钠加热缩合而成。用作食品工业乳化剂和改良剂等。

01.1201　食用碱式磷酸铝钠　edible basic sodium aluminum phosphate
化学式为 $Na_8Al_2(OH)_2(PO_4)_4$，白色粉末，微溶于水，溶于盐酸。由磷酸、碳酸钠和氢氧化铝反应制得。用作食品工业乳化剂。

01.1202　聚偏磷酸钾　potassium polymetaphosphate
化学式为 $(KPO_3)_n$，无色至白色玻璃状块或片，或白色纤维状结晶或粉末，溶于水、钠盐溶液、稀无机酸，不溶于乙醇。由磷酸二氢钾加热脱水缩合制得。用作食品工业水分保持剂、膨松剂、稳定剂等。

01.1203　磷酸铁锂　lithium iron phosphate
化学式为 $LiFePO_4$，灰黑色粉末。由亚铁盐、磷酸盐和锂盐按分子比高温固相合成。用作锂离子电池的正极材料。

01.1204　磷酸钴锂　lithium cobalt phosphate
化学式为 $LiCoPO_4$，紫黑色粉末。由亚钴盐、磷酸盐和锂盐按分子比高温固相合成。用作锂离子电池的正极材料。

01.1205　聚磷酸盐　polyphosphate
由两个或两个以上 PO_4 四面体通过共用氧原子而相互结合的磷酸盐。由普通磷酸盐通过加热脱水缩合制得。主要用作乳化剂和分散剂。

01.1206　线型聚磷酸盐　linear polyphosphate
由两个或两个以上 PO_4 四面体通过共用氧原子相互结合形成的直链结构磷酸盐。主要用作分散剂和络合剂。

01.1207　偏磷酸盐　metaphosphate
化学式为 $(MPO_3)_n$，偏磷酸的磷羟基被金属离子取代后聚合而成，分为环状偏磷酸盐、不溶性偏磷酸盐和偏磷酸盐玻璃体。由磷酸二氢盐类加热处理制得。主要用作化学试剂、脱水剂、催化剂。

01.1208　磷酸铝分子筛　aluminum phosphate molecular sieve
化学式为 $AlPO_4$，白色颗粒。铝氧四面体与磷氧四面体之间通过共享氧原子，交错连接而形成的骨架结构分子筛。由拟薄水铝石或异丙醇铝与磷酸在有机模板剂存在下反应制得。用于制备催化剂。

01.1209　亚磷酸钙　calcium phosphite
化学式为 $CaHPO_3$，白色结晶性粉末，不溶于水。由亚磷酸与氯化钙反应制得。用于颜料、涂料和阻燃材料。

01.1210　次磷酸镍　nickel hypophosphite
化学式为 $Ni(H_2PO_4)_2 \cdot 6H_2O$，绿色晶体，溶于水。由次磷酸与氢氧化镍反应制得。用于电镀、陶瓷、塑料着色，以及用作有机合成催化剂等。

01.06.17　硅化合物和硅酸盐

01.1211　模数　module
特指水溶性硅酸盐中 SiO_2 和 R_2O 的摩尔比，R 为碱金属（如钠、钾等）。模数既显示水溶性硅酸盐的组成，又影响其物化特性。

01.1212　气凝胶　aerogel
又称"固体烟"。一种固体物质形态,拥有高通透性纳米三维网络结构。密度极小。有硅系、碳系等。用于航天、建材等高级保温储能。

01.1213　西门子工艺　Siemens technology
又称"西门子法"。1955年德国西门子公司开发的以氢气还原三氯氢硅,并在硅芯上沉积多晶硅的生产工艺,于1957年实现工业化。

01.1214　改良西门子工艺　modified Siemens technology
又称"改良西门子法""闭环西门子法"。在西门子工艺中增加尾气回收和四氯化硅氢化工艺,避免了副产品的污染,实现了原料的循环利用。

01.1215　硅凝胶造粒　silica gel granulating
硅胶生产的关键性步骤之一,指一定浓度的稀硅酸钠溶液和稀硫酸在一定条件下充分反应形成溶胶溶液,达一定浓度后形成凝胶颗粒。

01.1216　酸泡　acid soak
硅胶生产中为使产品具有特定的孔结构,并使其具有均匀的孔径、较大的孔容和比表面积及较好的机械强度,在制胶和水洗中间使用硫酸浸泡的过程。

01.1217　硅酸　silicic acid
化学式为 H_2SiO_3,白色无定形粉末,溶于氢氟酸和苛性钾(钠)溶液。可由硅酸钠与盐酸反应制得。用于油脂和蜡的脱色、色层分离,以及用作催化剂和吸附剂等。

01.1218　硅酸钠　sodium silicate
俗称"水玻璃(water glass)""泡花碱"。化学式为 $Na_2O \cdot nSiO_2 \cdot xH_2O$,溶于水。可由石英砂与纯碱经高温熔融或与烧碱液相反应制得。用于制备无机盐、日用品、铸造模具、建筑材料、选矿剂、肥料等。

01.1219　速溶粉状硅酸钠　instant dissolved sodium silicate powder
化学式为 $Na_2O \cdot nSiO_2 \cdot xH_2O$,白色粉体,分散性好,易吸湿,水中溶解速度快,溶液呈碱性,黏合性强。由硅酸钠溶液经喷雾干燥制得。用作耐火材料、焊条药皮、耐酸水泥等的黏合剂。

01.1220　正硅酸钠　tetrasodium orthosilicate
又称"原硅酸钠"。化学式为 Na_4SiO_4,白色粉末或颗粒,易溶于水,不溶于醇和酸。由烧碱与硅酸钠溶液反应制得。用于无机黏结、肥皂填充、外墙涂料等。

01.1221　改性硅酸钠　modified sodium silicate
通过物理或化学方法处理后的硅酸钠,改善硅酸钠制品的胶黏性、流变性、施工性,提高其脱色、胶合、耐水、抗老化、储存稳定的效果。

01.1222　偏硅酸钠　sodium metasilicate
化学式为 $Na_2SiO_3 \cdot nH_2O$,白色晶体,模数为1。工业产品有无水物、五水合物、九水合物等。易溶于水,不溶于醇和酸。可由硅酸钠与烧碱反应制得。用于日化、纺织、陶瓷等。

01.1223　层状结晶二硅酸钠　crystalline layered sodium disilicate
又称"晶态二硅酸钠"。化学式为 $Na_2Si_2O_5$,白色粉末或颗粒,模数为2,有四种晶型结构,以 δ 型为主成分的产品软化水能力强,用作洗涤助剂等。由硅酸钠或速溶硅酸钠经高温煅烧制得。

01.1224　硅酸钾　potassium silicate
俗称"钾水玻璃(potassium water glass)"。化学式为 $K_2O \cdot nSiO_2$,易溶于水。可将石英砂与碳酸钾高温煅烧制得。用作耐火材料、焊条药皮等的黏合剂。

01.1225 硅酸钾钠 sodium potassium silicate
俗称"钾钠水玻璃"。化学式为$(Na_2O \cdot K_2O) \cdot nSiO_2$。可由石英砂与碳酸钠和碳酸钾经高温熔融制得。用作精密铸造、无机涂料和焊条药皮等的黏合剂。

01.1226 硅酸锂 lithium silicate
化学式为$Li_2O \cdot nSiO_2 \cdot mH_2O$，无臭无味透明液体，溶于水，不溶于醇。可由硅酸与氢氧化锂反应制得。用作黏合剂，用于无机富锌涂料和高级焊条等。

01.1227 硅酸季铵 quaternary ammonium silicate
化学式为$(NR_4)_2O \cdot (22\sim45)SiO_2 \cdot H_2O$，R为烃基。流动性良好的粉末。可由硅溶胶与季铵氢氧化物混合后经喷雾干燥制得。用作耐火材料、陶瓷材料的黏合剂等。

01.1228 硅酸铝 aluminium silicate
化学式为$Al_2O_3 \cdot nSiO_2 \cdot mH_2O$，无色晶体或白粉末，不溶于水。由硬质黏土熟料熔融喷吹或硅酸钠和硫酸铝反应制得。用于耐火材料、白色涂料等的制备。

01.1229 硅酸镁 magnesium silicate
化学式为Mg_2SiO_4，白色晶体，属正交晶系，不溶于水。以硅酸钠和可溶性镁盐为原料采用沉淀法制备。用作可调谐激光物质、发光材料、保温材料等。

01.1230 硅酸铅 lead silicate
化学式为$PbSiO_3$，淡黄色无定形晶粒，不溶于水和乙醇。由石英砂与氧化铅经高温熔融制得。制造光学玻璃、光导纤维、日用器皿等。

01.1231 硅酸锆 zirconium silicate
化学式为$ZrSiO_4$，白色或灰白色粉末，折射率和熔点高。可由氧氯化锆与硅酸钠反应制得。用于陶瓷、玻璃、搪瓷、耐火材料、电子、精铸、涂料等行业。

01.1232 硅酸锌 zinc orthosilicate
化学式为Zn_2SiO_4，绿黄色或硫磺色，三角晶系，不溶于水，溶于乙酸。可由氧化锌与二氧化硅高温合成。用于荧光材料、搪瓷釉料、烃类催化等。

01.1233 硅酸锶 strontium silicate
化学式为Sr_2SiO_4，无色晶体，不溶于水，化学与热稳定性好。可由碳酸锶与二氧化硅高温反应制得。用作磷光材料、荧光材料等。

01.1234 硅酸铬钠 sodium silicochromate
化学式为$NaCrSi_2O_6$，深绿、黄绿至翠绿晶体，单斜晶系，不溶于水、酸、碱。由硅酸钠和三氧化二铬化合反应制得。用于陶瓷、搪瓷、油漆、塑料的着色。

01.1235 硅酸铬锂 lithium silicochromate
化学式为$LiCrSi_2O_6$，深绿、黄绿至翠绿晶体，单斜晶系，不溶于水、酸、碱。用于陶瓷、搪瓷、油漆、塑料的着色。

01.1236 硅铝酸钠 sodium aluminosilicate
化学式为$Na_2O \cdot Al_2O_3 \cdot nSiO_2$（$n=14$），白色无定形粉末，无臭，无味，不溶于水。可由硅酸钠与矾土反应制得。用于轻工、化工、建材等行业。

01.1237 碱式硅铬酸铅 basic lead silicochromate
化学式为$PbSiO_3 \cdot 3PbO \cdot PbCrO_4 \cdot PbO \cdot SiO_2$，橘黄色粉末。由氧化铅、铬酸盐和石英粉经高温煅烧而成的包核颜料。用作各种金属防锈底漆。

01.1238 聚硅酸 polysilicate acid
又称"活性硅酸（activated silicic acid）"。化学式为$mSiO_2 \cdot nH_2O$，可由硅酸钠与硫酸反应制得。用作水处理中的絮凝剂或助凝剂等。

01.1239　水合二氧化硅　hydrated silica
俗称"白炭黑（white carbon black）"。化学式为 $SiO_2 \cdot nH_2O$，分沉淀二氧化硅和气相二氧化硅。白色无定形粉末或颗粒。耐高温、不燃。以硅酸钠和硫酸为原料采用沉淀法制备；或以氯硅烷和氢气为原料采用气相法制备。用于橡胶补强、粉剂载体、增白增稠、增黏防渗等。

01.1240　疏水二氧化硅　hydrophobic silica
具有憎水性和高的电绝缘性。将亲水性二氧化硅与活性硅烷发生化学反应制得。用于树脂塑料、油漆油墨、涂料乳膏等。

01.1241　二氧化硅气凝胶　silica aerogel
化学式为 $mSiO_2 \cdot nH_2O$，白色粉末，密度小、比表面积大、孔容高。可由硅酸钠与硫酸反应制得。用作涂料增稠剂、塑料薄膜抗黏剂、医药防结块剂等。

01.1242　硅溶胶　silica sol
化学式为 $mSiO_2 \cdot nH_2O$，二氧化硅胶态微粒在水中均匀扩散的胶体溶液。由硅酸钠或硅粉为原料反应制得。用于精密铸造和耐火材料、木浆造纸、化学涂料等的制备。

01.1243　硅胶　silica gel
又称"硅酸凝胶（silicic acid gel）"。化学式为 $mSiO_2 \cdot nH_2O$，具有多孔结构，高活性吸附材料。由硅酸钠与硫酸反应制得。用作干燥剂、吸附剂、层析柱固定相和催化载体等。

01.1244　L 型分子筛　L type molecular sieve
又称"L 型沸石（zeolite type L）"。化学式为 $0.99K_2O \cdot 0.01Na_2O \cdot Al_2O_3 \cdot 6SiO_2 \cdot 5H_2O$，具有一维孔道的白色晶体，不溶于水和有机溶剂，溶于强碱。以硅酸钠、偏铝酸钠、氢氧化钾等为原料，有机胺为模板剂，采用水热晶化法制得。用于石化催化过程等。

01.1245　ZSM-5 型分子筛　ZSM-5 type molecular sieve
又称"ZSM-5 型沸石（zeolite type ZSM-5）"化学式为 $0.89Na_2O \cdot Al_2O_3 \cdot 31.1SiO_2 \cdot 2H_2O$，具有三维孔道的白色晶体，不溶于水、有机溶剂及酸，溶于强碱。属高硅沸石。有独特的孔结构。以硅酸钠、硫酸铝、氢氧化钠等为原料，有机胺为模板剂，采用水热晶化法制得。主要用于柴油临氢降凝和化工的择形催化。

01.1246　3A 分子筛　3A molecular sieve
又称"3A 沸石（zeolite 3A）"。化学式为 $0.40K_2O \cdot 0.60Na_2O \cdot Al_2O_3 \cdot 2.00SiO_2 \cdot 4.50H_2O$，立方晶格、均匀微孔结构的白色粉体，有效孔径约 0.3nm。以硅酸钠、偏铝酸钠、氢氧化钠、氯化钾等为原料，有机胺为模板剂，采用水热晶化法制得。用于石油裂解气和烯烃的干燥等。

01.1247　4A 分子筛　4A molecular sieve
又称"4A 沸石（zeolite 4A）"。化学式为 $Na_2O \cdot Al_2O_3 \cdot 2SiO_2 \cdot 4.50H_2O$，立方体状的灰白色粉体，有效孔径约 0.4nm。用于洗涤助剂，烷烃分离，气体或液体的干燥、精制和提纯等。

01.1248　5A 分子筛　5A molecular sieve
又称"5A 沸石（zeolite 5A）"。化学式为 $0.70CaO \cdot 0.30Na_2O \cdot Al_2O_3 \cdot (2.00 \pm 0.08)SiO_2 \cdot 4.50H_2O$，白色粉体，有效孔径约 0.5nm。在高温下仍有很强的吸附能力。用于烷烃分离，气液深度干燥和净化。

01.1249　10X 分子筛　10X molecular sieve
化学式为 $0.70CaO \cdot 0.30Na_2O \cdot Al_2O_3 \cdot (2 \sim 3)SiO_2 \cdot 6.0H_2O$，白色粉体，有效孔径约 1nm，热稳定性较高。有高效吸附作用和强抗毒性能。用于芳烃分离、气液深度干燥净化、液体石蜡精制等。

01.1250　Ag-X 分子筛　Ag-X molecular sieve
化学式为 $0.70Ag_2O \cdot 0.3Na_2O \cdot Al_2O_3 \cdot (2.5\sim3.0)SiO_2 \cdot (6\sim7)H_2O$，白色颗粒，有良好吸附性能。以硅酸钠、偏铝酸钠、氢氧化钠、硝酸银等为原料，采用水热晶化法制得。可脱除气体（氢气、氮气、氩气及烃类）中微量氧气。

01.1251　Cu-X 分子筛　Cu-X molecular sieve
又称"203 分子筛"。化学式为 $0.16CuO \cdot 0.84Na_2O \cdot Al_2O_3 \cdot (2.5\pm0.5)SiO_2 \cdot (6.5\pm0.5)H_2O$，内外表面都有活性催化剂，选择性好，高温下活性稳定。以硅酸钠、偏铝酸钠、氢氧化钠等为原料，恒温静态结晶，加入氯化铜进行离子交换制得。用于脱除航空汽油及异丙醇等中的硫醇。

01.1252　Ca-Y 分子筛　Ca-Y molecular sieve
化学式为 $0.70CaO \cdot 0.30Na_2O \cdot Al_2O_3 \cdot (4.5\pm0.5)SiO_2 \cdot (8.0\pm1.0)H_2O$，热稳定性、耐酸性和抗毒性良好，高选择性和催化活性。以硅酸钠、偏铝酸钠、氢氧化钠为原料，恒温静态结晶，加入氯化钙进行离子交换制得。用于吸附分离，尤其是液体石蜡、航空煤油的精制，用作催化剂或载体。

01.1253　KBa-Y 分子筛　KBa-Y molecular sieve
化学式为 $0.08Na_2O \cdot 0.95K_2O_3 \cdot (0.14\sim0.19)BaO \cdot Al_2O_3 \cdot 4.7SiO_2 \cdot 6.5H_2O$，白色球形颗粒，具有吸附分离作用。以硅酸钠、烧碱、氢氧化铝、硫酸等为原料，采用水热结晶法制得 Na-Y 型分子筛的原粉，再将此原粉与硅溶胶进行造粒成球、活化、钾离子交换、烘干、活化制得。用于从混合二甲苯中分离及提取高纯度对二甲苯。

01.1254　Re-Y 分子筛　Re-Y molecular sieve
化学式为 $M_{2/n}O \cdot Al_2O_3 \cdot wSiO_2 \cdot yH_2O$（M 表示金属元素），淡黄色粉末，有效孔径 $0.9\sim1nm$，活性高，选择性好，焦化倾向小。由硅酸钠、偏铝酸钠、氢氧化钠经结晶、过滤、洗涤，加入稀土元素的氯化物进行离子交换制得。用作石油催化裂化制取汽油的催化剂。

01.1255　人造石英　synthetic quartz
又称"人造水晶"。化学式为 $\alpha\text{-}SiO_2$，利用其高压下能溶于碱性溶液的原理，通过人工方法生长的 α-石英晶体。主要用于电子工业、超声发生器、光学仪器和分析仪器。

01.1256　石英安瓿　quartz ampoule
全称"石英安瓿瓶"。制备半导体热电材料或其他材料晶体空间生长用石英材质的瓶状或管状设备。

01.1257　石英舟　quartz boat
以高纯石英为原料制备的船状石英玻璃制品。用于电光源，半导体，化工、冶金等行业填装物料。

01.1258　石英坩埚　quartz crucible
以高纯石英为原料采用电弧法制备的坩埚。具有高纯、耐温、保温等优点。应用于直拉法生长大直径单晶硅等。

01.1259　石英砣　quartz mound
以高纯石英为原料制备的石英坯料制品，用来熔制电子、军工、光伏、化学、环保等行业用石英元件产品。

01.1260　金属硅　silicon metal
又称"工业硅（industrial grade silicon）""结晶硅（crystalline silicon）"。化学式为 Si，通常为 Si 含量 99.99% 以下的产品，常温下不溶于酸，易溶于碱，具有半导体性质。用低灰分炭质还原剂还原高纯硅石而得到。主要用于配制合金，制取多晶硅、精密陶瓷和生产有机硅等。

01.1261　三氯氢硅　trichlorosilane
又称"三氯硅烷""硅氯仿（silicochloroform）"。

化学式为 $SiHCl_3$，无色透明液体，溶于二硫化碳，极易挥发，有毒。由硅粉和氯化氢气体反应制得。用于制造有机硅化合物和多晶硅等。

01.1262 四氯化硅 silicon tetrachloride
简称"氯化硅"。化学式为 $SiCl_4$，无色或淡黄色液体，有腐蚀性，受热或遇水分解放出有毒烟气。由硅粉和氯化氢气体反应制得。用于硅橡胶、多晶硅、烟幕剂等。

01.1263 多晶硅 polycrystalline silicon
又称"硅多晶（silicon polycrystal）"。化学式为 Si，硅原子晶核晶面取向不同的晶粒结合起来的晶态硅。可用改良西门子法、硅烷法或冶金物理法制得。用于单晶硅或多晶硅太阳能电池等。

01.1264 单晶硅 monocrystalline silicon
又称"硅单晶（silicon single crystal）"。化学式为 Si，具有基本完整的点阵结构的晶态硅。由多晶硅通过区熔法或直拉法制得。用于半导体器件、太阳能电池等。

01.1265 三氧化硫 sulfur trioxide
化学式为 SO_3，液态为无色透明油状，与水激烈反应。以硫磺或硫铁矿为原料用接触法制得。用于有机合成磺化、表面活性剂、染料等行业。

01.06.18 硫化合物和硫酸盐

01.1266 焦亚硫酸钾 potassium metabisulfite
化学式为 $K_2S_2O_5$，白色或无色结晶，易溶于水。可由向碳酸钾溶液中通入二氧化硫后经结晶分离制得。用于食品、影像、印染、石刻等领域。

01.1267 焦亚硫酸钠 sodium pyrosulfite
化学式为 $Na_2S_2O_5$，白色或微黄色结晶，溶于水。可由向亚硫酸氢钠溶液中加入纯碱，再通入二氧化硫制得。用于制革、印染、食品保存、影像、橡胶等领域。

01.1268 硫酸氢钠 sodium bisulfate
化学式为 $NaHSO_4$，无色结晶，溶于水。由等物质的量的氢氧化钠和硫酸混合反应制得。用于测定溴、碘、铜，以及二氧化钛和矿物分析。

01.1269 一水硫酸氢钠 sodium bisulfate monohydrate
化学式为 $NaHSO_4 \cdot H_2O$，无色结晶，易溶于水。用作矿物分解助熔剂、消毒剂、酸性助染剂等。

01.1270 连二亚硫酸钠 sodium dithionite
又称"低亚硫酸钠"，俗称"保险粉"。化学式为 $Na_2S_2O_4$，白色或灰白色结晶性粉末，溶于水。将甲酸和氢氧化钠的乙醇和水的溶液混合，通入二氧化硫制得。用于印染、食品、医药等行业。

01.1271 连二亚硫酸锌 zinc dithionite
又称"次硫酸锌"。化学式为 ZnS_2O_4，针状结晶，易溶于水。将锌粉先用水或乙醇配成悬浮液，在搅拌下通入二氧化硫反应制得。用于木材、纸浆、织物等漂白，以及用作浮选剂等。

01.1272 亚硫酸钠 sodium sulfite
化学式为 Na_2SO_3，白色结晶或粉末，溶于水。向碳酸钠溶液中通入二氧化硫饱和后，再加入碳酸钠，隔绝空气结晶制得。常作为还原剂用于食品、印染、织物、医药等领域。

01.1273 亚硫酸氢钠 sodium hydrogen sulfite
化学式为 $NaHSO_3$，白色块状结晶或粉末，溶于水。可向碳酸钠溶液中通入一定量的二氧化硫反应制得。用于医药、造纸、制革化学合成等。

01.1274 亚硫酸铵 ammonium sulfite
化学式为$(NH_4)_2SO_3$，无色结晶，易溶于水。通常用氨水吸收制硫酸尾气中二氧化硫或焚硫烟气中二氧化硫制得。用于医药领域，以及用作照相用还原剂、染料中间体等。

01.1275 亚硫酸氢铵 ammonium bisulfite
化学式为NH_4HSO_3，白色结晶，溶于水。常用氨水吸收制酸尾气制得。用于制造己内酰胺、合成鞣料，以及用作纸浆蒸煮剂等。

01.1276 硫代硫酸钠 sodium thiosulfate
化学式为$Na_2S_2O_3$，无色结晶，溶于水。可由向亚硫酸钠溶液中加入硫磺粉反应制得。用作摄影定影剂、定影粉原料等。

01.1277 硫代硫酸铵 ammonium thiosulfate
化学式为$(NH_4)_2S_2O_3$，白色结晶，溶于水。可由亚硫酸氢铵直接与多硫化铵作用制得。用作照相定影剂、金属清洗剂、电镀液和还原剂等。

01.1278 次硫酸氢钠甲醛 sodium sulfoxylate formaldehyde
化学式为$NaHSO_2 \cdot HCHO \cdot 2H_2O$，白色块状，易溶于水。可由锌粉-二氧化硫-甲醛法制得。用作拔染剂、橡胶添加剂、建筑材料等。

01.1279 硫化汞 mercuric sulfide
化学式为HgS，包括α型和β型结晶，α型为亮红色粉末或块状六角结晶，不溶于水。可由硫化氢通入汞盐溶液制得。用于油漆、油墨、橡胶等的着色。

01.1280 硫化铅 lead sulfide
化学式为PbS，黑色粉末或银灰色立方结晶，溶于酸，不溶于水。可由铅屑与单斜硫反应

制得。用于红外探测器、发光二极管、场效应晶体管和太阳能电池等光电器件中。

01.1281 硫化钴 cobaltous sulfide
化学式为CoS，分为α型和β型，α型为黑色无定形粉末，不溶于水，溶于酸。可由钴硫精矿法制得。用作生产钴和钴盐的原料，以及制氢和加氢脱硫催化剂。

01.1282 硫化银 silver sulfide
化学式为Ag_2S，黑色或灰黑色粉末，不溶于水。可由氧化银与硫反应制得。用于陶瓷及分析试剂。

01.1283 硫化亚铁 ferrous sulfide
化学式为FeS，灰棕色六方结晶性粉末或块状，不溶于水。可由铁屑与硫磺在高温下反应制得。用于造纸、涂料等行业。

01.1284 硫化钙 calcium sulfide
化学式为CaS，黄色至淡黄色粉末，微溶于水。由硫酸钙与焦炭或木屑在高温下反应制得。用作脱毛剂、杀虫剂及制备发光漆、硫脲等。

01.1285 硫化锡 stannic sulfide
化学式为SnS_2，金黄色鳞片状结晶，溶于硫化铵溶液。由锡和硫在碘的存在下直接化合得到。可制成清漆和硝基漆悬浊液，用作具有镀金效果的金色颜料。

01.1286 硫化铵 ammonium sulfide
化学式为$(NH_4)_2S$，黄色晶体，溶于水、乙醇和碱溶液。由氨水与硫化氢作用制得。用作摄影的显色剂、硝酸纤维的脱硝剂等。

01.1287 硫化亚铜 cuprous sulfide
化学式为Cu_2S，黑色晶体，不溶于水。可由铜和硫在高真空、加热条件下制得。用于制备防污涂料、固体润滑剂、催化剂、太阳能电池等。

01.1288　硫氢化钠　sodium hydrosulfide
化学式为 NaHS，无色针状结晶，易潮解、溶于水。用硫化碱溶液（或烧碱溶液）吸收硫化氢气体制得。用于鞣革、选矿、染色等领域。

01.1289　多硫化钠　sodium polysulphide
化学式为 Na_2S_n，黄色粉末，易溶于水。可由氢氧化钠和硫磺加压反应制得。主要用作丁苯胶聚合终止剂。

01.1290　二硫化硒　selenium sulfide
化学式为 SeS_2，亮橙色至红棕色粉末，不溶于水。可由硒粉和硫磺熔融反应制得。用于去除头屑，抑制皮脂溢出，治疗头皮脂溢性皮炎、花斑癣等。

01.1291　二硫化碳　carbon disulfide
化学式为 CS_2，无色或微黄色挥发性液体，不溶于水。可用天然气法或木炭硫磺法制得。用于制造人造丝、杀虫剂、促进剂等，也用作溶剂。

01.1292　三硫化二砷　arsenic trisulfide
化学式为 As_2S_3，黄色或橙黄色粉末，不溶于水。通 H_2S 于 As_2O_3 的盐酸溶液，或将砷和硫共熔制得。用作光电器件材料，高纯物用于硅、锗的反折射薄膜。

01.1293　三硫化二锑　antimony trisulfide
化学式为 Sb_2S_3，黑灰色结晶或黑色疏松粉末，不溶于水。可由硫化氢和三氯化锑反应制得。用于烟火、有色玻璃、颜料等。

01.1294　锌钡白　lithopone
又称"立德粉"。化学式为 $ZnS \cdot BaSO_4$，白色结晶性粉末，不溶于水，是硫化锌与硫酸钡的混合晶体。无机白色颜料，用于油漆、油墨、橡胶等的着色。

01.1295　锌钡黄　zinc barium yellow
主要成分为 ZnS 和 $BaSO_4$，深黄色粉末，不溶于水。用联苯胺黄 G 包覆锌钡白制得。用于涂料、油墨，以及用作无毒着色剂等。

01.1296　锌钡绿　zinc barium green
主要成分为 ZnS 和 $BaSO_4$，翠绿色粉末，不溶于水。用酞菁蓝和偶氮黄颜料包覆锌钡白制得。用于涂料、橡胶着色，可降低成本。

01.1297　锌钡红　zinc barium red
主要成分为 ZnS 和 $BaSO_4$，红色粉末，不溶于水。用红色偶氮颜料包覆锌钡白制得。用于橡胶和部分塑料的着色。

01.1298　硫酸钙晶须　calcium sulfate whisker
化学式为 $CaSO_4$，半水和无水硫酸钙纤维状单晶体。可由水压热法或常压酸化法制得。用作中等强度填充剂、建筑材料等。

01.1299　硫酸铬　chromium sulfate
化学式为 $Cr_2(SO_4)_3$，无水物为桃红色粉末，不溶于水。可由三氧化二铬与硫酸反应制得。用作染料中间体，用于鞣革，制备颜料、墨水等。

01.1300　硫酸铁　ferric sulfate
化学式为 $Fe_2(SO_4)_3$，灰白色或浅黄色粉末，缓慢溶于水。可由硫酸、硫酸亚铁热溶液与氧化剂反应制得。用作净水剂、媒染剂，以及用于农业等领域。

01.1301　硫酸铅　lead sulfate
化学式为 $PbSO_4$，白色晶体，微溶于水，溶于氢氧化钠，有毒。可由氧化铅硫酸法制得。用于制造蓄电池、颜料、铅丹、油漆等。

01.1302　硫酸钠　sodium sulfate
又称"无水芒硝"。化学式为 Na_2SO_4，白色颗粒结晶或粉末，易溶于水。可由（自然）蒸发结晶法、盐湖综合利用法制得。用于造纸、印染、医药及电镀等行业。

01.1303 硫酸锂 lithium sulfate
化学式为 Li_2SO_4，无色晶体，溶于水。可由碳酸锂和硫酸反应制得。用于制药和陶瓷工业。

01.1304 硫酸高铈 ceric sulfate
化学式为 $Ce(SO_4)_2$，深黄色晶体粉末，易溶于冷水。可由二氧化铈溶解于浓硫酸制得。用作定量分析的氧化滴定试剂及有机合成的氧化剂。

01.1305 硫酸钛 titanium (Ⅳ) sulfate
化学式为 $Ti(SO_4)_2$，白色晶体，易潮解，不溶于水、乙醇。由四溴化钛与浓硫酸反应制得，或由草酸氧钛钾与浓硫酸作用而制得。用于制造药物和媒染剂。

01.1306 硫酸汞 mercuric sulfate
化学式为 $HgSO_4$，无色晶体或白色粉末，溶于水，有毒。可由黄氧化汞和硫酸溶液反应制得。用于制备甘汞，以及用作乙炔制备乙醛反应的催化剂。

01.1307 硫酸氢钾 potassium bisulfate
化学式为 $KHSO_4$，无色晶体，易溶于水。可由混合等物质的量的氢氧化钾和硫酸反应制得。分析化学上用其熔融难熔物质，也可清洗白金器皿上的不溶物。

01.1308 硫酸亚汞 mercurous sulfate
化学式为 Hg_2SO_4，白色晶状粉末，不溶于水。可由硝酸亚汞与稀硫酸或硫酸钠反应制得。用作有机合成催化剂、制备标准惠斯通电池等。

01.1309 硫酸铈 cerous sulfate
化学式为 $Ce_2(SO_4)_3$，微红色粉末，溶于水。可用过氧化氢还原硫酸高铈溶液制得。用作苯胺黑的显色剂。

01.1310 硫酸铋 bismuth sulfate
化学式为 $Bi_2(SO_4)_3$，白色针状结晶，遇水分解，溶于盐酸、硝酸。可由氧化铋或氢氧化铋与浓硫酸作用制得。用作药物。

01.1311 硫酸亚铊 thallous sulfate
化学式为 Tl_2SO_4，白色结晶，溶于水，有毒。由金属铊和稀硫酸反应制得。用作杀鼠剂。

01.1312 硫酸镉 cadmium sulfate
化学式为 $CdSO_4$，白色单斜结晶，溶于水。可由金属镉在氧化剂存在下与硫酸反应制得。用于制造镉电池、镉肥及医药、塑料等领域。

01.1313 硫酸亚锡 stannous sulfate
化学式为 $SnSO_4$，白色针状结晶或粉末，易溶于水。可由金属锡与稀硫酸反应制得。用于酸性电镀、电子元件光亮镀锡、媒染剂等。

01.1314 硫酸锌 zinc sulfate
化学式为 $ZnSO_4$，有一水、六水和七水合物。白色结晶或粉末，易溶于水。可由氧化锌和硫酸反应制得。是制造锌钡白和锌盐的主要原料，也用于印染、水处理、医药、饲料、肥料等。

01.1315 硫酸铝 aluminium sulfate
化学式为 $Al_2(SO_4)_3$，有无水物和十八水合物，无水物为无色斜方晶系晶体，十八水合物为无色单斜晶体。由铝土矿和硫酸在加压条件下反应制得。用于造纸、水处理的沉淀剂、絮凝剂等，还用作人造宝石和其他铝盐如铵明矾的原料。

01.1316 硫酸铝钠 aluminium sodium sulfate
又称"钠明矾"。化学式为 $NaAl(SO_4)_2 \cdot 12H_2O$，无色或白色结晶，溶于水。可由硫酸铝与硫酸钠作用制得。用于食品、纺织、陶瓷、水净化等领域。

01.1317 硫酸铝钾 aluminium potassium sulfate
又称"[钾]明矾"。化学式为 $KAl(SO_4)_2 \cdot 12H_2O$，

白色粉末、片状或颗粒，溶于水。可由硫酸与铝矾土矿反应，再与硫酸钾作用制得。用作发酵粉、膨松剂等。

01.1318　硫酸镍铵　nickel ammonium sulfate
化学式为 $(NH_4)_2SO_4 \cdot NiSO_4 \cdot 6H_2O$，蓝绿色结晶，溶于水。将硫酸铵的饱和溶液与硫酸镍的浓溶液混合结晶制得。用于镀镍和作分析试剂等。

01.1319　硫酸铝铵　aluminium ammonium sulfate
又称"铵明矾"。化学式为 $NH_4Al(SO)_4 \cdot 12H_2O$，无色透明结晶，溶于水。由硫酸铝溶液与硫酸铵溶液反应制得。用于水净化、印染、医药、食品等领域。

01.1320　硫酸亚铁铵　ammonium ferrous sulfate
化学式为 $FeSO_4 \cdot (NH_4)_2SO_4 \cdot 6H_2O$，浅蓝绿色透明单斜结晶，溶于水。可由铁屑、硫酸及硫酸铵反应制得。用于医药、电镀铅版镀层等。

01.1321　三碱式硫酸铅　tribasic lead sulfate
化学式为 $3PbO \cdot PbSO_4 \cdot H_2O$，白色粉末，不溶于水，有毒。由可溶性铅盐、硫酸及氢氧化钠反应制得。用作颜料、塑料制品的稳定剂等。

01.1322　碱式硫酸铜　basic cupric sulfate
化学式为 $Cu_2(OH)_2SO_4$，绿色结晶，水中溶解度极小。由硫酸铜和氢氧化钙或氢氧化钠反应制得。用作杀菌剂、杀虫剂等。

01.1323　聚合硫酸铝　polyaluminum sulfate
化学式为 $[Al_2(OH)_m(SO_4)_{3-n/2}]_m$，透明澄清溶液。由一定量硫酸铝与氢氧化钙反应制得。用于各种水质处理及造纸、鞣革、医药、化妆品和精密铸造等领域。

01.1324　聚硅硫酸铝　polysilicate aluminum sulfate
化学式为 $Al_a(OH)_b(SO_4)_c(SiO_x)_d(H_2O)_e$，无色透明溶液。由硫酸铝与硅酸钠和硫酸反应制得。用于替代硫酸铝作为水处理的絮凝剂。

01.1325　聚合硫酸铁　polyferric sulfate
化学式为 $[Fe_2(OH)_n(SO_4)_{3-n/2}]_m$，红褐色液体。可由直接氧化法或催化氧化法制得。用作净水剂，处理饱和水、工业用水、废水、污水等。

01.1326　硫脲　thiourea
化学式为 CN_2H_4S，白色光亮苦味结晶，溶于水。由硫氢化钙与氰氨化钙反应制得。用作医药、燃料、树脂、压塑粉、浮选剂等的原料。

01.06.19　钨钼钛锆钒铌等化合物及其盐

01.1327　钒渣　vanadium bearing slag
对含钒铁水在提钒过程中经氧化吹炼得到的或含钒铁精矿经湿法提钒所得到的含氧化钒的残渣。是冶炼和制取钒合金和金属钒的原料。

01.1328　二硫化钨　tungsten disulfide
化学式为 WS_2，灰黑色、带金属光泽的细小结晶或粉末。可由钨酸和硫磺、炭黑按一定

比例混合后经高温焙烧制得。主要用作石油精炼催化剂，是重要的润滑剂。

01.1329　磷钨酸　phosphotungstic acid
化学式为 $H_3PO_4 \cdot 12WO_3 \cdot xH_2O$，白色或微黄色结晶性粉末。由磷酸和偏钨酸钠反应或磷酸和钨酸钠反应制得。用作分析试剂、媒染剂、丝和皮革的加重剂等，在医药工业用于提取维生素。

01.1330　仲钨酸铵　ammonium paratungstate
化学式为 $5(NH_4)_2O \cdot 12WO_3 \cdot 5H_2O$，白色结晶。可以钨酸、氨水和盐酸为原料制得。用作制造其他钨化合物及金属钨的原料，也可用于制造催化剂。

01.1331　三氧化钨　tungsten trioxide
化学式为 WO_3，黄色粉末。可由盐酸或浓硫酸分解钨酸钙制得。用于制备高熔点合金和硬质合金、钨丝和防火材料等，也可用作陶瓷器的着色剂和有机合成的催化剂。

01.1332　碳化钨　tungsten carbide
化学式为 WC，黑色六方晶系结晶。可由钨粉与炭黑混合加压成型后在氢气流中加热渗碳制得。用作硬质合金生产材料。

01.1333　钨酸　tungstic acid
化学式为 H_2WO_4，黄色粉末。可由仲钨酸铵加硝酸酸化制得。用于制备金属钨，也用作印染助剂、催化剂和润滑剂等。

01.1334　钨酸铵　ammonium tungstate
化学式为 $(NH_4)_6W_7O_{24} \cdot 6H_2O$，无色斜方晶体。由钨酸与氨水作用而制得。用作制造磷钨酸铵及其他钨化合物的原料，也可用于制造金属钨和催化剂。

01.1335　钨酸钙　calcium tungstate
化学式为 $CaWO_4$，白色粉末。可由氢氧化钠分解黑钨矿粉后与氯化钙作用而合成。用作生产其他钨化合物的原料，还用于制造硬质合金、钨丝等；高纯品用作荧光涂料、化学分析试剂等。

01.1336　钨酸钠　sodium tungstate
化学式为 $Na_2WO_4 \cdot 2H_2O$，无色板状晶体。通常采用钨锰铁矿经碱法焙烧共熔后再酸化制得。用于制造金属钨、钨酸及钨酸盐类，还可用作媒染剂、颜料和催化剂等。

01.1337　八钼酸铵　ammonium octamolybdate
化学式为 $(NH_4)_4Mo_8O_{26}$ 或 $(NH_4)_4O_2 \cdot 8MoO_3$，白色结晶性粉末。可由仲钼酸铵加热分解制得。用作聚酯的抑烟剂，以及用于塑料和微量元素肥料等。

01.1338　二硫化钼　molybdenum disulfide
化学式为 MoS_2，银灰色粉末。可由辉钼矿经过浮选后加入浓盐酸、氢氟酸酸浸除杂制得。用于制造钼化合物、干式润滑剂及润滑添加剂等。

01.1339　二钼酸铵　ammonium dimolybdate
化学式为 $(NH_4)_2Mo_2O_7$，白色晶体。可由钼酸铵溶液经过蒸发结晶制得。用作染料、颜料、催化剂、防火剂、微量元素肥料、陶瓷色料及其他化合物的原料。

01.1340　二氧化钼　molybdenum dioxide
化学式为 MoO_2，深褐色结晶性粉末，带有金属光泽。可由一氧化碳或氢气加热还原钼酸盐制得。可用作制取钼及其他钼化合物的原料，还可用于制药、有机合成。

01.1341　磷钼酸　phosphomolybdic acid
化学式为 $H_3PO_4 \cdot 12MoO_3$，黄色菱形结晶或结晶性粉末。可以三氧化钼和磷酸为原料经溶解煮沸再蒸发结晶制得。主要用作催化剂、缓蚀剂、润滑剂等。

01.1342　六氟化钼　molybdenum fluoride
化学式为 MoF_6，白色立方结晶。可由金属钼与氟气在 $250 \sim 300°C$ 直接进行氟化合成制得。用作强氧化剂，以及用于成膜材料和离子掺杂。

01.1343　钼酸　molybdic acid
化学式为 $H_2MoO_4 \cdot H_2O$，白色或柠檬黄色透明柱状晶体。可由硝酸酸化钼酸盐溶液制得。主要用于制取其他钼化合物、催化剂、颜料等。

01.1344 七钼酸铵 ammonium heptamolybdate
又称"仲钼酸铵"。化学式为$(NH_4)_6Mo_7O_{24}\cdot 4H_2O$，白色或浅黄色粉末。可由辉钼精矿氧化焙烧脱硫后用氨水浸取制得。用于制备钼、钼催化剂及颜料和染料等。

01.1345 钼酸钡 barium molybdate
化学式为$BaMoO_4$，白色或浅绿色粉末或块状物。可由钼酸钠或钼酸铵溶液与氯化钡发生复分解反应制得。主要用于石脑油的精制及搪瓷产品的黏着。

01.1346 钼酸锂 lithium molybdate
化学式为Li_2MoO_4，白色粉末。可由钼酸钠与碳酸锂或氢氧化锂发生复分解反应制得。用作缓蚀剂；石油裂化催化剂、金属陶瓷复合材料和电阻器材料的组分；非溶液型锂电池的阴极材料。

01.1347 钼酸钠 sodium molybdate
化学式为Na_2MoO_4，白色菱形结晶体。可通过钼精矿氧化焙烧生成三氧化钼，用液碱浸取制得。主要用作缓蚀剂、清洗剂；制备其他钼盐和钼肥等。

01.1348 钼酸铅 lead molybdate
化学式为$PbMoO_4$，白色四方晶系晶体。可由硝酸铅与钼酸钠发生复分解反应制得。用于制造声光器件、激光雷达、光存储器等。

01.1349 钼酸锌 zinc molybdate
化学式为$ZnMoO_4$，白色粉末。可由三氧化钼与氧化锌加热制得。广泛用于底漆、面漆和地面结合的漆，其中包括水性漆，以及白色无毒防锈颜料。

01.1350 三氧化钼 molybdenum trioxide
化学式为MoO_3，略带浅绿色的白色粉末。工业上由钼精矿氧化焙烧制得。是制取金属钼及钼化合物的原料，石油工业中用作催化剂，还可用于搪瓷釉料及生物试剂等。

01.1351 四钼酸铵 ammonium tetramolybdate
化学式为$(NH_4)_2Mo_4O_{13}\cdot 2H_2O$，白色或微黄色结晶性粉末。将辉钼精矿用反射炉或多膛炉等进行氧化焙烧，再用氨水浸取制得。用于生产石油精炼催化剂、化肥催化剂等。

01.1352 五氯化钼 molybdenum pentachloride
化学式为$MoCl_5$，黑紫色针状结晶。可由三氧化钼与四氯化碳反应制得。主要用作催化剂、阻燃剂和抑烟剂，以及制备高纯钼等。

01.1353 氮化钛 titanium nitride
化学式为TiN，金黄色结晶性粉末。可由金属钛在氮气气流中并在高温条件下直接合成。用作粉末冶金、精细陶瓷原料粉、导电材料及装饰材料等。

01.1354 二氯化钛 titanium dichloride
化学式为$TiCl_2$，黑色，六方晶系颗粒。可用$TiCl_4$和H_2、Na、Mg、Ti等加热反应或用$TiCl_3$热解制备。有强还原性，用于制备金属Ti、TiO_2和$TiCl_4$等。

01.1355 二氧化钛 titanium dioxide
俗称"钛白粉"。化学式为TiO_2，白色粉末。有板钛型、锐钛型、金红石型三种晶型。生产方法主要分为硫酸法和氯化法。用于塑料、涂料、造纸及催化材料、抗菌材料、化妆品等行业。

01.1356 硫酸氧钛 titanyl sulfate
化学式为$TiOSO_4$，白色或稍带黄色粉末。可以偏钛酸和硫酸为原料制备。用作纤维织物媒染剂、化学工业的催化剂，在电镀工业用于无铬钝化。

01.1357 氯化铝钛 titanium aluminium chloride
化学式为Ti_3AlCl_{12}，三氯化钛(III)-三氯化铝(III)混合体。由铝与过量的四氯化钛在反应干燥器内，在常压和沸点温度下进行反应制得。用作丙烯聚合的主催化剂。

01.1358 三氟化钛 titanium trifluoride

化学式为 TiF_3，紫红或紫色晶体。在氢气气流中加热干燥的氟钛酸钾制得。主要用于制备钛氟玻璃等。

01.1359 三氯化钛 titanium trichloride

化学式为 $TiCl_3$，深紫色结晶。以四氯化钛为原料，以氢气、铝粉或烷基铝等为还原剂制得。用作分析试剂及还原剂、烯烃聚合催化剂等。

01.1360 偏钛酸 metatitanic acid

化学式为 H_2TiO_3，白色粉末。可由钛铁矿粉用浓硫酸酸解生成的硫酸氧钛再经水解制得。用于制备纯硫酸氧钛，也可用作化学纤维的消光剂、催化剂和海水中铀的吸附剂。

01.1361 四氟化钛 titanic tetrafluoride

化学式为 TiF_4，白色粉末。由四氯化钛或海绵钛与氟化氢或元素氟进行氟化制得。用于成膜材料及离子注入掺杂；在电子工业用于化学气体沉积，制备低电阻、高熔点的互连线。

01.1362 四氯化钛 titanium tetrachloride

化学式为 $TiCl_4$，无色或微黄色透明液体。由高钛渣与石油焦按一定配比混合后通入氯气氯化制得。用作制取海绵钛和氯化法钛白的主要原料，也可用作催化剂、烟幕剂、有机物溶剂。

01.1363 钛酸钾 potassium titanate

化学式为 K_2TiO_3，白色或微黄色粉末。等物质的量的二氧化钛和碳酸钾高温混合研磨制得。在电焊条行业用作焊药；也可用作导电材料、绝热材料等。

01.1364 钛酸铅 lead titanate

化学式为 $PbTiO_3$，四方黄色晶体。可以乙酸、钛酸四丁酯为原料，以甲醇或乙醇为溶剂，以氨水为沉淀剂，过氧化氢为氧化剂，采用共沉淀法制得。用作油漆、珐琅等的颜料，用于制备复合电子陶瓷等。

01.1365 钛酸锶 strontium titanate

化学式为 $SrTiO_3$，白色立方晶体。可由碳酸锶和二氧化钛混合研磨、成型、高温煅烧制得。是电子工业的重要原料，还可用于陶瓷、光学材料及人造宝石等。

01.1366 碳氮化钛 titanium carbonitride

化学式为 $TiCN$，黑色结晶性粉末。可由二氧化钛与炭粉按比例混合后在氮气气流中加热制得。用于制造切削刀具、金属陶瓷制品，还可用作熔融盐电解的电极和电触头等导电材料。

01.1367 碳化钛 titanium carbide

化学式为 TiC，黑灰色或灰白色有金属光泽的结晶性粉末。可用炭黑还原二氧化钛或海绵钛制得。主要用作切削、研磨材料和研磨剂，还可用作精细陶瓷原料粉、人造骨骼材料等。

01.1368 氧氯化锆 zirconium oxychloride

化学式为 $ZrOCl_2$，一般为八水合物，白色针状或丝状结晶。可由锆英石与烧碱熔融，漂洗、除硅后与硫酸作用，再加氨水沉淀后用盐酸酸解制得。用作制备二氧化锆的原料、橡胶添加剂、涂料干燥剂等。

01.1369 二氧化锆 zirconium dioxide

化学式为 ZrO_2，白色无定形粉末。可由锆英石与烧碱熔融，热水浸出后用硫酸处理，加氨水沉淀后用盐酸溶解制得。主要用于压电陶瓷制品、日用陶瓷、耐火材料等。

01.1370 锆酸铝陶瓷 aluminium zirconate ceramic

化学式为 $Al_2O_3 \cdot 3ZrO_2$，白色粉末。可由三

氯化铝和四氟化锆气体混合物在氩-氧等离子流中气相混合制得。用于冷耐磨工具及切削工具。

01.1371　锆酸铝纤维　aluminium zirconate fiber
化学式为 $Al_2O_3 \cdot 3ZrO_2$。是锆铝有机金属化合物聚合并纺成丝再经高温裂解得到的无机氧化物纤维。用作陶瓷基及金属基复合材料的增强纤维。

01.1372　锆酸钠　sodium zirconate
化学式为 Na_2ZrO_3，灰绿色疏松状或块状物，纯品为白色粉末。可由锆英石和烧碱按一定比例碱熔后烧结制得。用作制备锆化合物的原料，也用作高温陶瓷颜料、白色皮革的鞣革剂等。

01.1373　碱式碳酸锆　zirconium basic carbonate
化学式为 $ZrOCO_3 \cdot nH_2O$，白色固体粉末，不溶于水、醇，可溶于部分碱溶液。可以锆英石、纯碱、盐酸或硫酸为原料制备。用于制备锆、碳酸锆，也用于造纸、纺织及化妆品行业。

01.1374　硫酸锆　zirconium sulfate
化学式为 $Zr(SO_4)_2 \cdot 4H_2O$，六角板状白色结晶性粉末。可以锆英石、纯碱、硫酸为原料制备。用作白色皮革鞣革剂、润滑剂、催化剂载体等。

01.1375　硫酸锆钠复盐　sodium zirconium sulfate compound salt
化学式为 $Zr(SO_4)_2 \cdot Na_2SO_4 \cdot 4H_2O$，白色结晶。可由锆英石与纯碱在高温下烧结后得到的锆酸钠再与硫酸反应制得。在制革工业中用作鞣革剂，也用于制备其他锆盐。

01.1376　氢氧化锆　zirconium hydroxide
化学式为 $Zr(OH)_4$，白色无定形粉末。可以氧氯化锆和氨水为原料制备。主要用于制备锆及锆化合物，也用作塑料、橡胶、离子交换树脂等行业的填充剂、催化剂、除臭剂及颜料等。

01.1377　碳化锆　zirconium carbide
化学式为 ZrC，暗灰色有金属光泽的立方晶体。可由在电弧炉中用碳还原锆英石制得。用作火箭发动机中固体推进剂的一种原料；用于生产合金钢；也是生产金属锆和四氯化锆的原料等。

01.1378　碳酸锆　zirconium carbonate
化学式为 $Zr(CO_3)_2$，白色固体粉末。用碳酸盐采用分步液相沉积法从锆盐的水溶液中直接沉积制得。是一种化工中间体。用作生产高档油漆、高级涂料及纤维的处理剂。

01.1379　二氧化钒　vanadium dioxide
化学式为 VO_2，深蓝色晶体粉末，单斜晶系结构。可由碳、一氧化碳或草酸还原五氧化二钒制得。用作玻璃、陶瓷着色剂；在光器件、电子装置和光电设备中具有广泛的应用潜力。

01.1380　钒酸钇晶体　yttrium vanadate crystal
化学式为 YVO_4，无色透明正单轴晶体。将钒酸钇放入坩埚内加热熔融制得。是一种性能优良的双折射光学晶体材料，主要用于光纤通信的隔离器、环行器和分束器等。

01.1381　硫酸氧钒　vanadyl sulfate
化学式为 $VOSO_4 \cdot 2H_2O$，蓝色结晶性粉末。将五氧化二钒溶于硫酸中进行阴极还原制得。用作媒染剂、催化还原剂及陶瓷、玻璃的着色剂。

01.1382　偏钒酸铵　ammonium metavanadate
化学式为 NH_4VO_3，白色或略带淡黄色的结晶性粉末。可由偏钒酸钠与氯化铵发生复分解反应制得。主要用作化学试剂和催化剂、催干剂、媒染剂等，也可用于制备五氧化二钒。

01.1383　偏钒酸钾　potassium metavanadate
化学式为 KVO_3，无色无味晶体状粉末。将五氧化二钒溶于氢氧化钾水溶液中结晶制得。主要用作催化剂、媒染剂、分析试剂等。

01.1384　偏钒酸钠　sodium metavanadate
化学式为 $NaVO_3$，无色或黄褐色单斜结晶。将五氧化二钒溶于氢氧化钠溶液中结晶制得。可用于制备化肥、煤气脱硫、照相材料等，也可用作媒染剂等。

01.1385　三氯化钒　vanadium trichloride
化学式为 VCl_3，紫红色固体。由四氯化钒热分解，或将三氧化二钒与二氯化二硫作用均可制得。用于制备强还原剂，以及用作有机合成的催化剂、检验鸦片的试剂。

01.1386　三氧化二钒　vanadium trioxide
化学式为 V_2O_3，灰黑色结晶或粉末。可由氢、碳或一氧化碳还原五氧化二钒制得。用于玻璃、陶瓷中作染色剂。

01.1387　碳化钒　vanadium carbide
化学式为 VC，黑色立方结晶。将五氧化二钒与炭粉充分混合后在高真空、高温下进行还原反应得到。用作硬质合金添加剂、耐高温涂料等。

01.1388　五氧化二钒　vanadium pentoxide
化学式为 V_2O_5，黄红色结晶性粉末。可由偏钒酸钠溶液在加热搅拌下加入硫酸中和制得。广泛用于冶金、化工等行业，主要用于冶炼钒铁，用作催化剂、着色剂、缓蚀剂等。

01.1389　铌酸锂晶体　lithium niobate crystal
化学式为 $LiNbO_3$，属三方晶系。是一种重要的人工合成多功能压电、铁电和电光晶体。将碳酸锂和五氧化二铌放入铂金坩埚中，沿(001)方向生长晶体制备铌酸锂铁电晶体。用于微波技术、全息记录介质、相位调解器、大规模集成光学系统等。

01.1390　碳化铌　niobium carbide
化学式为 NbC，有金属光泽的绿色立方结晶。工业上通常以五氧化二铌和炭黑为原料制备碳化铌。用作碳化物硬质合金添加剂，也可用于紫色人造宝石。

01.1391　五氧化二铌　niobium pentoxide
化学式为 Nb_2O_5，白色粉末。将铌料或粗五氧化二铌经硝酸和氢氟酸混合液溶解，用氨水沉淀制得。用于制造特种光学玻璃、电容器及压电陶瓷元件，制备铌及其化合物，还用作催化剂等。

01.1392　碳化钽　tantalum carbide
化学式为 TaC，浅棕色金属状立方结晶性粉末。可以五氧化二钽和炭黑为原料制备。用于粉末冶金、切削工具、精细陶瓷、化学气相沉积、硬质耐磨合金添加剂等领域和行业。

01.1393　五氟化钽　tantalum pentafluoride
化学式为 TaF_5，易挥发、吸潮、白色的单斜晶系结晶。可通过氟化金属钽制得。用于钽的化学气相沉积和离子掺杂，以及用作有机物合成催化剂。

01.1394　五氧化二钽　tantalum pentoxide
化学式为 Ta_2O_5，白色无色结晶性粉末。将金属钽片溶于硝酸、氢氟酸混酸中，用氨水沉淀制得。供拉制钽酸锂单晶和制造高折射低色散特种光学玻璃用，化学工业中可作催化剂。

01.06.20　过氧化物

01.1395　蒽醌法　anthraquinone route
全称"蒽醌衍生物自动氧化法（automatic oxidation of anthraquinone derivative）"。生产过氧化氢的主要方法。其工艺为烷基蒽醌衍生物溶解于有机溶剂中，在催化剂存在下与氢气作用，再经氧化、萃取、精制、浓缩得到产品。

01.1396　过氧化氢　hydrogen peroxide
俗称"双氧水"。化学式为 H_2O_2，为无色透明液体。可由蒽醌衍生物自动氧化制得。用作氧化剂、漂白剂、消毒剂、脱氯剂等。

01.1397　过氧化锂　lithium peroxide
化学式为 Li_2O_2，白色细粉末或黄色颗粒，有一定吸水性。可由氢氧化锂与过氧化氢反应制得。用作氧化剂等。

01.1398　过氧化钠　sodium peroxide
化学式为 Na_2O_2，微黄色粉末，属一级氧化剂，易吸潮。可由空气连续氧化金属钠制得。用作供氧剂、漂白剂、氧化剂等。

01.1399　过氧化钙　calcium peroxide
化学式为 CaO_2，白色四方结晶性粉末，工业品为淡黄色。将氯化钙溶于水中，在搅拌下加入过氧化氢，再加入氨水进行反应，经冷却、分离、干燥制得。用于防腐、油类漂白、杀菌等。

01.1400　过氧化锶　strontium peroxide
化学式为 SrO_2，白色粉末。可由氧化锶在空气中氧化制得。用作分析试剂、氧化剂、漂白剂等。

01.1401　过氧化锌　zinc peroxide
化学式为 ZnO_2，白色至微黄色的粉末，属一级氧化剂。可由过氧化钡和硫酸锌溶液反应制得。主要用作硫化促进剂和制造化妆品等。

01.1402　过碳酸钠　sodium percarbonate
又称"固体双氧水（solid hydrogen peroxide）"。化学式为 $2Na_2CO_3 \cdot 3H_2O_2$，白色结晶性粉末或颗粒，属一级氧化剂，有较强的腐蚀性，热敏性物质，有吸湿性。可由过氧化氢水溶液与饱和碳酸钠溶液反应，再经结晶、分离、干燥制得。用作漂白剂、洗涤助剂等。

01.1403　超氧化钾　potassium superoxide
化学式为 KO_2，黄色立方晶系结晶体，属一级氧化剂，吸湿性极强，与水激烈反应。可由金属钾与除去油、水和二氧化碳的压缩空气反应制得。用作人工氧源等。

01.1404　超氧化钠　sodium superoxide
化学式为 NaO_2，浅黄色或橙黄色颗粒状固体，属一级氧化剂，强腐蚀性，吸潮或遇水后摩擦易燃烧或爆炸。可由金属钠溶于液氨中与氧气作用制得。主要用作供氧剂。

01.1405　过硫酸钠　sodium persulfate
化学式为 $Na_2S_2O_8$，白色结晶或粉末。可由过硫酸铵与硫酸钠和硫酸反应制得。主要用作氧化剂、电池去极化剂等。

01.1406　过氧化钾　potassium peroxide
化学式为 K_2O_2，金黄色立方片状体，属一级氧化剂，吸湿性强。可由空气氧化熔融金属钾制得。主要用作生氧剂和空气再生剂。

01.1407　过氧化铅　lead peroxide
化学式为 PbO_2，棕褐色结晶或粉末，见光分解。可由漂白粉与氢氧化铅溶液反应制得。用于电池和制药工业等。

01.06.21　氢氧化物

01.1408　一水氢氧化锂　lithium hydroxide monohydrate
化学式为 $LiOH \cdot H_2O$，白色单斜结晶。具有强碱性和腐蚀性。由锂辉石与石灰经烧结反应制得。主要用于锂基润滑脂、碱性电池等行业。

01.1409　氢氧化钾　potassium hydroxide
化学式为 KOH，白色斜方结晶。有强碱性，腐蚀性强。由氯化钾电解制得。主要用于钾盐的生产，还用于医药、轻工等行业。

01.1410　氢氧化铝　aluminium hydroxide
化学式为 $Al(OH)_3$，白色单斜结晶性粉末。可以铝土矿和氢氧化钠为原料制得。主要用于制造铝盐，还用作阻燃剂、催化剂载体和牙膏摩擦剂。

01.1411　氢氧化钙　calcium hydroxide
俗称"熟石灰"。化学式为 $Ca(OH)_2$，白色粉末。具有碱性和腐蚀性。由氧化钙与水反应制得。主要用于制造漂白粉、烟气脱硫等环保领域。

01.1412　氢氧化钴　cobaltous hydroxide
化学式为 $Co(OH)_2$，玫瑰红色斜方晶系晶体或粉末。以金属钴或含钴原料、盐酸、氢氧化钠反应制得。用于制备钴化合物及玻璃、搪瓷着色等。

01.1413　氢氧化镍　nickel hydroxide
化学式为 $Ni(OH)_2$，浅绿色结晶性粉末。可以硫酸镍和氢氧化钠为原料制得。用于镍镉和镍氢电池正极，制备镍盐和镀镍，也用作氧化催化剂。

01.1414　氢氧化铜　cupric hydroxide
化学式为 $Cu(OH)_2$，蓝色或淡蓝绿色凝胶或淡蓝色结晶性粉末。可由可溶性铜盐与碱作用制得。用于制备铜盐，也用作农用杀虫剂。

01.1415　氢氧化锌　zinc hydroxide
化学式为 $Zn(OH)_2$，白色或浅黄色粉末。属两性氢氧化物。可由硝酸锌和氢氧化钾发生中和反应制得。用于制备锌盐，也用作医药和橡胶行业。

01.1416　氢氧化铵　ammonium hydroxide
俗称"氨水"。化学式为 NH_4OH，极易挥发，有刺鼻气味，呈弱碱性。用水吸收氨气生成的无色透明液体。用于制备铵盐，主要用作肥料。

01.1417　氢氧化铁　ferric hydroxide
化学式为 $Fe(OH)_3$，红棕色无定形粉末或凝胶体。可由硝酸铁或氯化铁与氨水反应制得。用于制备颜料及药物，还可用作净水剂等。

01.1418　氢氧化铈　ceric hydroxide
化学式为 $Ce(OH)_2$，白色固体或胶状沉淀物。可由稀土矿经溶剂萃取制得。主要用于玻璃、冶金、电镀工业，还可用作汽车尾气催化剂、制造高铈化合物。

01.1419　氢氧化镉　cadmium hydroxide
化学式为 $Cd(OH)_2$，白色无定形粉末或六方结晶。可由氯化镉和氢氧化铵发生中和反应制得。用作镍镉蓄电池去极剂，以及用于金属表面处理。

01.1420　氢氧化锶　strontium hydroxide
化学式为 $Sr(OH)_2$ 和 $Sr(OH)_2 \cdot 8H_2O$，无色易潮解透明结晶或白色粉末。可由硝酸锶和氢氧化钾发生中和反应制得。用于制备锶盐和锶润滑蜡，也用于从糖蜜中分离蔗糖及制备甜菜糖精。

01.1421　氢氧化锰　manganese hydroxide
化学式为 $Mn(OH)_2$，白色晶体。可由二氧化锰、浓硫酸、氢氧化钠反应制得。可用于陶瓷颜料，废水处理，制备其他锰化合物，以及用作油漆催干剂。

01.1422　氢氧化铅　lead hydroxide
化学式为 $Pd(OH)_2$，白色无定形粉末。将碱加入铅盐溶液中制得。用于制备各种铅盐。

01.1423　氢氧化铯　cesium hydroxide
化学式为 CsOH 和 $CsOH \cdot H_2O$，灰白色固体或乳白色颗粒。可由硫酸铯与氢氧化钠反应制得。用于制备金属铯和铯盐，还用于电解蓄电池、石油钻井中。

01.1424 氢氧化镧 lanthanum hydroxide
化学式为 $La(OH)_3$，白色粉末，具有强碱性。由镧盐与碱性氢氧化物反应制得。用于玻璃、陶瓷、电子工业，也用于磁性材料及生产镧盐。

01.1425 氢氧化铟 indium hydroxide
化学式为 $In(OH)_3$，白色粉末或白色胶质沉淀。由金属铟与盐酸反应生成三氯化铟，再与氨水反应制得。用于制备铟的氧化物，也用于电池、玻璃、陶瓷等的制备。

01.1426 氢氧化钍 thorium hydroxide
化学式为 $Th(OH)_4$，白色固体粉末或白色凝胶状沉淀，具有放射性。由硝酸钍、草酸、氢氧化钠反应制得。主要用于制备氟化钍和核燃料工业。

01.1427 合成水滑石 synthetic hydrotalcite
化学式为 $Mg_6Al_2(OH)_{16}CO_3 \cdot 4H_2O$，是氢氧化铝镁碳酸盐水合物，白色粉末。可由镁盐、铝盐与碳酸盐反应制得。用作医药制酸剂、阻燃助剂等。

01.06.22　氧　化　物

01.1428 氧化铝 aluminium oxide
化学式为 Al_2O_3，白色或微红色结晶性粉末。主要有 α-Al_2O_3、β-Al_2O_3 和 γ-Al_2O_3 三种晶型，两性氧化物。由氢氧化铝加热脱水制得。主要用于制备金属铝，也是制备刚玉、陶瓷、耐火材料和其他品种氧化铝的原料。

01.1429 活性氧化铝 activated alumina
化学式为 Al_2O_3，白色球状或圆柱状多孔性物质。主要晶相为 γ-Al_2O_3。具有多孔性、高分散性，比表面积大、活性高。可由氢氧化铝、氢氧化钠和硝酸反应制得。用作吸附剂、干燥剂、催化剂及其载体。

01.1430 高纯氧化铝 high-purity alumina
化学式为 Al_2O_3，纯度达 99.99% 的白色微细结晶性粉末。主要晶相为 α-Al_2O_3。可由硫酸铝铵热解制得。主要用于精细陶瓷、催化剂及其载体的制备，单晶用于制造红（蓝）宝石。

01.1431 氧化铝溶胶 alumina sol
化学式为 $[Al_2(OH)_nX_{6-n}]_m$，乳白或微黄色粒状或糊状物。有黏结性、增稠性和触变性。由铝盐与氨水发生中和反应制得。主要用作

无机纤维和黏结剂等。

01.1432 三氧化二锑 antimony trioxide
又称"锑白（antimony white）"。化学式为 Sb_2O_3，白色晶状粉末，两性氧化物。可由辉锑矿焙烧氧化生成。主要用于油漆、玻璃、搪瓷，还用作催化剂、阻燃剂。

01.1433 三氧化二铋 bismuth trioxide
化学式为 Bi_2O_3，黄色重质粉末或结晶体，分 α、β、γ 三种晶型。可由金属铋和硝酸反应再经煅烧制得。主要用作着色剂、催化剂，也用于制备金属铋和铋系氧化物等。

01.1434 氧化镉 cadmium oxide
化学式为 CdO，棕红色至棕黑色无定形粉末或立方结晶，剧毒。由含镉原料与硫酸反应再经过置换氧化后制得。主要用于电镀、颜料、电池工业。

01.1435 氧化钙 calcium oxide
又称"生石灰（quick lime）"。化学式为 CaO，白色或淡黄色、淡灰色晶体或粉末。可由石灰石经高温煅烧制得。主要用作建筑材料和干燥剂，还可用于耐火材料、医药等。

01.1436　三氧化二钴　cobaltic oxide
化学式为 Co_2O_3，黑色或黑灰色六方或斜方晶系粉末。可以金属钴、硫酸、氢氧化钠为原料反应制得。主要用作磁性材料和陶瓷工业，也用于制备钴盐。

01.1437　氧化钴　cobaltous oxide
化学式为 CoO，灰绿色或黑灰色结晶性粉末。可由钴粉在氧气或空气中氧化制得。主要用于油漆颜料、陶瓷釉料和电池行业，还用作催化剂和氧化剂。

01.1438　氧化铜　cupric oxide
化学式为 CuO，黑色至棕黑色无定形粉末或单斜晶系结晶。可由含铜原料氧化制得。主要用作玻璃、搪瓷、陶瓷工业的着色剂，还用于铜盐和人造宝石的制造。

01.1439　氧化亚铜　cuprous oxide
化学式为 Cu_2O，红色或暗红色结晶性粉末。可由铜粉与氧化铜焙烧制得。主要用作杀虫剂，还用于制造船用涂料及其他铜盐。

01.1440　氧化锗　germanium dioxide
化学式为 GeO_2，白色粉末或无色晶体。可由硫化锗煅烧制得。用于制备金属锗，也是制备特种玻璃、磷光材料和催化剂等的原料。

01.1441　四氧化三铁　ferroferric oxide
又称"氧化铁黑"。化学式为 Fe_3O_4 或 $Fe_2O_3 \cdot FeO$，黑色或黑红色粉末。可由三氧化二铁和氢氧化亚铁合成制得。用于颜料和涂料，还用于医药、磁性材料。

01.1442　氧化铁棕　iron oxide brown
化学式为$(Fe_2O_3 + FeO) \cdot nH_2O$，棕色粉末。可由硫酸亚铁与碳酸钠反应制得。用于涂料、油漆、油墨、塑料、建筑、橡胶、鞋粉及医药制剂的着色。

01.1443　氧化铁红　iron oxide red
化学式为 Fe_2O_3，橙红至紫红色的三方晶系粉末。可以硫酸亚铁或硫酸铁为原料，采用先制备硫酸晶种后氧化的湿法工艺制得。用作无机颜料、磁性材料、抛光研磨材料等。

01.1444　透明氧化铁红　transparent iron oxide red
化学式为 $\alpha\text{-}Fe_2O_3$，三方晶系结构的红色透明粉末。可由透明氧化铁黄经过高温煅烧制得。主要用于油漆、油墨和塑料着色。

01.1445　氧化铁黄　iron oxide yellow
化学式为 $Fe_2O_3 \cdot H_2O$，柠檬黄至褐色的粉末。可由硫酸亚铁和铁皮反应制得。主要用于油漆、橡胶、造纸、医药的着色，也是氧化铁系颜料的中间体。

01.1446　云母氧化铁　iron oxide micaceous
化学式为 $\alpha\text{-}Fe_2O_3$，黑紫色薄片状结晶性粉末。由云母赤铁矿石经湿球磨过筛制得。用作防锈颜料时性能优于氧化铁红，还用于不透水和防护性能强的底漆和面漆。

01.1447　一氧化铅　lead monoxide
化学式为 PbO，红色立方晶体或黄色结晶性粉末。可由金属铅锭经高温焙烧氧化制得。主要用于颜料，还用作稳定剂、催干剂、黏合剂及助熔剂。

01.1448　二氧化铅　lead dioxide
化学式为 PbO_2，棕褐色结晶性粉末。可由铅盐经电解制得。主要用于染料、焰火及橡胶的制造，还用于制备二氧化铅阳极。

01.1449　四氧化三铅　lead tetraoxide
俗称"红丹（red lead）"。化学式为 Pb_3O_4，鲜红色重质粉末或鳞状体晶体。可由一氧化铅在空气中加热制得。主要用作油漆颜料，还用于玻璃、防锈涂料的制备。

01.1450 氧化汞 mercuric oxide
化学式为 HgO，黄色至橙黄色无定形粉末，再加热可得到亮红色或橙红色结晶性粉末。剧毒。可由氯化汞与氢氧化钠反应制得。主要用作颜料和氧化剂。

01.1451 一氧化镍 nickel monoxide
化学式为 NiO，绿色至黑绿色立方晶系粉末。可由金属镍粉经空气氧化制得。用作着色剂、催化剂，还用于制备镍盐及磁性材料。

01.1452 三氧化二镍 nickel sesquioxide
化学式为 Ni_2O_3，黑色有光泽的块状物或灰黑色粉末。由碳酸镍煅烧制得。主要用作着色颜料和磁性材料，也用于镍粉制备。

01.1453 四氧化锇 osmium tetroxide
化学式为 OsO_4，白色或浅黄色单斜结晶，易升华挥发。可由金属锇粉末与氧气反应制得。主要用作有机合成的催化剂、氧化剂。

01.1454 二氧化钌 ruthenium dioxide
化学式为 RuO_2，黑色粉末。可用氧气氧化金属钌粉制得。用于电子工业中厚膜电阻材料、电位器组件，也用作化学试剂。

01.1455 二氧化硒 selenium dioxide
化学式为 SeO_2，白色有光泽针状结晶，剧毒。可由硒粉和氧气反应制得。主要用于电解锰工业、饲料、有机合成中的氧化剂和催化剂，还用于制备硒化合物。

01.1456 氧化银 silver oxide
化学式为 Ag_2O，褐色立方结晶或棕黑色重质粉末。可由硝酸银与氢氧化钠反应制得。主要用作有机合成催化剂、氧化剂，还用作防腐剂、电子器件材料、玻璃着色剂及研磨剂。

01.1457 二氧化锡 tin dioxide
化学式为 SnO_2，白色或灰白色四方系晶体。可由金属锡在空气中燃烧制得。主要用作陶瓷釉料和颜料，还用于电极材料、阻燃剂和锡盐的制备。

01.1458 氧化锶 strontium oxide
化学式为 SrO，白色至灰色结晶性粉末。可由锶盐分解制得。主要用于制备焰火、颜料、涂料、玻璃，以及用于医药工业。

01.1459 氧化锌 zinc oxide
化学式为 ZnO，白色六角晶系结晶或粉末。可由金属锌锭与热空气氧化制得。主要用于橡胶、涂料、电子、化妆品及饲料工业等。

01.1460 活性氧化锌 activated zinc oxide
化学式为 ZnO，白色或微黄色微细粉末。可由含氧化锌的原料与硫酸反应后，再加纯碱，经热分解制得。比表面积大，化学活性高。主要用作橡胶或电缆的补强剂，也用作天然橡胶的硫化剂、活化剂。

01.1461 纳米氧化锌 nano-zinc oxide
化学式为 ZnO，白色或微黄色粉末，粒径 1～100nm。可由尿素与硝酸锌发生水解反应后再加热分解制得。主要用于橡胶、涂料行业，还用于化纤纺织、化妆品行业。

01.1462 氧化铝干燥剂 alumina desiccant
化学式为 $Al_2O_3 \cdot nH_2O$（$n<1$），白色或微红色球形颗粒。具有很多毛细孔道，比表面积大，吸附容量高，容易再生。由氢氧化铝加热快速脱水活化制得的 x-氧化铝和 ρ-氧化铝混合物。主要用于气相、液相物质的干燥。

01.1463 氧化铝载体 aluminum oxide carrier
化学式为 Al_2O_3，白色或微红色小球。可由氢氧化铝经喷雾干燥制得。分为低、中和高比表面积载体。在石化工业中用作催化剂和催化剂载体。

01.1464　氧化铝纤维　alumina fiber

主要成分为氧化铝的多晶质无机纤维，化学式为 $Al_2O_3 \cdot SiO_2$。以有机铝化合物为原料，经聚合、纺丝再煅烧制得。用作金属增强纤维，还可用于窑炉衬里、密封材料、填充材料及电子组件等。

01.1465　氧化铍　beryllium oxide

化学式为 BeO，白色无定形粉末或胶状固体。可由高纯碳酸铍经煅烧制得。具有陶瓷的绝缘性能和金属的导热性能。用于散热器件、电真空器件、混合集成电路、半导体器件及高温耐熔材料等。

01.1466　氧化镓　gallium oxide

全称"三氧化二镓（gallium sesquioxide）"。化学式为 Ga_2O_3，白色三角形结晶颗粒或粉末。可由金属镓燃烧制得。主要用作半导体材料，制备镓基半导体绝缘层、超高压功率器件、日盲光电器件等，也用作分析试剂、催化剂、荧光剂。

01.1467　三氧化二金　gold trioxide

化学式为 Au_2O_3，棕黑色或棕色粉末。由四氯合金酸盐与氢氧化钠反应再经加热分解制得，为两性氧化物。用于镀金、瓷器上釉等。

01.1468　氧化铪　hafnium oxide

化学式为 HfO_2，白色立方晶体。可由铪的氢氧化物热解制得，为两性氧化物。具有抗磁性。用于介电涂层的气相沉积，制备耐磨薄膜等，还用于制备原子能海绵铪。

01.1469　三氧化二铟　indium oxide

化学式为 In_2O_3，白色或浅黄色三角系晶体。可由金属铟在空气中燃烧制得。是一种新型透明半导体功能材料，用于金属反射镜面的保护涂层、光电显示半导体薄膜，也用于制造铟盐、玻璃。

01.1470　氧化钪　scandium oxide

化学式为 Sc_2O_3，白色或淡黄色疏松状微细粉末。可由硫酸法制备二氧化钛得到的含钪的水解母液为原料，采用萃取法制得。用于制备金属钪及钪材原料、激光材料、发射材料、电光源材料、半导体减反射涂层等。

01.1471　氧化碲　tellurium oxide

化学式为 TeO_2，白色四方或斜方系晶体。由高纯碲粉与硝酸反应再加热分解制得。用于制备单晶、电子元件材料和防腐材料等。

01.1472　氧化锡　stannic oxide

化学式为 SnO_2，白色或灰白色四方系晶体。可由金属锡在空气中燃烧制得。主要用作陶瓷釉料和颜料、玻璃工业，还用作气敏材料、光催化材料。

01.1473　氧化亚锡　stannous oxide

化学式为 SnO，具有金属光泽的蓝黑色结晶性粉末。可由氯化亚锡与碳酸钠反应制得。主要用作还原剂，还用于制备亚锡化合物，以及用于玻璃及电镀工业。

01.1474　氧化锌脱硫剂　zinc oxide desulphurizer

主要成分为 ZnO，白色或深灰色球形或条形块状物。具有较高的硫容和机械强度。可由碳酸锌煅烧分解制得。用于石油化工、石油精制、煤化工等工业气体或油的脱硫处理。

01.1475　氧化钯　palladous oxide

化学式为 PdO，黑绿色或蓝绿色粉末。可由海绵钯与氧气反应制得。主要用作有机合成反应的催化剂、还原剂和化学试剂，还用于电子工业领域。

01.1476　氧化铂　platinum oxide

化学式为 PtO_2，黑色粉末。可由六氯合铂酸和氢氧化钠发生中和反应再经加热分解制得。在石油工业中用作氢化催化剂。

01.1477 氧化铈 ceric oxide
化学式为 CeO_2，黄褐色粉末。可由金属铈在空气中燃烧制得。主要用作玻璃抛光剂、去色剂，还用于制备催化剂、陶瓷材料等。

01.1478 氧化钕 neodymium oxide
化学式为 Nd_2O_3，蓝色粉末，具有浅蓝色或微红色荧光。可由稀土精矿经焙烧后与盐酸反应，再经萃取煅烧制得。用于制备稀土永磁材料、激光材料、光学玻璃、石化和汽车尾气催化剂。

01.1479 氧化铕 europium oxide
化学式为 Eu_2O_3，浅玫瑰红色粉末。可由铕的草酸盐经加热分解制得。用于制造核反应堆控制棒、熔炼金属铀的坩埚、玻璃着色剂、石英光纤添加剂及荧光粉。

01.1480 氧化钆 gadolinium oxide
化学式为 Gd_2O_3，白色粉末。可由钆的硝酸盐经灼烧分解制得。用作原子反应堆控制材料、光学玻璃添加剂、医疗增感荧光粉、磁性材料添加剂、金属钆制取原料等。

01.1481 氧化钐 samarium oxide
化学式为 Sm_2O_3，白色略带淡黄色粉末。可由碳酸钐加热分解制得。用作核反应堆控制材料、中子吸收剂、防中子辐射玻璃，还用于磁性材料、催化剂、压电陶瓷和热敏电阻陶瓷。

01.1482 氧化镧 lanthanum oxide
化学式为 La_2O_3，白色斜方或无定形晶体。可由镧的碳酸盐经加热分解制得。主要用于制造光学玻璃、光导纤维、精细陶瓷、特种合金、荧光粉、储氢材料及石化催化剂。

01.1483 氧化镨 praseodymium oxide
化学式为 Pr_6O_{11}，黑色或黑褐色粉末。可由草酸镨经灼烧制得。主要用作高温陶瓷颜料、玻璃着色剂、催化剂，以及制造光学玻璃、金属镨和稀土永磁合金的原料。

01.1484 氧化镝 dysprosium oxide
化学式为 Dy_2O_3，白色或淡黄色粉末。可由草酸镝在高温下加热分解制得。用作磁性材料、功能陶瓷、石英玻璃光导纤维的添加剂，制造稀土旋光玻璃、防辐射玻璃及反应堆控制材料。

01.1485 氧化铒 erbium oxide
化学式为 Er_2O_3，玫瑰红色晶体。可由草酸铒强热分解制得。用作磁性材料的添加剂、荧光粉的激活剂，制造稀土有色玻璃、红外玻璃及反应堆控制材料。

01.1486 氧化钬 holmium oxide
化学式为 Ho_2O_3，黄色或淡黄色立方系晶体。可由草酸钬经灼烧分解制得。用作磁性材料的添加剂、石英玻璃和氟锆酸盐玻璃光导纤维的掺杂剂，以及用于制造稀土有色玻璃、反应堆控制材料等。

01.1487 氧化镥 lutetium oxide
化学式为 Lu_2O_3，无色立方系晶体或白色粉末。可灼烧草酸镥分解制得。用作新型磁性材料和固体激光材料的添加剂、荧光粉的激活剂、阴极材料敏化剂等。

01.1488 氧化铽 terbium oxide
化学式为 Tb_4O_7，棕褐色粉末。可由草酸铽在空气中加热制得。用作磁性材料的添加剂、荧光粉的激活剂，以及用于制造稀土有色玻璃、红外玻璃及反应堆控制材料等。

01.1489 氧化铥 thulium oxide
化学式为 Tm_2O_3，白色略带淡绿色粉末。可由草酸铥灼烧制得。用于制备 X 射线发光材料、石榴石型激光材料、稀土玻璃激光材料和磁泡材料等。

01.1490 氧化镱 ytterbium oxide
化学式为 Yb_2O_3，无色固体或白色粉末。可由碳酸镱在高温下加热分解制得。主要用于制备特殊合金等。

01.1491 氧化钇 yttrium oxide
化学式为 Y_2O_3，白色或淡黄色立方系晶体

或粉末。可由碳酸钇经煅烧制得。主要用于制造新型磁性材料和荧光粉，精细陶瓷，特种合金及耐高温、耐辐射光学玻璃的添加剂。

01.06.23 其他无机盐

01.1492 水合肼 hydrazine hydrate
又称"水合联氨（diamid hydrate）"。化学式为 $N_2H_4 \cdot H_2O$，无色透明油状液体。可由次氯酸钠、氢氧化钠、尿素和高锰酸钾反应制得。主要用于合成发泡剂、除草剂、杀菌杀虫药，还可用于生产火箭燃料。

01.1493 无水肼 hydrazine anhydrous
化学式为 N_2H_4 或 NH_2NH_2，油状无色液体，易燃。可由水合肼溶液经分馏制得。用作火箭燃料、植物生长抑制剂、再生催化剂及除草剂。

01.1494 双氰胺 dicyandiamide
化学式为 $(NH_2CN)_2$，白色结晶性粉末。由石灰氮与水发生水解反应制得。主要用作制革、医药、染料、橡胶、钢铁及化肥工业。

01.1495 氨基磺酸 aminosulfonic acid
化学式为 H_2NSO_3H，无色斜方晶系结晶或白色结晶，强酸性。由尿素与硫酸发生磺化反应制得。用于制造甜蜜素，金属和陶瓷的清洗剂、脲醛塑料的固化剂，也用作除草剂，防火剂，纸张和纺织品的软化剂。

01.1496 氨基磺酸镍 nickel aminosulfonate
化学式为 $Ni(NH_2SO_3)_2 \cdot 4H_2O$，绿色结晶。由氨基磺酸与氢氧化镍反应制得。因其内应力低、电镀速度快、溶解度大、无污染等，成为近年国际上发展较快的一种电镀主盐。

01.1497 氨基磺酸钴 cobalt aminosulfonate
化学式为 $Co(NH_2SO_3)_2 \cdot 4H_2O$，红紫色结晶体。由氨基磺酸与氢氧化钴反应制得。主要用于精密电镀、印刷线路板电镀等。

01.1498 氨基磺酸铵 ammonium sulfamate
化学式为 $NH_2SO_3NH_4$，白色疏松晶体。有毒。由碳酸氢铵与氨基磺酸发生复分解反应制得。用于农药、印染、烟草、建材、纺织等领域。

01.1499 氨基钠 sodium amide
化学式为 $NaNH_2$，白色至橄榄绿结晶性粉末，易燃、易爆。由金属钠与脱水后的液氨合成制得。用作有机化学反应中的缩合促进剂、脱水剂、脱卤剂、烷基化剂等。

01.1500 铝酸钠 sodium aluminate
化学式为 $Na_2Al_2O_4$，白色无定形或结晶性粉末。由铝土矿与氢氧化钠反应制得。用于市政和工业水处理的净化，也用作石油烃转化的催化剂和载体，制造无定形氧化铝催化剂及稳定硅胶溶液的原料，还用于钛白粉表面包膜。

01.1501 铝酸钙 calcium aluminate
化学式为 $CaO \cdot Al_2O_3$，灰白色至褐红色粉末。可以碳酸钙与氧化铝为原料制得。主要用于水处理、水泥和耐火材料领域。

01.1502 锑酸钠 sodium antimonate
化学式为 $NaSbO_3$，白色粉末或颗粒。由金属锑、硝酸和硝酸钠反应制得。用作聚酯合成催化剂、阻燃剂、玻璃的澄清剂及搪瓷乳白剂。

01.1503 偏锡酸 metastannic acid
化学式为 H_2SnO_3，白色无定形粉末。由精锡和浓硝酸反应制得。主要用作化学纤维及纺织品、塑料、陶瓷、涂料及环氧树脂密封材料的阻燃剂。

01.1504 锡酸钾 potassium stannate
化学式为 $K_2SnO_3 \cdot 3H_2O$，白色或淡棕色结晶性粉末。由精锡、硝酸、氢氧化钾和水反应制得。主要用于电镀，还可在印染工业中用作媒染剂，纺织工业中用作增重剂等。

01.1505 锡酸钠 sodium stannate
化学式为 $Na_2SnO_3 \cdot 3H_2O$，无色六角板状结晶或白色粉末。可由精锡、氢氧化钠、硝酸钠和水反应制得。主要用于电镀，纺织工业中用作防火剂、增重剂，印染工业中用作媒染剂。

01.1506 高铁酸钾 potassium ferrate
化学式为 K_2FeO_4，暗紫色有光泽粉末。可以氯气、氢氧化钠、硝酸铁和氢氧化钾为原料制得。用于水处理领域，还用于氧化磺酸，制备亚硝酸盐、亚铁氰化物。

01.1507 磺化煤 sulfonated coal
化学式为 RSO_3H（R 为烃基），黑色不规则细粒。由烟煤与浓硫酸发生磺化反应制得。分为氢型磺化煤和钠型磺化煤两种。用于锅炉水、纺织和造纸的硬水软化，废水中的贵金属回收。

01.1508 钴酸锂 lithium cobaltate
化学式为 $LiCoO_2$，灰黑色粉末。可由碳酸锂和四氧化三钴经高温固相合成制得。主要用作锂离子蓄电池的正极材料。

01.1509 叠氮化钠 sodium azide
化学式为 NaN_3，白色粉末。易爆炸。由金属钠、氨和一氧化二氮反应制得。可配制细菌培养基，用作火药起爆剂及检测硫化物和硫氰酸盐的试剂等。

01.1510 氮化铝 aluminium nitride
化学式为 AlN，灰色或灰白色固体。由金属铝粉在氮气和氨气的存在下氮化制得。主要用于制备精细无机陶瓷材料、电子材料、耐火材料、集成电路的基底材料，还用作电热闸流管的散热器材料。

01.07 单质与气体

01.07.01 原 料

01.1511 辉锑矿 stibnite
主要成分为 Sb_2S_3，斜交晶系斜方双锥晶类，铅灰色，强金属光泽。常与黄铁矿、雌黄、雄黄、辰砂、方解石、石英等共生。是提炼锑的最主要的矿物原料。

01.1512 锑华 valentinite
主要成分为 Sb_2O_3，斜方晶系，晶体呈柱状，以白色、黄色为常见，金刚光泽。是含锑矿物氧化后形成的次生矿物。可作为锑矿石使用。

01.1513 方锑矿 senarmontite
主要成分为 Sb_2O_3，六八面体晶类，硬度低，密度大，无色至灰白色均质体，不导电。比较少见的次生矿物。可作为锑矿石使用。

01.1514 黄铜矿 chalcopyrite
主要成分为 $CuFeS_2$，正方晶系，黄铜黄色，无解理，具有导电性。常含微量的金、银等。是中国主要的铜矿矿种。

01.1515 辉铜矿 chalcocite
主要成分为 Cu_2S，铅灰色，金属光泽，略具延展性，为电的良导体。多含银。是中国主要的铜矿矿种。

01.1516 斑铜矿 bornite
主要成分为 Cu_5FeS_4，等轴晶系，暗铜红色，金属光泽，性脆，具有导电性。多含钯和铂，常与黄铜矿共生，并伴生金矿和伴生银矿等。是中国主要的铜矿矿种。

01.1517 黝铜矿 tetrahedrite
主要成分为 $Cu_{12}Sb_4S_{13}$，等轴晶系，单晶体常呈四面体，呈灰色到黑色。常与铜、银、铅和锌的矿物共生，并含有砷。是重要的铜矿石矿物，也可作为重要的银矿石矿物。

01.1518 锡石 cassiterite
主要成分为 SnO_2，晶体属四方晶系，金红石型结构，呈黄棕色至棕黑色，金刚光泽。常含 Fe 和 Ta、Nb 等氧化物的细分散包裹物。是锡的最主要的矿石矿物。

01.1519 黄锡矿 stannite
主要成分为 Cu_2FeSnS_4，晶体属四方晶系，呈微带橄榄绿色调的钢灰色，金属光泽。是炼锡和铜的重要矿物原料。

01.1520 硫镉矿 greenockite
主要成分为 CdS，六方晶系，晶体呈粒状、粉末状甚至土状，橙黄色，半透明或微透明，具有松脂光泽或金刚光泽。主要是含镉闪锌矿风化的次生矿物。可提取镉或制作表面弹性波器件。

01.1521 金矿石 gold ore
全称"黄金矿石"。主要成分为 Au，经过选矿能成为含金品位较高的矿石，以 Au 和 S 元素为主要存在形式的矿物。依 Au 含量有极品金矿石（足金狗头金）、高品位金矿石（黄金雨狗头金）和存在较普遍的普通金矿石（矿床金矿石）等。普通金矿石经过选矿、冶炼、提纯得到纯金。

01.1522 银矿石 silver mine
含有主金属银和其他金属杂质的矿石。常以自然银、硫化物、硫酸盐等形式存在，和其他矿物共生或伴生，种类较多，如自然银（Ag）、辉银矿（Ag_2S）、角银矿（AgCl）等。用于提炼银或银化合物。

01.1523 硒银矿 naumannite
主要成分为 Ag_3Se，铁黑色，金属光泽，一般呈块状、粒状及薄板状产出，有等轴晶系的六面体。是提取银金属的矿物原料。

01.1524 碲银矿 hessite
主要成分为 Ag_2Te，单斜晶系或等轴晶系，铅灰色至钢灰色，金属光泽。是提取碲和银的矿物原料。

01.1525 银金矿 electrum
金的天然合金（金矿物中银含量达 10%～15%）或人造合金（银含量大于等于 20%），载金矿物主要为黄铁矿和石英，其次为方铅矿、黄铜矿、闪锌矿等。用于制造硬币。

01.1526 砷铂矿 sperrylite
主要成分为 $PtAs_2$，等轴晶系，晶体常呈立方体和八面体的聚形，锡白色，金属光泽。多与镍黄铁矿、黄铜矿、磁黄铁矿及铂族矿物共生。是炼铂的矿石矿物。

01.1527 硫银锗矿 argyrodite
主要成分为 $4Ag_2S \cdot GeS_2$，等轴晶系，八面体、菱形十二面体或两者的聚形，铁黑色，略带紫色的色调和金属光泽。少量存在于自然界中。可用于提取银和锗。

01.1528 锗石 germanite
主要成分为 Cu_3FeGeS_4，等轴晶系，暗蔷薇灰色，金属光泽。现在多将锗石作为自然界中含有锗元素一类矿石的统称。锗石分布分散，中国多存在于褐煤矿和铅锌矿中。是提炼锗的重要原料，在医疗保健中也有应用。

01.1529　辰砂　cinnabar
又称"朱砂""丹砂""赤丹""汞沙"。主要成分为 HgS，晶体属三方晶系，光泽暗淡，褐红色。是炼汞最主要的矿物原料，其晶体可用作激光材料，在中药材中具有镇静、安神和杀菌等功效。

01.1530　辉碲铋矿　tetradymite
主要成分为 Bi_2TeS_2，浅灰色带有金属光泽，并且还会褪色变暗，有叶、粒、块状等。是一种较难独立成矿的碲硫化物，中国发现于四川石棉县。用于提取碲、铋等。

01.07.02　过程与装备

01.1531　标准气体　standard gas
用来对生产过程中使用的在线分析仪器和分析原料及产品质量的仪器进行校准、定标，还用于环境监测、天然气能量测定、液化石油气校正标准、超临界流体工艺等的气体。

01.1532　高纯气体　high-purity gas
利用现代提纯技术能达到的某个等级纯度的气体。根据分子结构不同分有机和无机高纯气体。广泛应用于半导体、检测控制、国防军工等领域。

01.1533　激光混合气　laser gas mixture
气体激光器的工作物质，由产生激光的气体和保护激光器的气体组成。有氦氖激光混合气、二氧化碳激光混合气、氪氟激光混合气、密封束激光混合气和准分子激光混合气等。

01.1534　空气分离　air separation
简称"空分"。利用空气中各组分物理性质不同，将空气中特定的气体如氧气、氮气分离出来，或同时提取氦、氖、氩、氪、氙、氡等稀有气体，为工业生产、日常生活提供所需气体的过程。

01.1535　空分装置　air separation unit
以空气为原料，制取氧、氮等工业气体产品的系统组合式工业装置。

01.1536　空气深冷分离　cryogenic air separation
又称"低温精馏分离"。以空气为原料，经过压缩、预冷、净化，并利用透平膨胀机提供的冷量进行热交换使空气液化，根据各组分沸点不同，再在多级精馏塔内进行精馏分离，最终获得所需的一种或多种气体。

01.07.03　产　品

01.1537　铁粉　iron powder, iron dust
全称"还原铁粉（reduced iron powder）"。化学式为 Fe，银白色固体或灰黑色粉末，质软。可由固体碳、氢还原铁精矿或低碳钢钢液水雾化干燥等制得。是粉末冶金的主要原料，应用于电子、化工、机械等行业。

01.1538　铜粉　copper powder
化学式为 Cu，带有红色光泽的金属，面心立方晶体，延展性良好，导电导热性、化学活泼性好。可通过电解法或雾化法（如水雾化、气雾化）制得。用于粉末冶金、电碳制品、电子材料、金属涂料、化学触媒和电子航空领域。

01.1539　镁粉　magnesium powder
化学式为 Mg，银白色金属，六方晶系。由电解熔融氯化镁或熔融光卤石制取。用于制造烟火、信号弹、闪光粉等，还用于喷涂、防腐、压铸行业和单晶硅、多晶硅制备中。

01.1540　锌粉　zinc powder

又称"亚铅粉"。化学式为 Zn，蓝白色金属，紧密堆积六方晶系，或浅灰色细小粉末，不溶于水。可通过电解氧化锌制得。用于富锌防腐涂料、冶金、化工、电池等领域。

01.1541　钛粉　titanium powder

化学式为 Ti，银灰色不规则状粉末，吸气能力强，高温易燃。可通过氢化脱氢法（HDH）、雾化法或熔盐电解法等制得。是粉末冶金、合金材料添加剂，用于航天、喷涂、冶金、烟花等行业。

01.1542　锆粉　zirconium powder

化学式为 Zr，浅灰色高熔点粉体，耐腐蚀性强。可由氢化钙还原氧化锆、镁还原四氯化锆或锆氟酸钾熔盐电解制得。作为吸气剂用于电真空和冶金方面，突出的核能性用于原子能和核能中。

01.1543　锰粉　manganese metal powder

化学式为 Mn，银灰色粉末，易燃固体。可电解硫酸锰溶液制得。主要用于金刚石工具、粉末冶金中，还用于制备锰的标准液、锰盐、合金。

01.1544　钨粉　tungsten powder

化学式为 W，灰黑色金属，体心立方结晶，有两种晶型：α 和 β。目前发现的金属中硬度最高。可通过三氧化钨与氢气还原反应制得。用于合金、钨铁、钨丝、电极等。

01.1545　钼粉　molybdenum powder

化学式为 Mo，银白色金属或灰黑色粉末，体心立方结晶，溶于热浓酸。可由二氧化钼与氢气发生还原反应制得。用于硅化钼电热元件、钼引线、声像设备、门电极靶材等。

01.1546　锑粉　antimony powder

化学式为 Sb，银白色或深灰色金属粉末，六方晶系或菱面体晶系，无延展性但有冷胀性，易燃固体。可用铁屑从天然硫化锑中还原制得。用于半导体掺杂、高纯合金、锑化合物等。

01.1547　铑粉　rhodium powder

化学式为 Rh，灰白色金属，面心立方结晶，质地极硬，耐磨，有相当延展性，化学稳定性好。可用甲酸还原铑化合物法或由自然铑提炼而成。用作仪电、化工中的精密合金原料和催化剂等。

01.1548　铱粉　iridium powder

化学式为 Ir，银白色硬而脆的金属，面心立方结晶，灰色粉末，是目前发现的最耐腐蚀的金属。可用锌与铱铱合金反应分离制得。用于催化剂、铱阴极丝、陀螺仪导电环、仪器轴承等。

01.1549　铈粉　cerium metal powder

化学式为 Ce，灰色粉体，易燃易爆固体。可用镁粉还原氧化铈或电解熔融氯化铈制得。用作特种钢及金属合金添加剂，制备储氢、稀土、储电等材料，以及用于科研实验等。

01.1550　钍粉　thorium powder

化学式为 Th，银白色、光亮、质轻而有延展性的金属粉末，放射性固体。可将钙与氧化钍在氩气氛围下高温加热制得。用作核燃料，制造合金、电子真空管、光电管、光电池等。

01.1551　钠　sodium

化学式为 Na，银白色、轻软而有延展性的金属，属立方晶系，传热性极好，化学性质极活泼，强氧化性固体。通过电解熔融的氯化钠制得。用作含铅汽油添加剂和石油脱硫剂、氧化剂和核反应堆冷却剂等。

01.1552　钾　potassium

化学式为 K，银白色金属，溶于酸、汞、氨，不溶于烃类，遇醇分解。由金属钠与氯化钾反应制得。用作化学合成的还原剂、生产原料等,还用于吸收真空管内的氧气和水汽等。

01.1553 锂 lithium
化学式为 Li,银白色的软金属,不溶于烃类,可迅速溶解在液氨中。通过电解氯化锂-氯化钾熔盐制备。用于化工、医药、航空、核工业等。

01.1554 钙 calcium
化学式为 Ca,银白色至灰白色粉末,化学性质活泼,自燃固体,不溶于苯。可电解熔融氯化钙或用铝还原生石灰等制得。用于钢铁的炉外精炼,制备化工脱水剂、石化脱硫剂或合金脱氧剂等。

01.1555 钡 barium
化学式为 Ba,体心立方晶胞,有光泽的银白色金属,略具延展性,与水或酸接触引起燃烧爆炸。可电解熔融的氯化钡或用铝还原氯化钡制得。用于制造钡盐和钡镍合金,也用作消气剂、脱气剂和球化剂等。

01.1556 锶 strontium
化学式为 Sr,银白色柔软金属,面心立方体,化学活性很强,有自燃性。通过电解氧化锶-氧化汞混合物制得。用于真空电子管消气剂、永磁锶铁氧体、光电材料、超导材料中。

01.1557 镉 cadmium
化学式为 Cd,六方形银白色、有延展性的软质金属,其蒸气和盐类有毒。可将冶炼铅锌矿后的镉渣进行碳还原制得。用于镉化学品、催化剂、光学材料、电镀、半导体等。

01.1558 金 gold
俗称"黄金"。化学式为 Au,等轴晶系,立方面心晶格,深黄色金属,质软,延展性极佳,是热和电的良导体。开采的金矿可用氰化法提取并使用电解法精炼制得。用于制备金盐、合金、电子、电镀,更用于饰品、货币和作为催化剂等。

01.1559 银 silver
俗称"白银"。化学式为 Ag,面心立方结晶,银白色金属,延展性较佳,目前发现的最好的导电材料。目前银的主要来源是从铜铅锌矿石中作为副产品而得到。广泛用于电子电器、感光和化工材料、饰品保健、金融货币等领域。

01.1560 铂 platinum
又称"白金",俗称"海绵铂"。化学式为 Pt,呈银白色金属光泽,密度大,可延展,化学性质极稳定。可以 Cl_2/HCl 混合物为介质,采用溶剂萃取法进行粗铂精炼制得。用于电子器件、白金坩埚、牙科材料、人造纤维、饰品装饰、医药化工等领域。

01.1561 钯 palladium
俗称"钯金"。化学式为 Pd,呈银白色金属光泽,延展性强,化学性质较稳定。通常用氢气还原氧化钯制得。是稀有的贵金属之一,除用于首饰外,主要用于汽车催化剂、电子及牙科医疗器具等。

01.1562 铅 lead
化学式为 Pb,带蓝色的银白色金属,柔软,延展性强,急性毒性类别 2。可用火法炼铅制得半精炼铅再电解精炼制得。广泛用于铅蓄电池、辐射防护、含铅合金、军工电子等领域。

01.1563 锡 stannum
化学式为 Sn,略带蓝色的白色光泽,熔点低,富有延展性。可用氢还原氢氧化锡得到的粗锡经熔融提纯或电解氢氧化锡制得。主要用于合金、电子、化工等行业,还用作保鲜防腐等。

01.1564 锗 germanium
化学式为 Ge,面心立方晶胞,灰白色,有光泽,质硬,稳定。可用高纯水使四氯化锗水解干燥再用氢气还原制得,现代工业生产多来自铜、铅、锌冶炼的副产品。用于光导纤维、温度测量及药用保健等。

01.1565　锗单晶　germanium monocrystal

又称"单晶锗"。化学式为 Ge，不含大角晶界或孪晶的锗晶体，呈金刚石型晶体结构，灰白色，是重要的半导体材料。可将高纯锗采用直拉法（CZ）、水平布里奇曼法（HB）或垂直梯度法（VGF）制得。用于半导体、合金和红外装置用特种玻璃等行业。

01.1566　铼　rhenium

全称"铼棒"。化学式为 Re，六角密集型晶格，银白色金属或灰色到黑色粉末，质软，有良好的机械性能。可用高温烧结法或熔炼法对粗铼精炼制得。主要用于石化催化剂、航空发动机等。

01.1567　铋　bismuth

化学式为 Bi，银白色或微红色金属，斜方晶系。可用铁粉置换铋氯配合物得到海绵铋再精炼制得。用作高纯铋材料、原子反应堆冷却剂等。

01.1568　铟　indium

化学式为 In，银灰色质软的易熔金属，溶于浓无机酸，不溶于水。可用铝从富铟原料通过萃取置换得到海绵铟再电解制得。用于半导体、低熔点合金、高纯合金及铟盐的制备。

01.1569　镓　gallium

化学式为 Ga，灰蓝色或银白色的金属，熔点低，沸点高。主要从炼锌废渣和炼铝废渣中回收提取。用于含镓半导体、核反应热交换介质和催化剂。

01.1570　铊　thallium

化学式为 Tl，带蓝光的银白色金属，质软，易燃，急性毒性类别 1（剧毒），氧化性固体。可将冶炼过程中烧结烟尘中的富铊灰经湿法冶炼再电解精炼制得。用于制造光电管、低温计、光学玻璃、铊化合物等。

01.1571　钕　neodymium

化学式为 Nd，六方晶胞，银白色光泽，有顺磁性，是最活泼的稀土金属之一，易燃固体。可电解氟化物熔盐体系生产工业级产品，再用真空蒸馏法或金属热还原法生产高纯产品。用于钕铁硼永磁材料、镁铝合金、航空航天材料等。

01.1572　铯　cesium，caesium

化学式为 Cs，金黄色、熔点低、软而轻的活泼金属，遇湿易燃和自燃固体。可用金属钙在高温下还原氯化铯制取。是制造真空件、光电管、催化剂的重要材料。

01.1573　铷　rubidium

化学式为 Rb，体心立方晶胞，银白色蜡状柔软金属，易燃固体。采用磷钼酸铵沉淀法从卤水回收铷或用金属热还原法以钙还原氯化铷制得。用于制造光电器件、玻璃陶瓷、高能燃料、真空净化等。

01.1574　汞　mercury

俗称"水银"。化学式为 Hg，银白色，常温下唯一呈液态、可蒸发的金属，急性毒性类别 1（剧毒）。由加热辰砂的蒸气经冷凝或将辰砂与生石灰共热制得。用于化学或药物、电子或电器中。

01.1575　汞齐　mercury amalgam

又称"汞合金"。汞与其他金属（如 Bi、In、Sn 等）所组成的合金的总称。多呈固态，若水银成分多则呈液态。用汞作阴极通过电解制得。主要用于金、银的冶金或还原材料，也可作为治疗牙齿的填充物。

01.1576　硒　selenium

化学式为 Se，黑灰色金属，六方晶系。金属硒为半导体，其他类型的硒为电绝缘体。可通过焙烧铜电解的阳极泥再蒸馏提取制得。硒对重金属中毒有解毒作用，用于玻璃、颜料、冶金和医药中。

01.1577 碲 tellurium
化学式为 Te，银白色，斜方晶系结晶，有金属光泽。以碲粉为原料，用多硫化钠抽提精制制得高纯碲。用于半导体、冶金、化工、橡胶等工业。

01.1578 鳞片石墨 graphite flakes
化学式为 C，碳的结晶体，黑色六方晶系，层状结构，金属光泽，质软。用于制造石墨坩埚和翻砂铸模面的涂料，以及电极、电刷、碳管等，反应堆中子减速剂和航天工业防腐剂等。

01.1579 无定形石墨 amorphous graphite
又称"土状石墨""微晶石墨（microcrystalline graphite）"。化学式为 C，主要是隐晶质石墨集合体，呈无定形花瓣状及叠层鳞片状。灰黑色或钢灰色，金属光泽，低硬度。用于铸造涂料、电池碳棒、炼钢增碳等。

01.1580 氧气 oxygen
化学式为 O_2，无色透明无味气体或蓝色透明液体或淡蓝色固态结晶，主要从空气中压缩分离制得。用于焊接切割、冶金熔炼、医学输氧等，液氧还用作炸药、火箭推进助燃剂等。

01.1581 臭氧 ozone
氧气的同素异形体，化学式为 O_3，淡蓝色气体，有刺激性气味，剧毒，易爆。可电解水制备。用作强氧化剂、漂白剂、皮毛脱臭剂、空气净化剂、消毒杀菌剂。

01.1582 氮氢混合气 nitrogen hydrogen gas mixture
又称"氢氮混合气"。组分为 5%～10%氢气和氮气配成的混合气体。无毒环保、不腐蚀、不易燃。用于示踪气体检漏、退火炉工件防氧化、电光源混合气等。

01.1583 一氧化二氮 nitrogen monoxide
又称"氧化亚氮（nitrous oxide）"。俗称"笑气（laughing gas）"。化学式为 N_2O，无色有甜味气体或无色液体或无色立方结晶固体。可通过硝酸铵加热分解制得。用于电子、军工、食品、医疗等行业。

01.1584 氡气 radon
化学式为 Rn，无色无臭无味气体。有 27 种同位素，有放射性，溶于水，易被脂肪、硅胶、活性炭吸附。可从铀矿加工副产的气体中提取。适合做物理学中的放射性示踪剂。

01.1585 氦气 helium
化学式为 He，常温下无色无味无臭的惰性气体。临界温度最低，极不活泼，不燃烧也不助燃。可从天然气、空气或合成氨尾气中冷凝提取。用作低温冷源或检漏剂等。

01.1586 氖气 neon
化学式为 Ne，常温下无色无味无臭的惰性气体，不燃烧也不助燃。液氖沸点低、蒸发潜热高、使用安全。用于可视发光、电压调节、激光混合气成分等。

01.1587 氦氖激光混合气 helium neon laser gas mixture
组分为 2.0%～8.3%的氖气和氦气配成的混合气体。输入氦氖气体激光器发生激光，用于部件加工、金属陶瓷切割、机械焊接钻孔等，在工业生产、科学研究和国防建设中应用广泛。

01.1588 氩气 argon
化学式为 Ar，无色无味无臭气体，不燃烧也不助燃。可从空气或合成氨尾气中提取。用于焊接切割、半导体精炼、金属冶炼等的氩气保护等。

01.1589 氩氖混合气 argon neon mixture
组分为 10%～50%氩气和氖气配成的混合气体。无色、无臭、无毒。用于纳米光蚀等，与卤素混合气体结合用于充填电子管。

01.1590 氪气 krypton
化学式为 Kr，无色气体，不燃烧也不助燃，能吸收 X 射线，密度高、热导率低、透射率大、化学惰性强。可从空气或合成氨尾气中提取。是优良的填充气，用于气体激光器、等离子流、原子灯、X 射线遮光材料等。

01.1591　氙气　xenon
化学式为 Xe，无色气体，不燃烧也不助燃，是目前发现的原子量最大、密度最大的天然稀有气体，有极高的发光强度。可从空气或合成氨尾气中提取。电子工业用于电光源中，医学中用于深度麻醉，还用于标准气、特种混合气等。

02. 肥　　料

02.01　通　　类

02.0001　肥料　fertilizer
以提供植物养分为主要功效的物料。

02.0002　植物养分　plant nutrient
植物生长需要的化学元素。

02.0003　肥料养分　fertilizer nutrient
肥料中供植物生长需要的化学元素。

02.0004　大量元素　macroelement
又称"主要养分（primary nutrient）"。植物生长所必需的，但相对来说是大量的元素，即氮、磷、钾的通称。

02.0005　中量元素　secondary element
又称"次要养分（secondary nutrient）"。植物生长所必需的，但相对来说是中量的元素，即钙、镁、硫等的通称。

02.0006　微量元素　trace element
又称"微量养分（micronutrient）"。植物生长所必需的，但相对来说是少量的元素，包括硼、锰、铁、锌、铜、钼、钴或氯等。

02.0007　有益元素　beneficial element
任何大量元素、中量元素和微量元素以外的元素，经科学研究证实，当外源加入时，对一种或多种植物有益，如硅。

02.0008　有害元素　harmful element
对作物和通过食物链对人畜有害或有毒的元素，如砷、镉、铅、铬、汞等。

02.0009　无机肥料　inorganic fertilizer
又称"矿物肥料（mineral fertilizer）"。由物理和/或化学方法制成的，标明养分呈无机盐形式的肥料。习惯上将硫磺、氰氨化钙、尿素及其缩缩合产品归为无机肥料。

02.0010　有机肥料　organic fertilizer
主要来源于植物和/或动物，施于土壤以提供植物营养为主要功效的含碳物料。

02.0011　有机氮肥　organic nitrogenous fertilizer
主要来源于植物和/或动物，具有与碳有机结合的氮标明量的物料。该物料可含磷、钾以外的其他元素。

02.0012　合成有机氮肥　synthetic organic nitrogenous fertilizer
经化学合成，使氮和碳结合在一起的氮肥。

02.0013　有机–无机肥料　organic-inorganic fertilizer

由有机肥料和无机肥料混合和/或化合制成，来源于标明养分的有机和无机物质的产品。

02.0014　有机–无机复混肥料　organic-inorganic compound fertilizer

含有一定量有机肥料的复混肥料。

02.0015　增效肥料　enhanced efficiency fertilizer

利用反应、包膜、添加抑制剂或者其他方法预先处理后与常规肥料相比具有一定增强肥效的肥料。

02.0016　缓释肥料　slow release fertilizer

通过养分的化学复合或物理作用，使其对作物的有效态养分随着时间而缓慢释放的肥料。

02.0017　控释肥料　controlled-release fertilizer

能按照设定的释放率和释放期来控制养分释放的肥料。

02.0018　部分缓释肥料　partial slow release fertilizer

将缓释肥料与常规肥料掺混在一起而使某种养分的一部分具有缓释效果的肥料。

02.0019　部分控释肥料　partial controlled release fertilizer

将控释肥料与常规化肥掺混在一起而使部分养分具有控释效果的肥料。

02.0020　包膜肥料　coated fertilizer

为改善肥料功效和/或性能，在其颗粒表面涂以其他物质（聚合物和/或无机材料）薄层制成的肥料。

02.0021　稳定性肥料　stabilized fertilizer

加入脲酶抑制剂和/或硝化抑制剂，施入土壤后能抑制尿素的水解和/或铵态氮的硝化，使

肥效期得到延长的一类含氮肥料。

02.0022　稳定性氮肥　nitrogen-stabilized fertilizer

加入脲酶抑制剂和/或硝化抑制剂，施入土壤后能抑制尿素的水解和/或铵态氮的硝化，使肥效期得到延长的单质氮肥。

02.0023　抑制剂　inhibitor

降低或阻滞微生物或酶特定基团活性的物质。

02.0024　脲酶抑制剂　urease inhibitor

在一段时间内通过抑制土壤脲酶的活性，从而减缓尿素水解的一类物质。

02.0025　硝化抑制剂　nitrification inhibitor

在一段时间内通过抑制亚硝化单胞菌属活性，从而减缓铵态氮向硝态氮转化的一类物质。

02.0026　土壤调理剂　soil conditioner

加入土壤中用于改善土壤的物理和/或化学性质，以及其生物活性的物料。

02.0027　合成土壤调理剂　synthetic soil conditioner

加入土壤中用于改善土壤的物理和/或化学性质，以及其生物活性的合成产品。

02.0028　无机土壤调理剂　inorganic soil conditioner

不含有机物，也不标明氮、磷、钾或微量元素含量的调理剂。

02.0029　磷石膏　phosphogypsum

在湿法磷酸生产过程中，浓硫酸与磷矿粉作用，萃取出磷酸后，剩下的含少量磷的硫酸钙。

02.0030　添加肥料的无机土壤调理剂　inorganic soil conditioner with fertilizer added

具有土壤调理效果的含有肥料的无机土壤

调理剂。

02.0031　石灰质物料　liming material
含有钙和/或镁元素的无机土壤调理剂。通常钙和镁以氧化物、氢氧化物或碳酸盐形式存在，主要用于保持或提高土壤的 pH。

02.0032　有机土壤调理剂　organic soil conditioner
用于改善土壤的物理性质或生物活性，来源于植物或动物，用于改善土壤的物理性质或生物活性的产品。

02.0033　有机-无机土壤调理 organic-inorganic soil conditioner
由有机土壤调理剂和含钙、镁和/或硫的土壤调理剂混合和/或化合而成，可用物质和元素来源于有机物和无机物的产品。

02.0034　单质肥料　straight fertilizer
又称"单一肥料"。氮、磷、钾三种养分中，仅具有一种养分标明量的氮肥、磷肥或钾肥的通称。

02.0035　二元肥料　binary fertilizer
氮、磷、钾三种养分中，含有其中两种养分标明量的肥料。

02.0036　三元肥料　ternary fertilizer
含有氮、磷、钾三种养分并标明含量的肥料。

02.0037　水溶性肥料　water soluble fertilizer
能够完全溶解于水，用于滴灌施肥和喷灌施肥的二元或三元肥料，可添加中量元素、微量元素。

02.0038　叶面肥料　foliar fertilizer
施用于植物叶子并通过叶面吸收其养分的肥料。

02.0039　螯合肥料　chelate fertilizer
一种或多种微量元素被有机、无机分子螯合或络合的肥料。

02.0040　螯合植物养分　chelated plant nutrient
被螯合或络合着的植物养分。

02.0041　土壤肥力　soil fertility
土壤能供应与协调植物正常生长发育所需的水、肥（养分）、气、热的能力。

02.0042　施肥方法　fertilizer application method
撒施、喷施、土壤灌注、肥料拌种、养分覆膜技术以及灌溉水中加肥料等对作物和/或土壤施以肥料和土壤调理剂的各种操作方法的总称。

02.0043　灌溉施肥　fertigation
通过将肥料溶解于灌溉水中施用的方法。

02.0044　施肥量　dose rate，dose
施于单位面积耕地或单位质量生长介质中的肥料或土壤调理剂或养分的质量或体积。

02.0045　肥料养分溶解度　solubility of fertilizer nutrient
在规定条件下，由指定溶剂萃取的肥料某养分量。以质量分数表示。

02.0046　肥料溶解度　solubility of fertilizer
在规定条件下，溶解在 100L 水中的肥料质量。以千克数表示。

02.0047　肥料单位　fertilizer unit
肥料养分（以元素或氧化物形式）的单位质量。通常以 1kg 表示。

02.0048　总养分　total primary nutrient
总氮、有效五氧化二磷和氧化钾含量之和。以质量分数计。

02.0049　配合式　formula
又称"配比式"。按总氮-有效五氧化二磷-氧化钾（$N-P_2O_5-K_2O$）顺序，用阿拉伯数字分别表示其在复混肥料中所占百分比含量的一种方式。"0"表示肥料中不含该元素。

02.0050 肥料品位 fertilizer grade
以百分数表示的肥料养分含量。

02.0051 标明量 declarable content
在肥料或土壤调理剂标签或质量证明书上标明的元素（或氧化物）含量。

02.0052 标识 marking
用于识别肥料产品及其质量、数量、特征、特性和使用方法所做的各种表示的统称。标识可用文字、符号、图案及其他说明物等表示。

02.0053 允许偏差 tolerance
养分的测定值与标明值之间的允许差值。

02.0054 保证量 guarantee (of composition)
按法规或合同要求，商品肥料必须具备的数量和/或质量指标。

02.0055 植物养分配合比例 plant food ratio
在一定量肥料中，以总氮-有效五氧化二磷-氧化钾（N-P$_2$O$_5$-K$_2$O）顺序表示的肥料单位比例，可以氮为1或以最低养分定比值。

02.0056 颗粒肥料 granular fertilizer
按要求平均粒径成粒的固体肥料。

02.0057 造粒 granulation
制造颗粒肥料所使用的工艺过程。

02.0058 粒度 granularity, grain size
肥料颗粒的大小，即以肥料颗粒处于最有利状态时所能通过的最小筛孔尺寸（mm）。

02.0059 晶粒 prill
由肥料液滴固化或在特定条件下结晶制成的颗粒。

02.0060 粉状肥料 powdered fertilizer
经沉淀、结晶、喷雾流化或大颗粒研磨制得的很细小颗粒的肥料。

02.0061 液体肥料 liquid fertilizer
悬浮肥料和溶液肥料的总称。

02.0062 溶液肥料 solution fertilizer
溶解于液体，肥料养分以离子状态存在，不含固体粒子的液体肥料。

02.0063 悬浮肥料 suspension fertilizer
固体粒子在水溶液中保持悬浮状态的肥料。

02.0064 添加剂 additive
用于改善肥料或土壤调理剂性能的物质。

02.0065 填料 filler
用于调整肥料中养分含量、本身不含任何养分的物质。

02.0066 容器 container
直接与肥料相接触并可按其单位量运输或贮存的防水防潮的袋、瓶、槽、桶等。

02.0067 包装 package
用于盛装、保护、处置和分销肥料的，不超过1000kg的可密封的容器。

02.0068 大袋 big bag
盛装250～1500kg的软质包装物。

02.0069 标签 label
供识别肥料和了解其主要性能而附以必要资料的纸片、塑料片或者包装袋等宣传品的印刷部分。

02.0070 散装 bulk
对不用容器包装的肥料或土壤调理剂的通称。

02.0071 有效性 availability
肥料中养分被作物吸收的程度。

02.0072 肥料利用率 utilization rate of fertilizer
植物吸收来自所施肥料的养分占所施肥料养分总量的百分率。

02.0073 重金属 heavy metal
超过一定的临界值会对生态系统和/或人类健康有害的元素。如镉、铅、铬（Ⅵ）、汞等，习惯上砷也归为此类。

02.0074 持久性有机污染物 persistent organic pollutant，POP
持久存在于环境中，具有很长的半衰期，且能通过食物网积聚，并对人类健康及环境造成不利影响的有机化学物质。

02.02 产 品

02.02.01 氮 肥

02.0075 液体无水氨 liquefied anhydrous ammonia
由氢气、氮气在高温高压下直接催化合成，并经加压或冷却制得的无色透明液体。化学式为 NH_3。

02.0076 硫酸铵 ammonium sulphate，sulphate of ammonia
化学合成的以硫酸铵为主要成分的产品。

02.0077 硝酸铵 ammonium nitrate
化学合成的以硝酸铵为主要成分的产品。

02.0078 氯化铵 ammonium chloride
化学合成的以氯化铵为主要成分的产品。

02.0079 硝硫酸铵 ammonium sulphate nitrate
化学合成的以硝酸铵和硫酸铵为主要成分的产品。

02.0080 尿素 urea
化学合成的以碳酰二胺为主要成分的产品。

02.0081 尿素硝酸铵肥料溶液 urea ammonium nitrate fertilizer solution，UAN
又称"尿素–硝铵溶液（urea ammonium nitrate solution，UAN）"。化学合成及通过溶解于水制成的含有硝酸铵和尿素的产品。

02.0082 脲铵氮肥 urea ammonium mixed nitrogen fertilizer
仅含有尿素态氮、铵态氮两种形态氮元素的固体单一肥料。

02.0083 硫包衣尿素 sulfur coated urea，SCU
由硫磺包裹颗粒尿素制成的一种包膜缓释肥料。

02.0084 聚合物 polymer
通过聚合反应产生的含有重复结构单元组成的高分子化合物。

02.0085 聚合物包衣尿素 polymer coated urea，PCU
由以聚合物树脂包裹尿素颗粒组成的包膜控释肥料。是缓释有效氮的来源。

02.0086 聚合物硫包衣尿素 polymer sulfur coated urea，PSCU
由以聚合物树脂和硫磺包裹尿素颗粒组成的包膜缓释肥料。

02.0087 尿素缩合物 urea condensate
由尿素和醛的反应产物制成的缓效氮肥。如脲甲醛（UF 或 MU）、丁烯叉二脲（CDU）、异丁叉二脲（IBDU）等。

02.0088 脲甲醛 urea formaldehyde，UF
尿素和甲醛反应制成的缓效氮肥，主要为较低分子量的 $NH_2CO+NHCH_2NHCH_{\overline{n}}NH_2$ 形式的甲撑脲类（$1 \leqslant n \leqslant 8$）。

02.0089 丁烯叉二脲 crotonylidene diurea，CDU
尿素与丁烯醛反应得到的产品。

02.0090 异丁叉二脲 isobutylidene diurea, IBDU

异丁醛与尿素的缩合产物。是缓慢被植物利用的氮的来源，通过增加粒径降低溶解性来实现。

02.0091 硝酸钙 calcium nitrate

化学合成的以硝酸钙为主要成分的产品。

02.0092 硝酸铵钙 calcium ammonium nitrate

硝酸铵的改性产品，主要成分是硝酸钙、硝酸铵的复盐。

02.0093 氰氨化钙 calcium cyanamide

化学合成的以氰氨化钙为主要成分，还含有氧化钙，可能含有少量铵盐和尿素的产品。

02.02.02 磷 肥

02.0094 过磷酸钙 single superphosphate

由硫酸与磷矿粉反应生成的，以磷酸一钙（占 30%～50%）和硫酸钙（占 40%～50%）为主要成分的产品。

02.0095 富过磷酸钙 enriched superphosphate, ESP

由硫酸和磷酸混合酸与磷矿粉反应生成的，以磷酸一钙和硫酸钙为主要成分，磷含量介于过磷酸钙和重过磷酸钙之间的产品。

02.0096 重过磷酸钙 triple superphosphate

由磷酸与磷矿粉反应生成的，以磷酸一钙为

主要成分的高浓度磷肥产品。

02.0097 钙镁磷肥 fused calcium-magnesium phosphate fertilizer

含有磷酸根的一种硅铝酸盐玻璃体。是磷矿石与含镁、硅的矿石在高炉或电炉中经过高温熔融、水淬、干燥和磨细而成的产品。

02.0098 磷酸氢钙 dicalcium phosphate

以来源于无机磷酸盐的溶解磷酸经沉淀制得的，以二水磷酸氢钙为主要成分的产品。

02.02.03 钾 肥

02.0099 氯化钾 potassium chloride, muriate of potash

由粗制钾盐制得的，主要成分为氯化钾的产品。

02.0100 硫酸钾 potassium sulphate, sulphate of potash

由钾盐经化学方法制得的，主要成分为硫酸

钾的产品。

02.0101 硫酸钾镁肥 potassium magnesium sulphate, sulphate of potash magnesia

含有可溶性氧化钾的钾镁盐，主要是硫酸钾和硫酸镁。

02.02.04 二元/三元肥料

02.0102 磷酸一铵 monoammonium phosphate, MAP

化学式为 $NH_4H_2PO_4$。磷酸经氨化生成的主要成分为磷酸一铵的产品。

02.0103 肥料级磷酸二铵 fertilizer grade diammonium phosphate

磷酸经氨化生成的主要成分为磷酸二铵的用作肥料的产品。

02.0104 硝酸磷肥 nitrophosphate
硝酸分解磷矿生成的氮磷复合肥料。

02.0105 聚磷酸铵 ammoniated polyphosphate，ammonium polyphosphate
磷酸在反应器中氨化或磷酸一铵聚合形成的水溶性产品。

02.0106 硝磷酸铵 ammonium phosphate nitrate，ammonium nitrate phosphate
硝酸和磷酸的混合酸与氨反应制成的产品，主要成分为硝酸铵和磷酸铵的混合物。

02.0107 硝酸磷镁肥 magnesium nitrophosphate
硝酸分解磷矿制成的，含有一定量镁元素的复合肥料产品。

02.0108 硫磷酸铵 ammonium phosphate sulfate
硫酸和磷酸的混合酸与氨反应制成的产品，主要成分为硫酸铵和磷酸铵的混合物。

02.0109 磷酸铵镁 magnesium ammonium phosphate，ammonium magnesium phosphate
正磷酸及其聚合物的铵盐和镁盐的复盐，可提供氮、镁和有效磷。

02.0110 硝酸钾 potassium nitrate
化学式为 KNO_3，主要成分为硝酸的钾盐的产品。

02.0111 硝酸铵钾 potassium ammonium nitrate
硝酸铵（NH_4NO_3）和硝酸钾（KNO_3）的复盐。

02.0112 氯化钾铵 ammonium potassium chloride
化学合成的以氯化铵（NH_4Cl）、氯化钾（KCl）或硫酸钾（K_2SO_4）为主要成分的产品。

02.0113 硫酸钾铵 ammonium potassium sulphate
由钾盐经化学方法制得的，主要成分为硫酸钾（K_2SO_4），同时含有一定量铵态氮的产品。

02.0114 钙镁磷钾肥 calcium magnesium potassium phosphate
磷矿石、含钾矿石与含镁、硅的矿石经高温熔融、水淬、干燥和磨细所制得的产品。

02.0115 磷酸二氢钾 monopotassium phosphate
化学式为 KH_2PO_4，磷酸单钾盐产品。

02.0116 钙硅磷钾肥 fused calcium-silicon potassium phosphate
含有磷酸根的一种硅铝酸盐玻璃体。是磷矿石与含钾、硅的矿石，在高炉或电炉中经过高温熔融、水淬、干燥和磨细而成的产品。

02.0117 复混肥料 compound fertilizer
在氮、磷、钾三种养分中，至少有两种养分标明量的由化学方法和/或掺混方法制成的肥料。

02.0118 复合肥料 complex fertilizer
在氮、磷、钾三种养分中，至少有两种养分标明量的仅由化学方法制成的肥料。是复混肥料的一种。

02.0119 掺混肥料 blend fertilizer
在氮、磷、钾三种养分中，至少有两种养分标明量的由掺混方法制成的肥料。

02.0120 散装掺混 bulk blend
以散装形式运输或供给掺混肥料的方式。

02.0121 硝酸磷钾肥 potassium nitrophosphate
硝酸与磷矿粉反应后，再加入钾盐制成的肥料。

02.0122 磷酸钾铵 potassium ammonium phosphate
化学合成的以磷酸二氢钾和磷酸一铵为主

要成分的复合肥料。

02.02.05 中微量元素肥料

02.0123 硫酸镁 magnesium sulfate
主要成分为硫酸镁，由硫酸、氧化镁经化学方法或原盐矿经物理方法分离制得的。

02.0124 硼镁肥 boron-magnesium fertilizer
由硼砂、氧化镁、硫酸镁掺混制得的肥料，主要成分为氧化镁、硫酸镁、三氧化二硼。

02.0125 四硼酸钠 sodium tetraborate
化学式为 $Na_2B_4O_7 \cdot 10H_2O$，含硼矿物及硼化合物。通常为含有无色晶体的白色粉末，易溶于水。

02.0126 腐殖酸锌 zinc humate
以适合植物生长所需比例的矿物源腐殖酸，添加适量的锌微量元素制成的液体或固体肥料。

02.0127 乙二胺四乙酸锌 zinc ethylene diamine tetraacetic acid
简称"EDTA 锌（zinc EDTA）"。锌为乙二胺四乙酸（EDTA）螯合态的微量元素肥料。

02.0128 腐殖酸锰 manganese humate
以适合植物生长所需比例的矿物源腐殖酸，添加适量的锰微量元素制成的液体或固体肥料。

02.0129 乙二胺四乙酸锰 manganese ethylene diamine tetraacetic acid
简称"EDTA 锰（manganese EDTA）"。锰为乙二胺四乙酸螯合态的微量元素肥料。

02.0130 硫酸铁铵 ferrous ammonium sulfate
化学式为 $NH_4Fe(SO_4)_2 \cdot 12H_2O$，灰紫色结晶，溶于水，不溶于醇，可提供植物所需的养分。

02.0131 乙二胺四乙酸铁 iron ethylene diamine tetraacetic acid
又称"EDTA 铁（iron EDTA）"。铁为乙二胺四乙酸螯合态的微量元素肥料。

02.0132 乙二胺四乙酸铜 copper ethylene diamine tetraacetic acid
又称"EDTA 铜（copper EDTA）"。铜为乙二胺四乙酸螯合态的微量元素肥料。

02.0133 腐殖酸铜 copper humate
以适合植物生长所需比例的矿物源腐殖酸，添加适量的铜微量元素制成的液体或固体肥料。

02.0134 硫酸铜 copper sulfate
俗称"胆矾""蓝矾"。化学式为 $CuSO_4 \cdot 5H_2O$，蓝色或蓝绿色晶体，可提供植物所需的中量和微量养分。

02.0135 氯化锌 zinc chloride
化学式为 $ZnCl_2$，白色粒状晶体，易溶于水，可提供植物所需的微量养分。

02.0136 氯化锰 manganese chloride
化学式为 $MnCl_2 \cdot 4H_2O$，桃红色或玫瑰红色单斜晶系柱状结晶，或化学式为 $MnCl_2$ 的淡粉色或粉红色粉末，可提供植物所需的微量养分。

02.0137 硫酸亚铁 ferrous sulfate
化学式为 $FeSO_4 \cdot 7H_2O$，蓝绿色单斜结晶或颗粒，无气味，可提供植物所需的中量和微量养分。

02.0138 硫酸钴 cobalt sulfate
化学式为 $CoSO_4 \cdot 7H_2O$，带棕黄色的红色结晶，易溶于水，可提供植物所需的中量和微量养分。

02.0139 硅酸钙 calcium silicate
化学式为 $CaSiO_3$，由氧化钙和二氧化硅在高温下煅烧熔融而成，可提供植物所需的中量和有益养分。

02.02.06 腐殖酸和海藻酸肥料

02.0140 腐殖质 humus
用于定义某些由有机物分解进化产生的土壤组分。

02.0141 腐殖酸 humic acid
由腐殖质、泥炭、风化煤或褐煤得到的多种有机酸。

02.0142 黄腐酸 fulvic acid
腐殖物质中一组分子量较小的，既能溶于稀碱溶液，又能溶于酸和水，稀溶液呈黄色或棕黄色的无定形有机弱酸混合物。

02.0143 腐殖酸铵 humic acid ammonium
以风化煤、泥炭和褐煤为原料，采用直接氨化或酸洗后氨化而制成的腐殖酸肥料。

02.0144 腐殖酸钠 humic acid sodium
以风化煤、泥炭和褐煤为原料制得的农业用腐殖酸产品。

02.0145 腐殖酸钾 humic acid potassium
以风化煤、泥炭和褐煤为原料制得的农业用腐殖酸产品。

02.0146 腐殖酸磷铵 humic acid phosphate ammonium
以水溶性腐殖酸及其盐类和磷酸二铵（磷酸一铵）料浆混合反应得到的，主要成分为磷酸二铵（磷酸一铵）和腐殖酸及其盐类的混合肥料产品。

02.0147 海藻酸 alginic acid
存在于褐藻细胞壁中的一种天然多糖，由 β-D-甘露糖醛酸和 α-L-古罗糖醛酸组成的多糖。

02.0148 甘露醇 mannitol
山梨糖醇的同分异构体，两种醇类物质的二号碳原子上羟基朝向不同，化学式为 $C_6H_{14}O_6$，分子量为 182.17。易溶于水，为白色透明的固体，有类似蔗糖的甜味。

02.0149 岩藻多糖 fucoidan
主要来源于褐藻，是一类含有 L-岩藻糖和硫酸基团的多糖。

02.0150 海藻精 seaweed extracts
由海藻经过物理、化学或酶解等系列反应过程生成的含海藻酸、甘露醇、岩藻多糖等的水溶性混合物。

02.0151 含海藻酸水溶肥料 water soluble fertilizers containing alginate
以海藻为原料，经过物理、化学或酶解等系列反应过程生成的海藻精，添加大量和/或微量元素制成的肥料，经水溶解或稀释，用于滴灌施肥、叶面施肥、无土栽培、浸种蘸根等用途的液体或固体肥料。

02.0152 海藻酸钾 potassium alginate
以各种海藻为原料，经物理、化学或酶解反应，并添加钾盐等生成的肥料。

02.02.07 其他肥料

02.0153 草木灰 ash
有机物燃烧后遗留的矿物残渣，如植物灰、动物灰，主要含有钾盐和磷酸盐。

02.0154 骨粉 bone meal
脱脂骨或脱胶脱脂骨经粉碎、研磨至通过规定筛号的粉末，可用作肥料。

02.0155 黏土 clay
颗粒非常小的可塑的硅铝酸盐。除了铝外，黏土还包含少量镁、铁、钠、钾和钙，是一种重要的矿物原料。

02.0156 堆肥 compost
由植物残体为主、间或含有动物性有机物和少量矿物质的混合物经堆腐分解制成的物料，可用作土壤调理剂。

02.0157 禽畜排泄物 dung
用作肥料和土壤调理剂的家禽或家畜的半固态粪便。

02.0158 鱼渣 fish guano
来自鱼加工业的鲜副产品，经粉碎和晒放制成的物料。

02.0159 鱼粉 fish meal
鱼或鱼废物经干燥和研磨，或经其他加工处理制成的不含添加物的产品。

02.0160 生长介质 growth medium
可支撑植物根系，能保持水分，具有自然产生或能加入养分的任何物料，如土壤、泥炭等。

02.0161 泥灰肥 marl
软质的、含有不等量碳酸盐的泥土自然分解物。

02.0162 肉粉 meat meal
禽畜肉或肉纤维质经干燥和研磨，或经其他加工处理过程制成的不含添加物的产品。

02.0163 饼肥 oil cake
植物籽实加工后剩下的残渣。

02.0164 泥煤 peat
又称"泥炭"。草木本植物变成褐煤的过渡性产物，具有可燃性和明显的胶体结构，外观多呈棕褐色、密度小、水分大。

02.03 物 理 性 质

02.0165 真密度 true density
颗粒组成材料本身的密度，等于颗粒质量除以不包括所有内孔在内的颗粒体积。

02.0166 松装堆密度 bulk density loose
在明确规定条件下，固体肥料经倾注自由流入容器后，单位体积该肥料的质量。

02.0167 墩实堆密度 bulk density tapped
在明确规定条件下，固体肥料经倾注入容器并轻轻敲实后，单位体积该肥料的质量。

02.0168 筛分法粒度分析 particle size analysis by sieving, granulometry sieving
将固体肥料样品分成大小不同的筛份的分析方法。

02.0169 筛分 sieving
将肥料用一个或数个筛子按不同粒径分开的操作过程。

02.0170 筛分试验 test sieving
用一个或数个试验筛对固体肥料进行筛分。

02.0171 筛下物 undersize
筛料中能通过规定筛号的部分。

02.0172 筛上物 oversize
筛料中不能通过规定筛号的部分。

02.0173 抗压碎力 crushing strength
压碎单个肥料颗粒所需的最小力。

02.0174 结块 caking
原本分散的肥料颗粒经过温度、湿度等条件变化后黏结成块状物的现象。

02.0175 防结块 anti-caking
向固体肥料中加入某种物质或应用于固体肥料表面用来防止板结的措施。

02.0176 防结块剂 anti-caking agent
向固体肥料中加入的或应用于固体肥料表面的用来防止板结的物质。

02.0177 流动性 pourability
松散的粉体颗粒通过流动进行移动的能力。粉体的流动性常用休止角和流速表示。休止角越小，流速越大，流动性越好。

02.0178 沉降 sedimentation
由于分散相和分散介质密度不同，分散相粒子在重力场或离心力场作用下发生的定向运动过程。

02.0179 流量 flow rate
从规定的经过校准的漏斗或管道的出口自由流动而出的物料质量。

02.0180 自由流动 free flowing
肥料无外力作用下自然流动的状态。

02.0181 离析 segregation
混合物料中某一类物质由于物性与其他物料的差异而发生的集聚现象。

02.0182 孔隙率 porosity
多孔材料内部孔总容积占该多孔材料总体积的比例。

02.0183 静态休止角 static angle of repose
在规定条件下使肥料样品落在水平底盘上形成的圆锥体底角的角度。

02.0184 平均主导粒径 size guide number, SGN
质量分数50%以上，且处于两筛之间物料的平均粒径。

02.0185 均匀度指数 uniformity index, UI
粒径的均匀度。UI值低表示较宽的粒度分布，UI值高表示较窄的粒度分布。例如，UI值为100表示所有颗粒为同一尺寸。

02.04 化 学 性 质

02.0186 水分 moisture
由适用于该肥料的常规方法提取含有的水。

02.0187 铵态氮 ammoniacal nitrogen
以铵根（NH_4^+）形态存在的氮素，是一种无机态的氮素。

02.0188 硝态氮 nitric nitrogen
以硝酸根（NO_3^-）形态存在的氮素，是一种无机态的氮素。

02.0189 尿素态氮 urea nitrogen
又称"酰胺态氮（amide nitrogen）"。以酰胺基形态存在的氮素，是一种有机态的氮素。

02.0190 缩二脲 biuret
尿素在高温下的缩合产物，由两分子尿素缩合而成。

02.0191 总氮 total nitrogen
又称"全氮"。肥料中氮素的总量。

02.0192 水溶性磷 water soluble phosphate
肥料中可溶于水的那一部分磷酸盐。

02.0193 柠檬酸铵溶性磷 ammonium citrate soluble phosphate
肥料中在规定浓度的柠檬酸铵和氨标准溶液中可溶解的磷酸盐。

02.0194　枸溶性磷　citrated soluble phosphate
肥料中不溶于水，但可以被植物产生的枸溶酸所吸收，检测时溶于规定提取剂的磷酸盐。

02.0195　乙二胺四乙酸溶性磷　ethylene dia-mine tetraacetic acid soluble phosphate
简称"EDTA 溶性磷（EDTA soluble phosphate）"。肥料中不溶于水，但可溶于规定浓度的乙二胺四乙酸二钠盐的磷酸盐。

02.0196　有效磷　available phosphate
水溶磷和柠檬酸铵溶性磷或乙二胺四乙酸溶性磷之和。

02.0197　总磷　total phosphate
又称"全磷"。肥料中磷素的总量。

02.0198　水溶性钾　water soluble potash
肥料中可溶于水的钾离子。

02.0199　枸溶性钾　citrate soluble potash
肥料中不溶于水，但可以被植物产生的枸溶酸所吸收，检测时溶于规定的提取剂的钾离子。

02.0200　pH 值　pH value
一定浓度的肥料水溶液的氢离子浓度的负对数。

02.0201　游离酸　free acidity
肥料中未被中和的酸。

02.0202　中和值　neutralizing value
100kg 肥料的中和能力，以氧化钙千克数表示。

02.0203　残渣　residue
在过滤时沉淀在过滤介质上的固体或一定温度下灼烧后剩余的固体。

02.0204　饱和温度　saturation temperature
低于该温度，液化了的组分会结晶；高于该温度，最后的晶体会液化。

02.0205　崩解率　disintegrable rate
在一定的时间内，颗粒产品崩解溶散在水中，用一定孔径的试验筛过滤，通过试验筛的试料占全部试料的质量分数。

02.0206　肥效期　longevity
肥料养分释放于植物的时间。

02.0207　有效硅　available silicon
能被作物吸收利用的硅。

02.05　安 全 性 能

02.0208　抗爆性　resistance to detonation
高氮含量的硝酸铵肥料的抗爆炸性能。

02.0209　氧化性固体　oxidizing solid
本身未必易燃但一般通过产生氧气有助于造成其他物质燃烧的固体。

02.0210　氧化性液体　oxidizing liquid
本身未必易燃但一般通过产生氧气有助于造成其他物质燃烧的液体。

02.0211　GHS 标签　GHS label
用于标示化学品所具有的危险性和安全注意事项的一组文字、象形图和编码组合。可粘贴、挂栓或喷印在化学品的外包装或容器上。注：GHS 是"Globally Harmonized System of Classification and Labelling of Chemicals"的缩写，指"全球化学品统一分类和标签制度"。

02.0212　出苗和苗生长　seeding emergence and growth
通过与对照组进行比较，来表征肥料对种子出苗和早期生长的潜在毒性效应。可用于评估肥料的有害性。

02.0213 植物活力 vegetative vigour
通过与对照组进行比较，来表征肥料对植物生长的毒性效应。可用于评估肥料的有害性。

02.0214 浸出毒性 toxicity characteristic leaching procedure, extraction toxicity
又称"溶出毒性"。固态危险废物用规定的

提取剂浸出的物质的毒性。

02.0215 自持分解 self-sustaining decomposition
点火后不需要外部供氧就能持续的氧化过程。氧通常来源于硝酸盐。

02.06 生产和工艺

02.0216 气体净化 gas purification
使用物理和化学方法得到符合工艺要求的纯净气体的过程。

02.0217 干法脱硫 dry desulphurization
用固体吸收剂脱除原料气中所含硫化物的过程。

02.0218 湿法脱硫 wet desulphurization
用含有脱硫剂的溶液脱除原料气中硫化物的过程。

02.0219 饱和硫容 saturation sulfur capacity
单位质量或单位体积脱硫剂所能吸收硫的最大容量。

02.0220 工作硫容 working sulfur capacity
在实际运行工况下，单位体积脱硫循环液吸收硫化物的量。表示脱硫剂的性能。

02.0221 湿式氧化法脱硫 wet oxidation desulfurization
用氨水、碳酸钠等稀碱液吸收气相中的硫化氢，并在各种氧化催化剂的作用下将硫化氢氧化为元素硫并分离回收的工艺。

02.0222 喷射再生槽 jet regeneration tank
湿式氧化法脱硫工艺的配套设备，吸收硫化氢后的脱硫液在此得到再生，脱硫富液中的 HS^- 被氧化成单质硫并进行浮选。

02.0223 变换 shift
一氧化碳与水蒸气在催化剂的作用下反应生成二氧化碳和氢气的过程。

02.0224 平衡变换率 equilibrium conversion rate
一氧化碳变换反应达到平衡时的变换率。

02.0225 饱和热水塔 saturation-hot water tower
一氧化碳变换系统热回收的主要设备，变换气在热水塔中将热量传递给热水，被加热后的热水在饱和塔内再将热量传递给半水煤气。

02.0226 饱和塔平衡曲线 saturation column equilibrium curve
饱和塔中不同温度下气体中水汽含量达到饱和状态（即达到平衡）时的热含量与水温的关系曲线。

02.0227 热水塔平衡曲线 hot water tower equilibrium curve
热水塔中不同温度下气体中水汽含量达到饱和状态（即达到平衡）时的热含量与水温的关系曲线。

02.0228 变换炉 shift converter
一氧化碳与水蒸气在催化剂作用下反应生成二氧化碳和氢气的反应器。

02.0229 等温变换炉 isothermal shift converter
在变换催化剂层设置换热管，一氧化碳变换反应热被冷媒介连续移走，使变换催化剂床层温度从上至下变化不大的反应器。

02.0230 绝热变换炉 adiabatic shift converter
一氧化碳变换反应放出的热量在催化剂层中不与外界交换的反应器。

02.0231 床层空隙率 bed voidage
催化剂床层中催化剂颗粒之间的体积占整个床层体积的百分比。

02.0232 加压变换 pressurized shift
原料气经压缩以后进行变换，具体操作压力根据工艺蒸汽压力及压缩机各段压力的合理配置而定。

02.0233 中温变换 medium-temperature shift
采用中温变换催化剂的变换工艺，操作温度一般在 300~450℃。

02.0234 低温变换 low temperature shift
变换温度比中温变换催化剂操作温度低的变换工艺，操作温度一般在 180~250℃。

02.0235 全低变 total low temperature shift
变换炉各段均采用钴钼系耐硫低温变换催化剂的变换工艺。

02.0236 中-低-低变换 medium-low-low temperature shift
变换炉一段采用中温变换催化剂，二段和三段采用钴钼系耐硫低温变换催化剂的变换工艺。

02.0237 低温变换催化剂 low temperature shift catalyst
催化剂活性温度在 180~250℃，包括铜锌系低温变换催化剂和钴钼系低温变换催化剂。

02.0238 碳化度 carbonization degree
溶液的碳酸化程度，即 1 当量浓度的氨所吸收的二氧化碳的当量浓度，以百分数表示。

02.0239 碳化氨水 carbonated aqueous ammonia
在碳化法合成氨工艺中，吸收了变换气中二氧化碳的氨水。

02.0240 加压碳化 pressurized carbonization
来自变换系统的变换气不经压缩直接进入碳化系统的碳化流程，碳化压力一般为 0.588~1.274MPa。

02.0241 回收清洗塔 recovery washing tower
碳化法合成氨流程中碳化系统回收氨的设备，回收段用软水吸收气体中的氨制得稀氨水，清洗段用清水进一步吸收气体中残余的氨。

02.0242 物理化学吸收 physical and chemical absorption
由多种溶液复配组成脱碳溶液脱除气体中二氧化碳，使其对二氧化碳具有物理和化学双重吸收性能的脱碳工艺。

02.0243 净化度 degree of purification
脱碳后气体中残余的二氧化碳含量。

02.0244 碳酸丙烯酯法脱碳 method of propylene carbonate decarbonized
以碳酸丙烯酯作为吸收溶剂脱除气体中二氧化碳的方法。

02.0245 多胺法 method of amines
以甲基二乙醇胺（MDEA）水溶液为基础，加入一种或多种活化剂组成的多胺溶液脱除二氧化碳、硫化氢等酸性气体的工艺。

02.0246 改良热钾碱法脱碳 improved hot potassium alkali decarbonized
以二乙醇胺为活化剂，五氧化二钒为缓蚀剂，采用热碳酸钾溶液脱除气体中二氧化碳的方法。

02.0247 甲烷化炉 methanation furnace
在氨合成气净化中，少量的一氧化碳和二氧化碳与氢气在催化剂作用下反应生成甲烷的反应器。

02.0248 铜氨液洗涤法 cuprammonia washing method
用醋酸亚铜氨溶液脱除工艺气体中少量一氧化碳和二氧化碳的方法。

02.0249 醋酸铜氨液 cuprammonia of acetic acid solution
由金属铜、乙酸、液氨等配制成的铜氨络合物溶液，用于脱除合成气中微量的一氧化碳和二氧化碳。

02.0250 精炼气 refined gas
在合成氨生产中，用铜氨液脱除原料气中微量一氧化碳和二氧化碳后的气体。

02.0251 铜比 copper ratio
醋酸铜氨液中，一价铜离子与二价铜离子浓度之比。

02.0252 铜洗塔 cuprammonia scrubber
在合成氨生产中，用铜氨液脱除原料气中微量一氧化碳和二氧化碳的设备。

02.0253 氢氮气压缩机 hydrogen nitrogen compressor
在合成氨生产过程中，将原料气逐级压缩至各工段所要求压力的压缩机。

02.0254 转鼓涂硫 drum sulfur coated
雾化后的熔融硫磺在转鼓造粒机内喷涂在肥料颗粒表面的过程。

02.0255 流化床造粒器 fluidized bed granulator
用于流化床造粒过程的设备。

02.0256 聚合物包膜 polymer coating
主要使用高分子聚合物材料在颗粒肥料表面形成包膜以改进肥料的肥效的方法。

02.0257 喷动床涂硫 spouted bed sulfur coated
在流化喷动床设备上完成颗粒肥料表面涂硫的过程。

02.0258 微生物发酵 microbial fermentation
利用微生物，在适宜的条件下，将原料经过特定的代谢途径转化为人类所需要的产物的过程。

02.0259 多聚磷酸盐螯合剂 polyphosphate chelating agent
能够螯合农作物生长所必需的中、微量营养元素的螯合剂。反应生成多聚磷酸盐螯合物，用于生产中、微量元素肥料。

02.0260 高温熔融 high temperature melting
温度升高时，分子的热运动的动能增大，导致结晶破坏，物质由晶相变为液相的过程。

02.0261 化学水解 chemical hydrolysis
水与另一化合物反应，该化合物分解为两部分，水中氢原子加到其中的一部分，而羟基加到另一部分，因而得到两种或两种以上新的化合物的反应过程。

02.0262 多聚磷酸盐螯合 polyphosphate chelation
多指用多聚磷酸盐螯合农作物生长所必需的中、微量营养元素。

02.0263 配料掺合 fertilizer mixing
固体原料肥料的物理混合（散装掺合），不引入化学反应或使原料粒度发生改变。

02.0264 萃取 extraction
利用不同物质在选定溶剂中溶解度不同以分离混合物中的组分的方法。

02.0265　氨基酸螯合剂　amino acid chelate agent
用来螯合农作物微量营养元素生成氨基酸螯合物作为生产微肥的添加剂。

02.0266　料幕　curtain of material
多指小尿素颗粒或复混肥料颗粒运动过程中形成的料帘。

02.0267　计量　measurement
根据给定配方称量各种物料。

02.0268　过滤　filtration
分离悬浮在液体或气体中的固体颗粒的一种操作。

02.0269　混匀　mixing
用机械或人工的方法使两种以上的物料均匀混合的作业。

02.0270　硫酸分解法　sulfuric acid decomposition method
又称"曼海姆法（Mannheim method）"。以氯化钾和浓硫酸为原料，在高温条件下发生反应生成氯化氢和硫酸钾，氯化氢被吸收产生盐酸，硫酸钾经冷却后为产品的生产工艺。

02.0271　溶剂萃取法　solvent extraction method
以氯化钾和稀硫酸为原料，常温下在萃取剂作用下进行反应萃取生产硫酸钾的工艺。萃取剂经回收后可循环使用。

02.0272　复分解法　double decomposition method
采用氯化钾同含硫酸根的盐类（如硫酸铵、芒硝、石膏、硫酸镁等）进行反应，得到硫酸钾及其副产物。

02.0273　芒硝氯化钾法　Glauber's salt potassium chloride method
以芒硝与氯化钾为原料，利用相图原理，通过两段转化、一次蒸发过程生产硫酸钾副产氯化钠的工艺。

02.0274　氯化钾与硫酸铵转化法　potassium chloride and ammonium sulfate transformation method
以氯化钾和硫酸铵为原料，利用相图原理，通过改变温度或溶剂组成，硫酸钾优先结晶析出，得到硫酸钾的同时也得到一定数量的氯化铵-氯化钾混合物的工艺方法。它们都可以进一步加工成氮磷钾复合肥料。

02.0275　固相法　solid phase method
以氯化钾和绿矾，配合以液氨、硫酸、催化剂和助剂等其他原料，利用固相化学配位和复分解反应的基本原理，氯化钾复分解得到硫酸钾产品并副产氯化铵的工艺。该方法以工业废渣为原料。

02.0276　盐酸降膜吸收器　hydrochloric acid falling film absorber
利用液体在重力作用下沿壁下降形成薄膜，并与氯化氢气体进行逆流或并流接触实现氯化氢气体吸收为盐酸的装备。

02.0277　喷浆造粒干燥机　spray granulation dryers
在有返料的情况下，将造粒和干燥合并在一个回转圆筒内完成颗粒肥料生产的设备。

02.0278　硝酸钠-氯化钾转化法　sodium nitrate and potassium chloride transformation method
利用硝酸钠和氯化钾为原料，按一定配比混合配成溶液，在高温下蒸发析出氯化钠，析出氯化钠后的母液冷却析出硝酸钾粗品，经过滤、洗涤得到硝酸钾产品的工艺。

02.0279　硝酸铵-氯化钾转化法　ammonium nitrate and potassium chloride transformation method
利用硝酸铵（NH_4NO_3）-硝酸钾（KNO_3-

氯化钾（KCl）-水（H₂O）系统在不同温度下的盐/液平衡情况，使之从生产装置中依次分离出硝酸钾和氯化铵。是中国硝酸钾主要生产方法。

02.0280 硝酸分解氯化钾法 nitric acid decomposition and potassium chloride method
氯化钾和硝酸在高温下生产硝酸钾和氯化亚硝酰及氯气，硝酸钾-硝酸溶液蒸发浓缩结晶析出硝酸钾，固液分离得到硝酸钾产品的工艺方法。是美国西南钾碱公司开发的硝酸钾制造方法。

02.0281 离心过滤机 centrifugal filter
利用离心力作用实现固液分离的设备。

02.0282 结晶 crystal
物质从液态（液体或熔融体）或气态形成晶体的过程。

02.0283 真空装置 vacuum device
对给定的空间内获得低于一个大气压力的气体状态的装置。

02.0284 凉水塔 cooling tower
利用吹进来的风与由上洒下来的水形成对流，把热源排走，一部分水在对流中蒸发，带走了相应的蒸发潜热，降低水的温度的换热装备。

02.0285 冷凝器 condenser
主要用于使蒸气冷凝为液体的设备。

02.0286 洗涤液 washing liquid
具有去污作用的物质。

02.0287 虹吸 syphonage
利用液面高度差的作用力现象，将液体充满一根倒 U 形的管状结构内后，将开口高的一端置于装满液体的容器中，容器内的液体会持续通过倒 U 形管从开口更低的位置流出的过程。

02.0288 氯气汽提塔 chlorine gas stripper
在硝酸钾生产过程中移走反应生成的气态氯的设备。

02.0289 多效蒸发器 multi effect evaporator
将溶液经多级浓缩的设备。

02.0290 回流冷凝器 reflux condenser
通过回流来增大散热面积、缩小体积、提高散热效率的设备。

02.0291 加热汽化器 heating vaporizer
液体经加热到汽化的设备。

02.0292 旋风增稠器 cyclone thickener
用来提高硝酸钾/硝酸溶液浓度的设备。

02.0293 回转冷却器 rotary cooler
结构类似于回转干燥机，为一卧式圆筒，用于降低肥料颗粒的温度至接近常温的设备。

02.0294 洗涤混合沉降器 washing mixer settler
用来净化、增浓硝酸钾溶液的设备。

02.0295 氨基甲酸铵 ammonium carbamate
由两分子氨、一分子二氧化碳反应生成的化合物。是合成尿素的中间产物，脱水生成尿素。

02.0296 尿素造粒塔 urea granulation tower
制造颗粒尿素的装置。一般为钢筋混凝土浇注的直立中空圆筒状构筑物。

02.0297 熔融尿素 molten urea
在高于尿素熔点（132.7℃）下得到的尿素熔融物。

02.0298 结晶尿素 crystal urea
尿素溶液在常压或真空下通过冷却结晶再经干燥而获得的产品。

02.0299 水溶液全循环工艺 water solution full-cycle technology

将尿素合成反应后的未反应的氨、二氧化碳采用水吸收生成氨基甲酸铵或碳酸铵水溶液，用泵加压全部循环返回尿素合成系统的尿素生产工艺。

02.0300 水溶液全循环改良 C 工艺 improved type C technology of water solution full-cycle

通过采用较高的合成温度和压力，维持较高的氨碳比和较低的水碳比以提高转化率的工艺。是日本原三井东压化学公司（现为三井化学公司）开发的对水溶液全循环工艺的改进工艺。

02.0301 中压联尿工艺 medium pressure associated urea technology

中国自主开发的汽提法尿素工艺。将合成熔融物减压到 4.5～6.0MPa 后，用中压变换气汽提，并将提出物吸收后返回合成。

02.0302 氨汽提工艺 ammonia stripping technology

意大利斯那姆公司开发的汽提法工艺。在合成压力下，以氨为汽提剂，汽提分解合成未反应物，并将其回收后返回合成。

02.0303 二氧化碳汽提工艺 CO_2 stripping technology

荷兰斯塔米卡邦公司开发的汽提法工艺。在合成压力下，以二氧化碳为汽提剂，汽提分解合成未反应物，并将其回收后返回合成。

02.0304 池式反应器 pool reactor

荷兰斯塔米卡邦公司开发的二氧化碳汽提工艺的合成反应器，替代了传统的立式合成塔，不仅大幅度降低了装置框架高度，节省了投资，而且操作和维修更加简便。

02.0305 ACES 工艺 ACES technology

全称"先进的低成本节能工艺（the advanced process for cost and energy saving technology）"。日本原三井东压化学公司开发的低成本节能工艺。采用高氨碳比以实现高的转化率，减少系统循环量，双甲铵冷凝器充分利用反应热。

02.0306 等压双汽提法工艺 isobaric double-stripping process

简称"等压 IDR 工艺（isobaric IDR technology）"。意大利蒙特爱迪生（Montedison）集团公司开发的等压双汽提法尿素工艺。在合成压力（$20.0×10^6$Pa）和温度（190℃）下分别用氨和二氧化碳汽提合成物，分解未反应的甲铵和氨，将其返送合成。采用较高的氨碳比，合成转化率高，能耗低。

02.0307 UTI 工艺 UTI technology

美国孟莫克有限公司（原美国孟山都环境化学公司）开发的热循环尿素工艺。源于水溶液全循环法，采用高转化率的等温逆流合成塔，较高的氨碳比，充分利用生产过程中的甲铵冷凝热，实现多级热回收，能耗和公用工程消耗低。

02.0308 高效联合尿素工艺 high efficient combined process urea technology

瑞士卡萨利（Casale）公司开发的尿素技术。采用双合成塔提高转化率，减少汽提负荷，适合全循环法尿素生产装置改造。

02.0309 二氧化碳压缩 carbon dioxide compression

通过二氧化碳压缩机进行的升压过程。

02.0310 氨净化 ammonia purification

液氨进入液氨过滤器除去催化剂粉末等固体杂质和油类的工艺流程。

02.0311 尿素合成 urea synthesis

由液氨和气体二氧化碳在高温高压熔融液状态下反应生成尿素和水的工艺流程。

02.0312 尿素转化率 urea conversion rate
合成尿素反应中二氧化碳的转化率。

02.0313 氨碳比 ammonia carbon ratio
氨（NH_3）和二氧化碳（CO_2）的分子比。

02.0314 水碳比 water-carbon ratio
水（H_2O）和二氧化碳（CO_2）的分子比。

02.0315 循环系统 circulation system
未反应物的分解、回收循环过程。

02.0316 蒸发工段 evaporation section
将尿素溶液通过加热蒸发除水变浓的工段。

02.0317 高压液氨泵 high-pressure ammonia pump
用来增加液氨压力并将液氨输送出去的机械。主要有往复式和离心式两类。

02.0318 高压甲铵泵 high-pressure ammonium carbamate pump
用来增加高压氨基甲酸铵压力，并将其输送出去的机械。主要有往复式和离心式两类。

02.0319 高压甲铵喷射器 high-pressure carbamate ejector
利用高压液氨泵提供的液氨在喷射器内形成负压，从而将甲铵送入尿素合成塔的设备。

02.0320 高压洗涤器 high-pressure scrubber
用来回收尿素合成气体中氨和二氧化碳的设备。

02.0321 尿素熔融泵 urea molten pump
用于输送融熔尿素溶液的机械。

02.0322 合成塔 synthesis converter
采用塔型结构进行尿素合成反应的一种反应器。

02.0323 高压汽提塔 high-pressure stripper
列管式高压加热分解设备，壳程引入加热蒸汽加热管程中尿素甲铵溶液来分解甲铵的设备。

02.0324 解吸塔 desorption column
直接蒸汽通入废液中，将氨和二氧化碳脱吸为气体的塔器。

02.0325 低压精馏塔 low pressure rectification column
$0.2\sim0.5MPa$ 低压力等级下的分解设备。

02.0326 氨吸收塔 ammonia absorber column
用水或稀氨水洗涤吸收气氨的设备。

02.0327 氨预热器 ammonia preheater
用余热加热液氨的设备。

02.0328 氨冷凝器 ammonia condenser
将气态氨冷凝为液态氨的设备。

02.0329 惰性气体洗涤器 inert gas scrubber
通过气液接触，除去气体中氨的设备。

02.0330 中压分解加热器 medium pressure decomposition heater
中压条件下加热分解尿素合成熔融物的设备。

02.0331 蒸发加热器 evaporation heater
通过加热除去尿素水溶液中的水，浓缩尿液的设备。

02.0332 蒸发冷凝器 evaporation condenser
将蒸发分离器分离出的气相混合物冷凝为液相的设备。

02.0333 预分离器 preseparator
尿素合成液绝热减压至中压，等熔节流膨胀的合成溶液分离为气液两相，将气液两相分离的设备。

02.0334 蒸发分离器 evaporation separator
将蒸发加热器引出的气液混合物进行分离的设备。

02.0335 蒸汽喷射器 vapour ejector
以蒸汽为动力源,将压力较低的物料输向压力较高方向的驱动设备。

02.0336 氨缓冲槽 ammonia buffer tank
用来储存液氨的设备。

02.0337 尿液缓冲槽 urea solution buffer tank
用来储存尿素熔融液的设备。

02.0338 造粒喷头 granulation nozzle
雾化尿素熔融液的部件。

02.0339 造粒技术 granulation technology
将物料制造成特定形状的技术。

02.0340 流化床大颗粒技术 fluid-bed macro-granule technology
通过将大量尿素颗粒悬浮于运动的流体之中而制成尿素的技术。

02.0341 钢带造粒 steel belt granulation
通过钢带来做成产品。熔融物料在以水为冷媒的钢带造粒机上成粒的技术。

02.0342 煤 coal
由古代植物转变而来的一种矿产资源。是一种固体化石燃料。

02.0343 煤球 briquette
通过黏结剂将粉煤制成球状。

02.0344 煤棒 coal rod
通过黏结剂将粉煤制成长条状。

02.0345 煤渣 coal cinder
锅炉燃料及气化炉原料气化后排出的废渣。

02.0346 固定碳 fixed carbon
煤经热解出挥发分之后,剩下的不挥发物称为焦渣,焦渣减去灰分后的剩余部分。

02.0347 灰熔点 ash melting point
固体燃料中的灰分达到一定温度后发生变形,软化和熔融时的温度。

02.0348 挥发分 volatile content
样品在规定条件下隔绝空气加热,其中的有机物质受热分解出一部分分子量较小的液态。

02.0349 半水煤气 semi coal-water gas
以适量的空气与水蒸气作为气化剂制取的煤气。

02.0350 移动床气化 moving bed gasification
煤料靠重力下降与气流接触的气化方法。

02.0351 气流床气化 entrained flow bed gasification
气体介质夹带煤粉并使其处于悬浮状态的气化方法。

02.0352 气化炉 gasifier
又称"煤气发生炉"。进行煤炭气化作业的设备。

02.0353 水煤浆气化 coal water slurry gasification
煤或者石油焦等固体碳氢化合物以水和煤浆或水炭浆的形式与气化剂一起通过喷嘴的气化技术。

02.0354 洗气塔 scrubber
用水来洗涤和冷却煤气的设备。

02.0355 静电除焦器 electrostatic decoking device
利用高压电将含焦油气体电离,使得焦油及粉尘颗粒向塔体移动和沉积的设备。

02.0356　煤气柜　gas tank
贮存工业及民用煤气的设备。

02.0357　氨　ammonia
化学式为 NH_3，以氮和氢为原料，在一定压力、温度和催化剂的条件下合成的化合物。常温下为无色有刺激性气味气体，是生产化肥、硝酸等产品的重要原料。

02.0358　氨法碳酸钠　ammonia ash sodium carbonate from ammonia-alkali
全称"氨碱法制碳酸钠"。将氨气和二氧化碳通入氯化钠中得到碳酸氢钠，经高温灼烧制得碳酸钠。

02.0359　氨量计　ammoniameter
测定液氨流量的装置。

02.0360　变压吸附　pressure swing adsorption, PSA
利用吸附剂的平衡吸附量随组分分压升高而增加的特性，进行加压吸附、减压脱出的操作过程。

02.0361　流化床　fluidized bed
利用固体流态化原理进行单元操作的设备。

02.0362　粉磨机　pulverizer
物料在磨辊与磨环之间研磨，以此制备粉体的设备。

02.0363　煤矸石　gangue
在成煤过程中与煤层伴生的一种含碳量很低、比煤坚硬的黑灰色岩石。

02.0364　给料机　feeder machine
把物料从贮料设备中均匀或定量地供给到受料设备中的机械。

02.0365　振动造粒机　vibrating granulator
通过振动方法将物料制造成特定形状的成型机械。

02.0366　弛放气　purge gas
合成氨生产中，对未参与反应或品位过低而难以再利用气体的总称。

02.0367　母液　mother liquor
在化学沉淀或结晶过程中分离出沉淀或晶体后残余的饱和溶液。

02.0368　焦炉煤气　coke oven gas
炼焦过程中，经过高温干馏，与焦炭和焦油同时产生的一种可燃性气体。

02.0369　煤气化　coal gasification
以煤为原料，以氧气等为气化剂，在一定温度和压力下通过化学反应将煤的可燃部分转化为气体燃料的过程。

02.0370　烧嘴　nozzle，burner
可喷出燃料或空气等物质的设备。起到分配燃料并以一定方式喷出后燃烧的作用。

02.0371　耐火砖　firebrick
由耐火黏土或其他原料烧制成，主要成分为氧化铝、氧化铬、氧化硅等。

02.0372　激冷室　chilling chamber
用水冷却高温工艺气，同时回收热量的腔室。

02.0373　黑水　blackwater
从气化炉、洗涤塔底部直接排出，含有大量气化残碳的悬浮液。

02.0374　灰水　grey water
黑水经闪蒸处理后，再沉淀、澄清去除残渣，得到相对清澈的悬浮液。

02.0375　低温甲醇洗　rectisol
以冷甲醇为吸收溶剂，利用甲醇在低温下对酸性气体溶解度极大的优良特性，脱除原料气中的酸性气体的方法。

02.0376 雾化性能 atomization performance
液体以极小的液滴悬浮的状态，是其扩散范围、液滴直径等综合属性的表征。

02.0377 水冷壁 water cooled wall
锅炉的主要受热部分，内部为流动的水或蒸汽，外部接受炉膛火焰的热量。

02.0378 氢氮比 hydrogen nitrogen ratio
合成氨原料气中氢和氮组分的体积比或摩尔比。其数值控制在 2.6~3.2。

02.0379 铁系催化剂 iron catalyst
合成氨工业中使用的以铁为主体的多成分催化剂。

02.0380 氨合成催化剂 ammonia synthesis catalyst
高压、高温下氨合成反应中使用的催化剂。包括铁系和非铁系两类。

02.0381 总铁 total iron
铁系氨合成催化剂中各价铁的总铁含量。

02.0382 铁比 iron ratio
铁系氨合成催化剂中亚铁离子与铁离子的比值。

02.0383 氨净值 net value of ammonia
氨合成塔出口与进口氨含量的差。

02.0384 水汽浓度 vapor concentration
氨合成催化剂在升温还原时所产生水蒸气的浓度。是其升温还原的生产控制指标。

02.0385 微量残留 trace residue
合成氨原料气经脱硫、变换、脱碳等气体净化处理后一氧化碳和二氧化碳的残留量。

02.0386 碱石棉称重法 ascarite weighing method
以浸有烧碱的石棉作为吸水剂的方法来测定氨合成催化剂快速还原时的水汽浓度。

02.0387 水冷器 water cooler
以水为冷却介质的一种换热设备。

02.0388 氨分离器 ammonia separator
用来分离含氨混合气中冷凝下来的液氨，并经减压后将液氨送往液氨贮槽的设备。

02.0389 冷交换器 cold exchanger
氨合成系统中用以分离液氨、回收冷量的设备。

02.0390 氨冷器 ammonia cooler
液氨经节流阀节流将其闪蒸为气氨的设备。

02.0391 软水加热器 soft water heater
用软水来回收氨合成反应余热的一种换热设备。大多设置在合成水冷器前。

02.0392 冷管效应 cooling pipe effect
由于内件冷管束内冷气的作用，在冷管束周围存在一个过冷失活区，导致催化剂活性差的一个现象，进而影响氨合成反应。

02.0393 集气器 gas collector
被测介质为液体时，为了防止在引压管中有气体存在而影响测量，用以定期排放引压管线内的气体，以提高测量精度的辅助设备。

02.0394 冷激气 quench gas
使流体间进行快速热量交换的合成气。

02.0395 选择渗透 selective permeability
利用渗透膜选择性分离气体的原理从混合气体中分离氢气的过程，这种以高分子膜为界，使特定的气体产生分压差能引起气体的迁移并通过高分子膜。

02.0396 低温气体分离 low temperature gas separation
使气体混合物通过压缩、冷却、膨胀等操作在低温下液化将其组分分离的过程。

02.0397 中空纤维分离器 hollow fiber separator
利用具有选择透过能力的纤维膜作分离介质，达到物质分离及浓缩目的的设备。

02.0398 氨洗塔 ammonia washing tower
置于合成塔之前，用氨水洗去合成气中二氧化碳的塔器。

02.0399 吹风气 blowing air
固定层煤气发生炉操作过程中产生的热值不高的气体。其成分如下：二氧化碳 13%~15%、一氧化碳 6%~9%、氢气 1%~3%、水蒸气 1%~3%、甲烷 0.6%~0.8%、氮气 70%~78%。

02.0400 磷矿石 phosphate rock
在经济上能被利用的磷酸盐类矿物的总称，是一种重要的化工矿物原料，是生产磷肥的主要原料之一，主要成分是氟磷灰石$[Ca_5F(PO_4)_3]$。

02.0401 沉积磷矿床 sedimentary phosphorite bed
在地表条件下，含磷成矿物质被流水及风、冰川、生物等搬运到河、湖、海洋等水体内，经过沉淀聚积而形成的矿床。

02.0402 难溶性磷 insoluble phosphate
不溶于水而溶于强酸的磷。

02.0403 磷矿粉肥 rock phosphate fertilizer
不进行任何化学加工而直接作为肥料在农田上施用的磨细磷矿粉。

02.0404 磷矿品位 grade phosphate
磷矿中五氧化二磷（P_2O_5）的含量。

02.0405 反应系统 response system
磷矿被同时加入的硫酸所分解，生成磷酸和硫酸钙的整个反应过程。

02.0406 反应槽 reactive tank
磷矿与硫酸反应并生成硫酸钙结晶的设备。

02.0407 循环料浆 circulating slurry
又称"回浆"。将最后一槽（或倒数第二槽）的料浆泵送到第一槽，用以调整液固比且循环不已的料浆。

02.0408 固相沉淀 solid phase precipitation
又称"结垢"。磷矿中的铁、铝、镁等杂质形成的盐类在浓缩过程中随着磷酸浓度提高以化合物形式析出的晶体。

02.0409 直接传热蒸发 direct evaporative heat transfer
载热体直接接触物料从而将加热物料蒸浓的过程。

02.0410 浸没燃烧浓缩 concentrated submerged combustion
高温烟气直接喷入液体中，采用直接接触传热加热液体的方法。

02.0411 磷石膏堆置 phosphogypsum stacking
又称"磷石膏堆存"。将磷石膏堆置存放，是磷石膏的一种处置方法。

02.0412 湿排 wet discharged
全称"湿法排渣"。磷石膏浆通过离心泵输送到过滤机，经过过滤、洗涤后，送到渣场堆放的方法。

02.0413 工业黄磷 industrial yellow phosphorus
化学式为 P_4。无色蜡样结晶体，有和大蒜一样的臭味，是一种极重要的基础工业原料，主要用于化工、农药等多个领域。

02.0414 酸法磷肥 acid process phosphatic fertilizer
又称"湿法磷肥（wet-process phosphatic fertilizer）"。用无机酸的化学能分解磷矿制成的肥料。

02.0415 酸化磷矿 acidulated phosphate rock
采用硫酸、磷酸或者硝酸作为酸化剂对中低品位磷矿进行处理的方法。

02.0416 立式多浆混合机 vertical mixing machine
钢壳内衬防腐蚀材料的椭圆形槽,具有多个搅拌桨且每个搅拌桨有不同层的桨叶,主要用于磷矿与硫酸的混合反应的设备。

02.0417 化成室 curing chamber
对硫酸和磷矿粉混合后的料浆进行固化的设备。

02.0418 吸收室 absorber
对从混合化成工段来的含氟废气进行处理吸收的设备。

02.0419 转鼓造粒机 drum granulator
为一中空的转筒,转筒内安装有带有喷嘴的水分配管以润湿造粒物料,经润湿的物料随着转动的转筒不断翻动和滚动而且团聚成粒的造粒设备。

02.0420 库尔曼流程 Kuhlman process
由法国库尔曼公司开发,采用透平混合机和皮带化成机生产重过磷酸钙的一种工艺流程。

02.0421 磷精矿 phosphate concentrate
采用各种物理和/或化学过程使得 P_2O_5 的品质得到提高以满足后期加工要求的磷矿。

02.0422 均化 homogenize
通过采用一定的工艺措施,达到降低物料化学成分的波动振幅,使物料的化学成分均匀一致的过程。

02.0423 淤渣 sludge
湿法磷酸浓缩后澄清过程或净化精制过程中产生的副产物。

02.0424 Chemico 鼓泡浓缩 Chemico bubble concentration
湿法磷酸浓缩工艺,属于器外燃烧蒸发,燃烧炉出来的热炉气通过浸没在液面下一定深度的鼓泡管在酸液中鼓泡,将热量直接传入酸中而进行蒸发,是气液直接接触蒸发的一种形式。

02.0425 干排 dry discharge
全称"干法排渣"。经由选矿工艺把矿石中的有价物质提取之后的废渣通过浓缩脱水工艺,制备成物料后输送至尾矿库和排土场堆存或再循环利用的一种工艺方式。

02.0426 窑法磷酸 kiln-method phosphoric acid
采用回转窑并充分利用化学反应热来分解中低品位磷矿进而生产出高纯度、高浓度磷酸的生产工艺。

02.0427 喷射吸收塔 spray absorption tower
液体以液滴状分散在气相中进行处理吸收的设备。

02.0428 混酸 mixed acid
硫酸、磷酸、硝酸中的两种或三种混合在一起组成的酸液。

02.0429 莫里兹斯坦德流程 Moritz-Standert process
采用立式混合机和立式回转化成机生产普钙,后来扩展到生产重过磷酸钙的一种工艺流程。

02.0430 熔融体 melt
物料在给定条件下加热熔化或熔融的一种物性状态。

02.0431 振网筛 vibrating screen
由若干个振动电机为激振源直接振动筛网,而筛箱固定不动用于筛分的设备。

02.0432　浓缩磷酸氨化造粒　concentrated phosphoric acid ammoniator granulation
浓缩磷酸经槽式预中和获得磷铵料浆，然后在转鼓造粒机中进行氨化造粒的工艺。

02.0433　挪威海德鲁工艺　Norsk Hydro technology
依据料浆可浓缩终点浓度选择双轴造粒机造粒或者塔式喷淋造粒制取粒状氮磷二元产品或氮磷钾三元产品的一种硝酸磷肥生产工艺。

02.0434　钢渣磷肥　phosphoric slag fertilizer
又称"托马斯磷肥（Thomas phosphatic fertilizer）""矿渣磷肥"。由含磷生铁用托马斯法炼钢时所生成的碱性炉渣经轧碎、磨细而得的一种肥料。

02.0435　脱氟磷肥　defluorinated phosphate
磷矿与各种不同配料（硅砂或芒硝与磷酸等）混合，在有水蒸气存在和1300℃左右高温下，将磷矿中大部分氟脱除，生成可被植物吸收利用的 α-磷酸三钙和硅磷酸钙可变组成体的肥料。

02.0436　氨化　ammonification
在生产磷铵时的一个工序，指在造粒机内用气氨对颗粒物料进行处理的过程。

02.0437　涂布　coating
将糊状聚合物、熔融态聚合物或聚合物熔液涂于粒子上制得肥料产品的方法。

02.0438　连续结晶　continuous crystallization
在一个结晶设备内保持连续进料和连续排料的结晶过程。

02.0439　旋风炉　cyclone furnace
利用高速旋转的空气流使物料粒子高速度旋转并强烈燃烧的圆筒形燃烧室。

02.0440　枸溶率　citrate dissolution rate
磷酸盐在2%柠檬酸中溶出五氧化二磷（P_2O_5）的含量与溶解前总 P_2O_5 的含量之比，以百分数表示。

02.0441　析晶　crystallization
当物体处于非平衡态时，以晶体形式析出的相。通常指熔料从炉中流出后急剧冷却析出结晶。

02.0442　料浆浓缩法　slurry concentrating method
酸解过滤后的湿法磷酸先用氨中和，再浓缩中和料浆后直接进行喷浆造粒生产磷铵的工艺方法。

02.0443　油浸造粒　oil immersed granulation
熔融造粒物料喷洒到矿物油中，液滴冷却后凝固成粒，适合硝酸钙、尿素硫铵等的造粒方法。

02.0444　氨化过磷酸钙　ammoniated superphosphate
由过磷酸钙经氨化中和其中游离酸而得，主要有效成分是磷酸二氢钙、磷酸氢钙及少量的磷酸一铵和磷酸二铵，并含有少量石膏的肥料。

02.0445　热法磷肥　thermal-process phosphate fertilizer
将磷矿石与配料混合，进行高温加工所得可被作物吸收的磷酸盐或含磷的玻璃体物质的肥料。

02.0446　烧结磷肥　sintering phosphate
以磷矿粉添加无水芒硝、煤粉、黏土和水混合成型后，在高温下烧结制得的一种枸溶性磷肥。

02.0447　团聚造粒　granulation reunion
在有一定的液相存在条件下，通过机械搅动促使粒子在受到机械作用的挤压下,互相碰撞紧密接触从而黏结成粒的一种造粒方法。

02.0448　流态化造粒　fluidized granulation
从流化床的多孔板通入气流,使流化床内作为"晶种"的返料及细粒物料呈流态化从而进行造粒的方法。

02.0449　团粒法　agglomeration process
在适宜的液相存在条件下,物料在造粒设备内通过搅动促使粒子不断运动,物料间相互碰撞、挤压、滚动使其紧密而成型,团聚黏附成粒。是颗粒状复混肥料的主要生产方法。根据使用造粒设备的不同,可分为圆盘造粒、转鼓造粒、双桨混合造粒等工艺。

02.0450　氨化粒化　ammoniated granulation
用氨中和磷酸、硫酸用于生产硫磷铵系复混肥料的工艺技术。

02.0451　管式反应器　tubular reactor, pipe reactor
一种管状的、连续操作的反应设备。

02.0452　半料浆团粒法　semi slurry agglomeration
基础肥料一部分以可流动料浆形式送入造粒机,料浆作为液相与其他粉粒状原料和返料在造粒机内涂布或黏结成颗粒的造粒方法。是固体团粒法造粒的改进。

02.0453　转鼓造粒　drum granulation
为团粒湿法造粒工艺。通过一定量的水或蒸汽,使基础肥料在筒体内调湿后充分发生化学反应,在一定的液相条件下,借助筒体的

旋转运动,使物料粒子间产生挤压力团聚成球的生产方法。

02.0454　排风　exhaust air
为防止设备在生产过程中产生的有害物对空气产生污染,往往通过排气罩或吸风口将有害物加以捕集的工序。

02.0455　预中和　pre-neutralizing
造粒前对物料的酸碱度进行调和的处理工序。

02.0456　包裹剂　parcel agent
为阻断肥料盐桥的产生及饱和溶液的扩散,阻止肥料结块而包裹在肥料颗粒表面的薄膜物质。

02.0457　调节剂　regulator
在复混肥生产中用于调节酸碱度的溶剂。

02.0458　熔体造粒法　melt granulation method
料浆法造粒技术中的一种,即物料处于高温熔融状态,含水量很低,可流动的熔体直接喷入冷媒中从而形成球形颗粒的一种料浆法造粒技术。

02.0459　塔式喷淋造粒　tower prilling
熔融态物料从塔顶由喷头喷出,在塔内降落时与空气换热冷却成粒的工艺方法。造粒塔有圆形和方形两种,以圆形居多。是应用最广泛的单一氮肥或复合肥的造粒技术。

02.0460　帘幕涂布　curtain coating
当转鼓旋转时,返料和晶种从集料盘流下形成一层稠密颗粒,再用喷头将一定压力的熔融尿素喷在其上的工艺方法。

英　汉　索　引

A

absorber　吸收室　02.0418

absorber gas ammonia weak washer　吸收净氨塔
　01.0527

absorbing　吸收　01.0010

absorption pressure　吸收压力　01.0084

absorption rate　吸收率　01.0023

absorption tower　吸收塔　01.0061

accidental chlorine absorption tower　事故氯吸收塔
　01.0341

accidentally chlorine　事故氯气　01.0340

ACES technology　ACES工艺　02.0305

acid concentration　*酸浓度　01.0077

acid cooler　酸冷却器　01.0050

acid distributor　分酸器　01.0063

acid process phosphatic fertilizer　酸法磷肥　02.0414

acid proof ceramic tile　耐酸瓷砖　01.0065

acid-scrubbing　酸洗净化　01.0025

acid soak　酸泡　01.1216

acidulated phosphate rock　酸化磷矿　02.0415

activated alumina　活性氧化铝　01.1429

activated carbon filter　活性炭过滤器　01.0569

activated silicic acid　活性硅酸　01.1238

activated zinc oxide　活性氧化锌　01.1460

active cathode　活性阴极　01.0244

active coke method　活性焦法　01.0031

additive　添加剂　02.0064

adiabatic shift converter　绝热变换炉　02.0230

aerogel　气凝胶，*固体烟　01.1212

agglomeration process　团粒法　02.0449

agitated film evaporator　回转式薄膜蒸发器　01.0705

agitating extraction column　搅拌式萃取塔　01.0694

agitation cooling crystallizer　搅拌冷却结晶器　01.0710

Ag-X molecular sieve　Ag-X分子筛　01.1250

air dryer　空气干燥器　01.0716

air purging process　空气吹除法　01.0260

air separation　空气分离，*空分　01.1534

air separation unit　空分装置　01.1535

alginic acid　海藻酸　02.0147

alkali absorption　碱吸收　01.0094

alkaline extraction method　碱解法　01.0795

alumina desiccant　氧化铝干燥剂　01.1462

alumina fiber　氧化铝纤维　01.1464

alumina sol　氧化铝溶胶　01.1431

aluminium acid phosphate　酸式磷酸铝　01.1149

aluminium ammonium sulfate　硫酸铝铵，*铵明矾
　01.1319

aluminium dihydrogen tripolyphosphate　三聚磷酸二氢
　铝　01.1186

aluminium hydroxide　氢氧化铝　01.1410

aluminium nitride　氮化铝　01.1510

aluminium oxide　氧化铝　01.1428

aluminium phosphate　磷酸铝　01.1137

aluminium phosphide　磷化铝　01.1180

aluminium potassium sulfate　硫酸铝钾，*[钾]明矾
　01.1317

aluminium silicate　硅酸铝　01.1228

aluminium sodium sulfate　硫酸铝钠，*钠明矾　01.1316

aluminium sulfate　硫酸铝　01.1315

aluminium trichloride　三氯化铝　01.0863

aluminium zirconate ceramic　锆酸铝陶瓷　01.1370

aluminium zirconate fiber　锆酸铝纤维　01.1371

aluminous soil　*铝矾土　01.0645

aluminum borate whisker　硼酸铝晶须　01.0842

aluminum dihydrogen phosphate　磷酸二氢铝　01.1149

aluminum fluoride　氟化铝　01.1016

aluminum metaphosphate　偏磷酸铝　01.1139

aluminum nitrate　硝酸铝　01.1095

aluminum oxide carrier　氧化铝载体　01.1463

aluminum phosphate molecular sieve　磷酸铝分子筛
　01.1208

alunite　明矾石　01.0641

amide nitrogen　*酰胺态氮　02.0189

amino acid chelate agent　氨基酸螯合剂　02.0265

aminophosphonic acid chelating resin　氨基磷酸型螯合
　树脂　01.0152

aminosulfonic acid　氨基磺酸　01.1495

ammonia　氨　02.0357

ammonia absorber　吸氨塔　01.0525

ammonia absorber column　氨吸收塔　02.0326

ammonia-air mix　氨-空混合　01.0087

ammonia-air mixer　氨-空混合器　01.0118

ammonia ash sodium carbonate from ammonia-alkali　氨法碳酸钠, *氨碱法制碳酸钠　02.0358

ammonia auxiliary evaporator　氨辅助蒸发器　01.0099

ammonia buffer tank　氨缓冲槽　02.0336

ammoniacal brine　氨盐水　01.0471

ammoniacal nitrogen　铵态氮　02.0187

ammonia carbon ratio　氨碳比　02.0313

ammonia condenser　氨冷凝器　02.0328

ammonia cooler　氨冷器　02.0390

ammonia distiller　蒸氨塔　01.0524

ammonia evaporation　氨蒸发　01.0086

ammonia evaporator　氨蒸发器　01.0098

ammonia filter　氨过滤器　01.0111

ammonia gas compressor　氨压缩机　01.0555

ammoniameter　氨量计　02.0359

ammonia method　氨法　01.0028

ammonia oxidation pressure　氨氧化压力　01.0083

ammonia oxidation reactor　氨氧化炉　01.0097

ammonia preheater　氨预热器　02.0327

ammonia purification　氨净化　02.0310

ammonia separator　氨分离器　02.0388

ammonia-soda process　氨碱法　01.0492

ammonia stripping technology　氨汽提工艺　02.0302

ammonia surperheater　氨过热器　01.0100

ammonia synthesis catalyst　氨合成催化剂　02.0380

ammoniated brine clarifier　氨盐水澄清桶　01.0522

ammoniated granulation　氨化粒化　02.0450

ammoniated mother liquor Ⅰ　氨母液Ⅰ　01.0481

ammoniated mother liquor Ⅱ　氨母液Ⅱ　01.0484

ammoniated polyphosphate　聚磷酸铵　02.0105

ammoniated superphosphate　氨化过磷酸钙　02.0444

ammonia washing tower　氨洗塔　02.0398

ammonification　氨化　02.0436

ammonium bicarbonate　碳酸氢铵　01.0843

ammonium bifluoride　氟化氢铵　01.1014

ammonium bisulfite　亚硫酸氢铵　01.1275

ammonium bromide　溴化铵　01.0779

ammonium carbamate　氨基甲酸铵　02.0295

ammonium chlorate　氯酸铵　01.0911

ammonium chloride　氯化铵　02.0078

ammonium chloride centrifuge　氯化铵离心机　01.0560

ammonium chloride drying furnace　氯化铵干燥炉　01.0561

ammonium chloride respectively to take out process　氯化铵并料取出流程　01.0504

ammonium chloride reverse out　氯化铵逆料取出流程　01.0505

ammonium chloride thickener　氯化铵稠厚器　01.0559

ammonium chromate　铬酸铵　01.0934

ammonium citrate soluble phosphate　柠檬酸铵溶性磷　02.0193

ammonium dichromate　重铬酸铵　01.0951

ammonium dimolybdate　二钼酸铵　01.1339

ammonium ferrous sulfate　硫酸亚铁铵　01.1320

ammonium fluoride　氟化铵　01.1000

ammonium fluoroborate　氟硼酸铵　01.0814

ammonium heptamolybdate　七钼酸铵, *仲钼酸铵　01.1344

ammonium hexachloroplatinate (Ⅳ)　氯铂酸铵　01.0879

ammonium hexafluoroaluminate　氟铝酸铵　01.0995

ammonium hexafluorophosphate　六氟磷酸铵　01.1042

ammonium hexafluorosilicate　氟硅酸铵　01.0990

ammonium hydrogen phosphate　磷酸氢二铵　01.1145

ammonium hydroxide　氢氧化铵, *氨水　01.1416

ammonium hypophosphite　次磷酸铵　01.1168

ammonium iodide　碘化铵　01.1046

ammonium magnesium phosphate　磷酸铵镁　02.0109

ammonium manganese (Ⅱ) sulfate　硫酸锰铵, *硫酸亚锰铵　01.1085

ammonium mercuric thiocyanate　硫氰酸汞铵　01.0971

ammonium metavanadate　偏钒酸铵　01.1382

ammonium nitrate　硝酸铵　02.0077

ammonium nitrate and potassium chloride transformation method　硝酸铵-氯化钾转化法　02.0279

ammonium nitrate phosphate　硝磷酸铵　02.0106

ammonium octamolybdate　八钼酸铵　01.1337

ammonium paratungstate　仲钨酸铵　01.1330

ammonium perchlorate　高氯酸铵, *过氯酸铵　01.0919

ammonium periodate　高碘酸铵　01.1061

ammonium phosphate　磷酸铵, *磷酸三铵　01.1131

ammonium phosphate nitrate　硝磷酸铵　02.0106

ammonium phosphate sulfate　硫磷酸铵　02.0108

ammonium polyphosphate　聚磷酸铵　02.0105

ammonium potassium chloride　氯化钾铵　02.0112

ammonium potassium sulphate　硫酸钾铵　02.0113

ammonium sulfamate　氨基磺酸铵　01.1498

ammonium sulfide　硫化铵　01.1286

ammonium sulfite　亚硫酸铵　01.1274

ammonium sulfocyanate　硫氰酸铵　01.0967

ammonium sulphate　硫酸铵　02.0076

ammonium sulphate nitrate　硝硫酸铵　02.0079

ammonium tetra-borate　四硼酸铵　01.0828

ammonium tetramolybdate　四钼酸铵　01.1351

ammonium thiocyanate　*硫氰化铵　01.0967

ammonium thiosulfate　硫代硫酸铵　01.1277

ammonium tungstate　钨酸铵　01.1334

ammonium zirconium hexafluoride　氟锆酸铵　01.1040

3A molecular sieve　3A 分子筛　01.1246

4A molecular sieve　4A 分子筛　01.1247

5A molecular sieve　5A 分子筛　01.1248

amorphous graphite　无定形石墨,*土状石墨　01.1579

Andrussow method　安德鲁索夫法,*安氏法　01.0955

anhydrate process　无水物法　01.1125

anhydrous hydrofluoric acid　*无水氢氟酸　01.0983

anode　阳极　01.0387

anode chamber pressure　阳极室压力　01.0391

anode coating　阳极涂层　01.0392

anode component　阳极组件　01.0397

anode gasket　阳极垫片　01.0388

anode overvoltage　阳极过电位　01.0389

anode plate　阳极盘　01.0390

anode recoating　阳极重涂　01.0396

anodic protection　阳极保护　01.0024

anolyte circulation tank　阳极液循环槽　01.0395

anthraquinone route　蒽醌法　01.1395

anti-caking　防结块　02.0175

anti-caking agent　防结块剂　02.0176

antimony (III) fluoride　氟化亚锑　01.1008

antimony oxychloride　氯氧化锑　01.0895

antimony powder　锑粉　01.1546

antimony trichloride　三氯化锑　01.0866

antimony trioxide　三氧化二锑　01.1432

antimony trisulfide　三硫化二锑　01.1293

antimony white　*锑白　01.1432

aragonite　文石,*霰石　01.0603

argon　氩气　01.1588

argon neon mixture　氩氖混合气　01.1589

argyrodite　硫银锗矿　01.1527

arsenic　砷　01.0741

arsenic acid　砷酸　01.0749

arsenic fluoride　五氟化砷　01.0747

arsenic pentoxide　五氧化二砷　01.0748

arsenic trichloride　三氯化砷　01.0743

arsenic trifluoride　三氟化砷　01.0744

arsenic triiodide　三碘化砷　01.0745

arsenic trioxide　三氧化二砷,*砒霜　01.0746

arsenic trisulfide　三硫化二砷　01.1292

arsenopyrite　砷黄铁矿　01.0587

arsine　砷化氢,*砷烷,*胂　01.0742

asbestos　石棉　01.0337

asbestos diaphragm　石棉隔膜　01.0338

ascarite weighing method　碱石棉称重法　02.0386

ascharite　硼镁石　01.0594

ash　草木灰　02.0153

ash melting point　灰熔点　02.0347

atomic absorption spectrometer　原子吸收光谱仪　01.0433

atomization performance　雾化性能　02.0376

automatic centrifuge　自动离心机　01.0678

automatic discharge centrifuge　自动卸料离心机　01.0687

automatic igniter　自动点火器　01.0141

automatic oxidation of anthraquinone derivative　*蒽醌衍生物自动氧化法　01.1395

availability　有效性　02.0071

available chlorine content　有效氯含量　01.0427

available phosphate　有效磷　02.0196

available silicon　有效硅　02.0207

axial flow pump of cooling crystallizer　冷析结晶器轴流泵　01.0556

axial flow pump of salting-out crystallizer　盐析结晶器轴流泵　01.0558

B

baffle tank　折流槽　01.0369

barite　重晶石　01.0588

barium　钡　01.1555

barium carbonate　碳酸钡　01.0764

barium chlorate　氯酸钡　01.0766

barium chloride　氯化钡　01.0754

barium chromate　铬酸钡　01.0765

barium dibromide　溴化钡　01.0774

barium dimetaphosphate 偏磷酸钡 01.0775

barium dioxide 过氧化钡 01.0758

barium fluoride 氟化钡 01.0755

barium fluxing agent 钡熔剂, *二号熔剂 01.0910

barium hydrogen phosphate 磷酸氢钡 01.0772

barium hydroxide 氢氧化钡 01.0756

barium iodate 碘酸钡 01.0770

barium iodide 碘化钡 01.0769

barium manganate 锰酸钡 01.0773

barium metaborate 偏硼酸钡 01.0807

barium molybdate 钼酸钡 01.1345

barium nitrate 硝酸钡 01.0761

barium nitrite 亚硝酸钡 01.0762

barium oxide 氧化钡 01.0757

barium perchlorate 高氯酸钡, *过氯酸钡 01.0920

barium phosphate 磷酸钡 01.0771

barium stannate 锡酸钡 01.0768

barium sulfate 硫酸钡 01.0760

barium sulfide 硫化钡 01.0759

barium sulfite 亚硫酸钡 01.0763

barium titanate 钛酸钡 01.0767

barreled solid caustic soda 桶装固碱 01.0465

basic cupric sulfate 碱式硫酸铜 01.1322

basic lead carbonate 碱式碳酸铅 01.0850

basic lead silicochromate 碱式硅铬酸铅 01.1237

basic zinc chromate 碱式铬酸锌, *盐基性铬酸锌
　01.0943

basket type evaporator 悬筐式蒸发器 01.0375

bassanite 熟石膏, *烧石膏 01.0625

batch centrifuge 间歇式离心机 01.0679

batch dryer 间歇式干燥器 01.0711

bauxite 铝土矿 01.0645

bed voidage 床层空隙率 02.0231

belt filter press 带式压滤机 01.0674

beneficial element 有益元素 02.0007

beryllium chloride 氯化铍 01.0867

beryllium nitrate 硝酸铍 01.1113

beryllium oxide 氧化铍 01.1465

big bag 大袋 02.0068

binary fertilizer 二元肥料 02.0035

bipolar electrolyzer 复极电解槽 01.0188

bischofite 水氯镁石 01.0606

bismuth 铋 01.1567

bismuth chloride 氯化铋 01.0883

bismuth nitrate 硝酸铋 01.1114

bismuth oxychloride 氯氧化铋 01.0896

bismuth subcarbonate 碱式碳酸铋 01.0844

bismuth subnitrate 次硝酸铋, *碱式硝酸铋 01.1120

bismuth sulfate 硫酸铋 01.1310

bismuth trichloride *三氯化铋 01.0883

bismuth trioxide 三氧化二铋 01.1433

bittern 卤水 01.0162

bittern ratio 掺卤比 01.0178

biuret 缩二脲 02.0190

black cyanide *黑色氰化盐 01.0974

blackwater 黑水 02.0373

bleaching powder 漂白粉 01.0463

bleaching powder concentrate *漂粉精 01.0458

blend fertilizer 掺混肥料 02.0119

bloedite 白钠镁矾 01.0622

blow down drum 排污罐 01.0113

blower 吹风机 01.0533

blowing air 吹风气 02.0399

boehmite 一水软铝石, *软水铝石 01.0642

boiling-bed drying 沸腾床干燥 01.0734

boiling-bed roasting 沸腾焙烧 01.0659

bone meal 骨粉 02.0154

boric acid 硼酸 01.0831

boric anhydride 氧化硼, *硼酐 01.0798

bornite 斑铜矿 01.1516

boron 硼, *单体硼 01.0797

boron fibre 硼纤维 01.0833

boron-10 isotope 硼-10 同位素 01.0832

boron-magnesium fertilizer 硼镁肥 02.0124

boron phosphate 磷酸硼 01.0841

boron phosphide 磷化硼 01.0840

boron tribromide 三溴化硼 01.0791

boron trichloride 三氯化硼 01.0799

boron trifluoride diethyl etherate 三氟化硼乙醚
　01.0800

braunite 褐锰矿 01.0610

brine 盐卤 01.0590

brine filter 盐水过滤器 01.0384

brine mixer 兑卤槽 01.0217

brine pre-heater 盐水预热器 01.0385

brine refining 盐水精制 01.0381

briquette 煤球 02.0343

bromargyrite 溴银矿 01.0591

bromine　溴　01.0776

bromine chloride　氯化溴　01.0868

bubble-cap drying column　泡罩干燥塔　01.0300

bubble effect　气泡效应　01.0305

bucket elevator　斗式提升机　01.0165

bulk　散装　02.0070

bulk blend　散装掺混　02.0120

bulk density loose　松装堆密度　02.0166

bulk density tapped　墩实堆密度　02.0167

burkeite　碳钠矾　01.0621

burner　烧嘴　02.0370

burner nozzle　燃烧喷嘴　01.0320

byproduct hydrochloric acid　副产盐酸　01.0145

by-product steam hydrogen chloride synthesis furnace　副产蒸汽氯化氢合成炉　01.0133

C

cadmium　镉　01.1557

cadmium bromide　溴化镉　01.0784

cadmium carbonate　碳酸镉　01.0845

cadmium chloride　氯化镉　01.0869

cadmium difluoride　氟化镉　01.1025

cadmium hydroxide　氢氧化镉　01.1419

cadmium nitrate　硝酸镉　01.1096

cadmium oxide　氧化镉　01.1434

cadmium sulfate　硫酸镉　01.1312

cadmium tetrafluoborate　氟硼酸镉　01.0816

caesium　铯　01.1572

caking　结块　02.0174

calciner gas　炉气　01.0490

calciner gas condensate　炉气冷凝液　01.0479

calciner gas condensation tower　炉气冷凝塔　01.0538

calciner gas dust separator　炉气除尘器　01.0542

calciner gas washing tower　炉气洗涤塔　01.0543

calcite　方解石　01.0601

calcium　钙　01.1554

calcium acid pyrophosphate　酸式焦磷酸钙　01.1153

calcium aluminate　铝酸钙　01.1501

calcium ammonium nitrate　硝酸铵钙　02.0092

calcium arsenate　砷酸钙　01.0750

calcium borate　硼酸钙　01.0820

calcium bromide　溴化钙　01.0783

calcium chlorate　氯酸钙　01.0914

calcium chloride　氯化钙　01.0584

calcium chromate　铬酸钙　01.0935

calcium copper phosphate　磷酸铜钙　01.1191

calcium cyanamide　氰氨化钙　02.0093

calcium dihydrogen phosphate　磷酸二氢钙　01.1147

calcium fluoride　氟化钙　01.0997

calcium fluosilicate　氟硅酸钙　01.0986

calcium halophosphate fluorescent powder　卤磷酸钙荧光粉　01.1199

calcium hexaboride　硼化钙　01.0839

calcium hydride　氢化钙　01.0977

calcium hydroxide　氢氧化钙, *熟石灰　01.1411

calcium hypochlorite　次氯酸钙　01.0458

calcium hypophosphite　次磷酸钙　01.1167

calcium iodate　碘酸钙　01.1057

calcium iodide　碘化钙　01.1047

calcium magnesium potassium phosphate　钙镁磷钾肥　02.0114

calcium metaborate　偏硼酸钙　01.0806

calcium nitrate　硝酸钙　02.0091

calcium nitrite　亚硝酸钙　01.1117

calcium oxide　氧化钙　01.1435

calcium peroxide　过氧化钙　01.1399

calcium phosphate　*磷酸钙　01.1148

calcium phosphide　磷化钙　01.1182

calcium phosphite　亚磷酸钙　01.1209

calcium-process bleaching powder concentrate　钙法漂粉精　01.0460

calcium pyrophosphate　焦磷酸钙　01.1152

calcium removing column　除钙塔　01.0521

calcium silicate　硅酸钙　02.0139

calcium sulfate whisker　硫酸钙晶须　01.1298

calcium sulfide　硫化钙　01.1284

calcium superphosphate　*过磷酸钙　01.1147

calcium thiocyanate tetrahydrate　硫氰酸钙　01.0968

calcium tungstate　钨酸钙　01.1335

calomel　*甘汞　01.0888

carbonated aqueous ammonia　碳化氨水　02.0239

carbonating tower　碳化塔　01.0529

carbonation exit gas　碳化尾气　01.0489

carbon dioxide compression　二氧化碳压缩　02.0309

carbon dioxide-soda process　碳碱法　01.0796

carbon disulfide 二硫化碳 01.1291

carbonization degree 碳化度 02.0238

carbon tetrafluoride 四氟化碳 01.1043

carbon tube filter 碳素管过滤器 01.0350

cassiterite 锡石 01.1518

catalytic oxidation 催化氧化 01.0016

catalytic oxidation of ammonia 氨催化氧化 01.0088

catalytic oxidation of hydrogen chloride 氯化氢催化氧化法,*迪肯工艺 01.0134

cathode 阴极 01.0413

cathode chamber 阴极室 01.0417

cathode chamber pressure 阴极室压力 01.0418

cathode coating 阴极涂层 01.0419

cathode component 阴极组件 01.0423

cathode gasket 阴极垫片 01.0414

cathode overvoltage 阴极过电位 01.0415

cathode plate 阴极盘 01.0416

cathode recoating 阴极重涂 01.0422

catholyte circulation tank 阴极液循环槽 01.0421

cation exchange membrane 阳离子交换膜 01.0398

caustic embrittlement 碱脆 01.0250

caustic soda flaker 片碱机 01.0303

caustic soda production partially from bittern 掺卤制碱 01.0179

caustic soda production totally from bittern 全卤制碱 01.0314

Ca-Y molecular sieve Ca-Y 分子筛 01.1252

CCA 铬化砷酸铜,*铬砷酸铜,*加铬砷酸铜 01.0933

CDU 丁烯叉二脲 02.0089

α-cellulose α-纤维素 01.0151

α-cellulose filter α-纤维素过滤器 01.0570

central circulation tube evaporator 中央循环管式蒸发器 01.0702

central direct current disconnecting switch 中间直流断路器 01.0442

centrifugal filter 离心过滤机 02.0281

centrifugal spray dryer 离心喷雾干燥器 01.0725

ceramic filter plate 陶瓷过滤板 01.1075

ceramic filtration membrane *陶瓷滤膜 01.1075

ceramic membrane filter 陶瓷膜过滤器 01.0351

ceramic packing 瓷质填料 01.0064

ceric hydroxide 氢氧化铈 01.1418

ceric oxide 氧化铈 01.1477

ceric sulfate 硫酸高铈 01.1304

cerium (III) chloride 氯化铈 01.0881

cerium fluoride 氟化铈 01.1007

cerium metal powder 铈粉 01.1549

cerium trichloride *三氯化铈 01.0881

cerous sulfate 硫酸铈 01.1309

cesium 铯 01.1572

cesium chloride 氯化铯 01.0894

cesium fluoride 氟化铯 01.0999

cesium hydroxide 氢氧化铯 01.1423

chalcocite 辉铜矿 01.1515

chalcopyrite 黄铜矿 01.1514

chambersite 锰方硼石 01.0600

chelated plant nutrient 螯合植物养分 02.0040

chelate fertilizer 螯合肥料 02.0039

chelating resin 螯合树脂 01.0153

chelating-resin regeneration 螯合树脂再生 01.0167

chelating-resin tower 螯合树脂塔 01.0166

chemical corrosion 化学腐蚀 01.0238

chemical dechlorination 化学法脱氯 01.0239

chemical hydrolysis 化学水解 02.0261

Chemico bubble concentration Chemico 鼓泡浓缩 02.0424

chilling chamber 激冷室 02.0372

chimney 烟囱 01.0067

chlor-alkali industry 氯碱工业 01.0274

chlorate decomposer 氯酸盐分解槽 01.0290

chlorate decomposition 氯酸盐分解 01.0289

chlorinated trisodium phosphate 氯化磷酸三钠 01.1187

chlorine and hydrogen handling 氯氢处理 01.0286

chlorine and hydrogen pressure difference 氯氢压差 01.0287

chlorine buffer tank 氯气缓冲罐 01.0276

chlorine compressor 氯气压缩机 01.0282

chlorine containing waste gas 废氯气 01.0224

chlorine cooling 氯气冷却 01.0278

chlorine dioxide 二氧化氯 01.0924

chlorine dioxide disinfectant 二氧化氯消毒剂 01.0859

chlorine dioxide disinfectant generator 二氧化氯消毒剂发生器 01.0860

chlorine drying 氯气干燥 01.0275

chlorine emergency treatment plant 氯气紧急处理装置 01.0277

chlorine evolution reaction 析氯反应 01.0364

chlorine gas　氯气　01.0461

chlorine gas stripper　氯气汽提塔　02.0288

chlorine liquefaction　氯气液化　01.0283

chlorine liquefaction at high pressure　高压法液氯生产　01.0192

chlorine liquefaction at low pressure　低压法液氯生产　01.0191

chlorine liquefaction at medium pressure　中压法液氯生产　01.0441

chlorine poisoning　氯气中毒　01.0284

chlorine scrubber　氯气洗涤塔　01.0281

chlorine scrubbing　氯气洗涤　01.0280

chlorine trifluoride　三氟化氯　01.1031

chlorine turbocompressor　氯气透平压缩机　01.0354

chlorine valve　氯气专用阀　01.0285

chlorine water　氯水　01.0288

chloroauric acid　氯金酸　01.0900

chloroplatinic acid　氯铂酸　01.0862

chlorosulfonic acid　氯磺酸　01.0861

chorine-removed brine　脱氯盐水　01.0356

chromated copper arsenate　铬化砷酸铜，*铬砷酸铜，*加铬砷酸铜　01.0933

chromic hydroxide　氢氧化铬　01.0948

chromite　铬铁矿　01.0604

chromium aluminium zirconium tanning agent　铬铝锆鞣剂　01.0932

chromium dioxide　二氧化铬　01.0930

chromium fluoride　氟化铬　01.0931

chromium nitrate　硝酸铬　01.0949

chromium (III) oxide　氧化铬　01.0950

chromium phosphate　磷酸铬　01.0945

chromium potassium sulfate　硫酸铬钾　01.0946

chromium residue　铬渣　01.0929

chromium sulfate　硫酸铬　01.1299

chromium (III) sulphate basic　碱式硫酸铬，*铬盐精　01.0944

chromium trichloride　氯化铬　01.0947

chromium trioxide　三氧化铬，*铬酸酐　01.0936

cinnabar　辰砂，*朱砂，*丹砂，*赤丹，*汞沙　01.1529

C. I. pigment white 32　*C. I. 颜料白32　01.1146

circulating pump　循环泵　01.0574

circulating slurry　循环料浆，*回浆　02.0407

circulation system　循环系统　02.0315

citrate dissolution rate　枸溶率　02.0440

citrated soluble phosphate　枸溶性磷　02.0194

citrate soluble potash　枸溶性钾　02.0199

clarifier　澄清桶　01.0183

clarifying tank of A Ⅱ　*A Ⅱ澄清桶　01.0564

clarifying tank of mother liquid ammonia　氨母液Ⅱ澄清桶　01.0564

clay　黏土　02.0155

coal　煤　02.0342

coal cinder　煤渣　02.0345

coal gasification　煤气化　02.0369

coal rod　煤棒　02.0344

coal water slurry gasification　水煤浆气化　02.0353

coated fertilizer　包膜肥料　02.0020

coating　涂布　02.0437

cobalt aminosulfonate　氨基磺酸钴　01.1497

cobalt (Ⅱ) carbonate hydroxide　碱式碳酸钴　01.0848

cobalt (Ⅱ) chloride　*二氯化钴　01.0870

cobalt chloride　氯化钴　01.0870

cobalt (Ⅱ) fluoride　氟化亚钴　01.1006

cobalt (Ⅲ) fluoride　三氟化钴，*氟化钴(Ⅲ)　01.1041

cobaltic oxide　三氧化二钴　01.1436

cobaltous carbonate　碳酸钴　01.0847

cobaltous hydroxide　氢氧化钴　01.1412

cobaltous nitrate　硝酸钴　01.1097

cobaltous oxide　氧化钴　01.1437

cobaltous phosphate　磷酸钴　01.1132

cobaltous sulfide　硫化钴　01.1281

cobalt sulfate　硫酸钴　02.0138

CO_2 compressor　CO_2压缩机　01.0565

coke oven gas　焦炉煤气　02.0368

cold exchanger　冷交换器　02.0389

colemanite　硬硼钙石　01.0597

combined drying tower　组合式干燥塔　01.0448

combined soda process　联碱法　01.0493

combustion chamber　燃烧室　01.0321

comminution equipment　粉碎设备　01.0650

complex fertilizer　复合肥料　02.0118

compost　堆肥　02.0156

compound fertilizer　复混肥料　02.0117

concentrated nitric acid　浓硝酸　01.0129

concentrated nitric acid condenser　浓硝酸冷凝器　01.0125

concentrated phosphoric acid ammoniator granulation　浓缩磷酸氨化造粒　02.0432

concentrated submerged combustion　浸没燃烧浓缩 02.0410

concentrated sulphuric acid　浓硫酸　01.0071

concentration of depleted brine　淡盐水浓缩　01.0189

concentration of fixed ion　固定离子浓度　01.0232

concentration polarization　浓差极化　01.0296

condenser　冷凝器　02.0285

conductivity　电导率　01.0194

cone [type] crusher　锥式轧碎机　01.0647

conical settling tank　锥形沉降器　01.0682

continuous crystallization　连续结晶　02.0438

continuous dryer　连续式干燥器　01.0712

continuous filter　连续式过滤机　01.0664

continuous type open trough crystallizer with agitator　连续式敞口搅拌结晶器　01.0709

controlled-release fertilizer　控释肥料　02.0017

conversion　转化　01.0008

conversion ratio　转化率　01.0015

converter　转化器　01.0055

cooling crystallizer　冷析结晶器　01.0553

cooling pipe effect　冷管效应　02.0392

cooling process for ammonium chloride production　冷法氯化铵工艺　01.0502

cooling tower　凉水塔　02.0284

copper (Ⅱ) chloride　*二氯化铜　01.0871

copper EDTA　*EDTA 铜　02.0132

copper ethylene diamine tetraacetic acid　乙二胺四乙酸铜　02.0132

copper humate　腐殖酸铜　02.0133

copper oxychloride　氯氧化铜　01.0902

copper powder　铜粉　01.1538

copper pyrophosphate　焦磷酸铜　01.1154

copper ratio　铜比　02.0251

copper sulfate　硫酸铜,*胆矾,*蓝矾　02.0134

corrosive sublimate　*升汞　01.0874

CO₂ stripping technology　二氧化碳汽提工艺　02.0303

counter-current flow dryer　逆流干燥器　01.0714

crevice corrosion　缝隙腐蚀　01.0225

cross-current dryer　错流干燥器　01.0715

crotonylidene diurea　丁烯叉二脲　02.0089

crude phosphorus　粗磷　01.1127

crude sodium bicarbonate　重碱　01.0485

crusher　破碎机　01.0032

crushing strength　抗压碎力　02.0173

cryogenic air separation　空气深冷分离,*低温精馏分离　01.1536

cryolite　*冰晶石　01.0993

crystal　结晶　02.0282

crystalline layered sodium disilicate　层状结晶二硅酸钠,*晶态二硅酸钠　01.1223

crystalline silicon　*结晶硅　01.1260

crystallization　析晶　02.0441

crystallizing equipment　结晶设备　01.0706

crystallizing tank　结晶槽　01.0707

crystal urea　结晶尿素　02.0298

cuprammonia of acetic acid solution　醋酸铜氨液　02.0249

cuprammonia scrubber　铜洗塔　02.0252

cuprammonia washing method　铜氨液洗涤法　02.0248

cupric bromide　溴化铜　01.0789

cupric chloride　氯化铜　01.0871

cupric fluoborate　氟硼酸铜　01.0815

cupric fluoride　氟化铜　01.0998

cupric hexafluorosilicate　氟硅酸铜　01.1020

cupric hydroxide　氢氧化铜　01.1414

cupric nitrate　硝酸铜　01.1098

cupric oxide　氧化铜　01.1438

cupric subcarbonate　碱式碳酸铜　01.0849

cupric tetraborate　四硼酸铜　01.0827

cuprous cyanide　氰化亚铜　01.0960

cuprous iodide　碘化亚铜　01.1055

cuprous oxide　氧化亚铜　01.1439

cuprous sulfide　硫化亚铜　01.1287

cuprous thiocyanate　硫氰酸亚铜　01.0972

curing chamber　化成室　02.0417

current density　电流密度　01.0214

current distribution　电流分布　01.0213

current efficiency　电流效率　01.0215

curtain coating　帘幕涂布　02.0460

curtain of material　料幕　02.0266

Cu-X molecular sieve　Cu-X 分子筛,*203 分子筛　01.1251

cyanide fusant　氰熔体　01.0974

cyclic process soda production　*循环制碱法　01.0493

cyclone dust collector　旋风除尘器　01.0038

cyclone furnace　旋风炉　02.0439

cyclone thickener　旋风增稠器　02.0292

D

danburite　赛黄晶　01.0599

Deacon process　*迪肯工艺　01.0134

dechlorination tower　脱氯塔　01.0355

declarable content　标明量　02.0051

defluorinated phosphate　脱氟磷肥　02.0435

degree of purification　净化度　02.0243

demineralized water　脱盐水　01.0074

demist　除雾　01.0014

dense soda ash　重质纯碱,*重灰　01.0581

dense soda ash calciner　重灰煅烧炉　01.0548

depleted brine　淡盐水　01.0154

depleted brine dechlorination　淡盐水脱氯　01.0190

design current　设计电流　01.0335

design current density　设计电流密度　01.0336

desorption column　解吸塔　02.0324

desuperheater　减温器　01.0116

diamid hydrate　*水合联氨　01.1492

diammonium phosphate　*磷酸二铵　01.1145

diaphragm　隔膜　01.0227

diaphragm electrolyzer　隔膜电解槽　01.0230

diaphragm filter press　隔膜压滤机　01.0676

diaspore　一水硬铝石　01.0643

dibasic lead phosphite　二盐基亚磷酸铅,*二碱式亚磷
　酸铅　01.1192

dicalcium phosphate　磷酸氢钙　02.0098

dicyandiamide　双氰胺　01.1494

diffusivity　扩散系数　01.0261

dihydrate-hemihydrate recrystallization process　二水–半
　水再结晶法　01.1124

dihydrate process　二水合物法,*二水合物流程
　01.1121

diluted acid pump　稀酸泵　01.0122

dilute nitric acid　稀硝酸　01.0128

dilute sulphuric acid　稀硫酸　01.0072

dimensional stable anode　*形稳性阳极　01.0255

dipotassium phosphate　*磷酸二钾　01.1144

direct evaporative heat transfer　直接传热蒸发　02.0409

directly heated rotary dryer　直接传热旋转干燥器
　01.0728

discharge screw conveyer　出碱螺旋输送机　01.0541

diselenium dichloride　*二氯化二硒　01.0886

disintegrable rate　崩解率　02.0205

disk feeder　圆盘给料机　01.0033

disk type centrifugal separator　碟片式分离机　01.0681

disodium chromate　铬酸钠　01.0939

disodium dihydrogen pyrophosphate　*焦磷酸二氢二钠
　01.1160

disodium phosphate　*磷酸二钠　01.1141

distillation process for ammonium chloride production
　热法氯化铵工艺　01.0503

disulphur dichloride　*二氯化二硫　01.0907

dose　施肥量　02.0044

dose rate　施肥量　02.0044

double conversion and double absorption　二转二吸
　01.0018

double decomposition method　复分解法　02.0272

double-effect evaporation　双效蒸发　01.0325

draft tube baffle crystallizer　套筒隔板式结晶器　01.0708

drum granulation　转鼓造粒　02.0453

drum granulator　转鼓造粒机　01.0419

drum sulfur coated　转鼓涂硫　02.0254

dry ammonium chloride　干氯化铵　01.0582

dry desulphurization　干法脱硫　02.0217

dry discharge　干排,*干法排渣　02.0425

drying　干燥　01.0009

drying tower　干燥塔　01.0058

dry lime distillation process　干灰蒸馏工艺　01.0509

dual-pressure nitric acid process　双加压硝酸工艺
　01.0079

dung　禽畜排泄物　02.0157

dust elimination　除尘　01.0011

dynamic-wave scrubber　动力波洗涤器　01.0049

dysprosium oxide　氧化镝　01.1484

E

economizer　省煤器　01.0102

edible basic sodium aluminum phosphate　食用碱式磷酸

铝钠　01.1201

edible sodium polymetaphosphate　食用聚偏磷酸钠

01.1200

EDTA soluble phosphate　*EDTA 溶性磷　02.0195

electric arc furnace　电弧炉　01.0662

electric-chemical unit cost　电解单元成本　01.0209

electric separation　电力选矿　01.0655

electro-catalytic property　电催化性能　01.0193

electrochemical corrosion　电化学腐蚀　01.0198

electrochemical equivalent　电化当量　01.0196

electrochemical reaction　电化学反应　01.0197

electrode area　电极面积　01.0203

electrode coating　电极涂层　01.0204

electrode polarization　电极极化　01.0201

electrode potential　电极电位　01.0199

electrode reaction　电极反应　01.0200

electrode shape　电极形状　01.0205

electrode spacing　电极间距　01.0202

electrolysis　电解　01.0206

electrolysis of aqueous solution　水溶液电解　01.0690

electrolyte　电解液　01.0211

electrolyte circulation　电解液循环　01.0212

electrolytic compartment　电解室　01.0210

electrolyzer　电解槽　01.0207

electrolyzer voltage　槽电压　01.0180

electrolyzer with dimensional stable anode　金属阳极电解槽　01.0256

electrolyzer with forced circulation　强制循环电解槽　01.0310

electrolyzer with natural circulation　自然循环电解槽　01.0445

electronic grade hydrochloric acid　电子级盐酸　01.0144

electrostatic decoking device　静电除焦器　02.0355

electrostatic mist precipitator　电除雾器　01.0046

electrum　银金矿　01.1525

element cell　单元槽　01.0186

elevated brine tank　盐水高位槽　01.0383

embedded scraper transporter　埋刮板输送机　01.0041

embolite　氯溴银矿　01.0592

empty tower　空塔　01.0048

energy recover　能量回收　01.0085

enhanced efficiency fertilizer　增效肥料　02.0015

enhanced foam column　强化型泡沫塔　01.0307

enhanced mesh fabric　增强网布　01.0436

enriched superphosphate　富过磷酸钙　02.0095

enriching-effect evaporator　浓效蒸发器　01.0297

entrained flow bed gasification　气流床气化　02.0351

equilibrium conversion rate　平衡变换率　02.0224

equilibrium potential　平衡电极电位　01.0304

erbium oxide　氧化铒　01.1485

ESP　富过磷酸钙　02.0095

ethylene diamine tetraacetic acid soluble phosphate　乙二胺四乙酸溶性磷　02.0195

europium oxide　氧化铕　01.1479

evaporating installation　蒸发设备　01.0699

evaporation condenser　蒸发冷凝器　02.0332

evaporation heater　蒸发加热器　02.0331

evaporation section　蒸发工段　02.0316

evaporation separator　蒸发分离器　02.0334

evaporator　蒸发器　01.0439

evaporator with external heating unit　外加热式蒸发器　01.0703

evaporator with forced external-circulation　强制外循环蒸发器　01.0309

evaporator with forced internal-circulation　强制内循环蒸发器　01.0308

excessive amount of sodium hydroxide and sodium carbonate　过碱量　01.0235

exchange capacity　交换容量　01.0254

exhaust air　排风　02.0454

expansible anode　扩张阳极　01.0262

external cooler　外冷器　01.0554

extraction　萃取　02.0264

extraction toxicity　浸出毒性, *溶出毒性　02.0214

extrusion method　挤压法　01.0501

F

falling-film evaporator　降膜蒸发器　01.0251

falling-film tube　降膜管　01.0252

false ogive　风帽　01.0037

Faraday constant　法拉第常数　01.0220

Faraday's first law　法拉第第一定律　01.0221

Faraday's second law　法拉第第二定律　01.0222

feeder machine　给料机　02.0364

ferric hydroxide　氢氧化铁　01.1417

ferric nitrate　硝酸铁　01.1099

ferric phosphate　磷酸铁　01.1140

ferric pyrophosphate　食用焦磷酸铁　01.1156

ferric sodium pyrophosphate　焦磷酸铁钠　01.1158

ferric sulfate　硫酸铁　01.1300

ferroferric oxide　四氧化三铁, *氧化铁黑　01.1441

ferrous ammonium sulfate　硫酸铁铵　02.0130

ferrous chloride　二氯化铁, *氯化亚铁　01.0903

ferrous pyrophosphate　食用焦磷酸亚铁　01.1157

ferrous sulfate　硫酸亚铁　02.0137

ferrous sulfide　硫化亚铁　01.1283

fertigation　灌溉施肥　02.0043

fertilizer　肥料　02.0001

fertilizer application method　施肥方法　02.0042

fertilizer grade　肥料品位　02.0050

fertilizer grade diammonium phosphate　肥料级磷酸二铵　02.0103

fertilizer mixing　配料掺合　02.0263

fertilizer nutrient　肥料养分　02.0003

fertilizer unit　肥料单位　02.0047

fiber mist eliminator　纤维除雾器　01.0052

filler　填料　02.0065

film evaporator　薄膜蒸发器　01.0182

filter liquor separator　滤液分离器　01.0535

filter mother liquor　滤过母液　01.0475

filter press　压滤机　01.0673

filter tail gas washer　滤过净氨塔　01.0534

filtration　过滤　02.0268

finished product acid concentration　*成品酸浓度　01.0077

firebrick　耐火砖　02.0371

firing　烧成　01.0660

first-effect evaporator　一效蒸发器　01.0412

fish guano　鱼渣　02.0158

fish meal　鱼粉　02.0159

fixed carbon　固定碳　02.0346

flaky caustic soda　片状固碱　01.0457

flash tank　闪蒸罐, *闪发罐　01.0334

flash tank Ⅰ　一次闪蒸罐, *一次闪发罐　01.0544

flash tank Ⅱ　二次闪蒸罐, *二次闪发罐　01.0545

floating clarification　浮上澄清法　01.0226

flocculant　絮凝剂　01.0373

flocculate　絮凝物　01.0374

flow rate　流量　02.0179

fluid-bed macrogranule technology　流化床大颗粒技术　02.0340

fluid-bed roasting　*流态化焙烧　01.0659

fluidized bed　流化床　02.0361

fluidized bed dryer　流化床干燥器　01.0578

fluidized bed granulator　流化床造粒器　02.0255

fluidized bed roaster　*流化床焙烧炉　01.0036

fluidized granulation　流态化造粒　02.0448

fluidized roasting furnace　沸腾焙烧炉　01.0036

fluorapatite　氟磷灰石　01.0614

fluorine　氟[气]　01.0982

fluorite　萤石　01.0605

fluoroboric acid　氟硼酸　01.0812

fluorosulfonic acid　氟磺酸　01.1026

fluosilicic acid　氟硅酸　01.0985

foam drying tower　泡沫干燥塔　01.0299

foliar fertilizer　叶面肥料　02.0038

food-grade hydrochloric acid　食品级盐酸　01.0148

forced-circulation evaporator　强制循环蒸发器　01.0571

formula　配合式, *配比式　02.0049

four-effect countercurrent evaporation　四效逆流蒸发　01.0331

four-effect cross-current evaporation　四效错流蒸发　01.0330

four-in-one hydrochloric acid synthetic furnace　四合一盐酸合成炉　01.0139

four in one unit　四合一机组　01.0119

fracturing solution mining　压裂溶采　01.0513

free acidity　游离酸　02.0201

free chlorine　游离氯　01.0426

free flowing　自由流动　02.0180

fucoidan　岩藻多糖　02.0149

fulvic acid　黄腐酸　02.0142

fuming nitric acid　发烟硝酸　01.0130

fuming sulphuric acid　发烟硫酸　01.0073

fused calcium-magnesium phosphate fertilizer　钙镁磷肥　02.0097

fused calcium-silicon potassium phosphate　钙硅磷钾肥　02.0116

fusion　熔融　01.0661

G

gadolinium nitrate　硝酸钆　01.1109

gadolinium oxide　氧化钆　01.1480

gallium　镓　01.1569

gallium (III) chloride　氯化镓　01.0897

gallium oxide　氧化镓　01.1466

gallium sesquioxide　*三氧化二镓　01.1466

gallium trichloride　*三氯化镓　01.0897

galvanic cell effect　原电池效应　01.0432

gangue　煤矸石　02.0363

gas collector　集气器　02.0393

gasifier　气化炉,*煤气发生炉　02.0352

gas-liquid separator　气液分离器　01.0306

gas purification　气体净化　02.0216

gas tank　煤气柜　02.0356

GCC　*研磨碳酸钙　01.0858

generators set　发电机组　01.0069

germanite　锗石　01.1528

germanium　锗　01.1564

germanium (IV) chloride　*氯化锗　01.0872

germanium dioxide　氧化锗　01.1440

germanium monocrystal　锗单晶,*单晶锗　01.1565

germanium tetrachloride　四氯化锗　01.0872

GHS label　GHS 标签　02.0211

gibbsite　三水铝石　01.0644

glauberite　钙芒硝　01.0619

Glauber's salt potassium chloride method　芒硝氯化钾法　02.0273

gold　金,*黄金　01.1558

gold (III) chloride　氯化金　01.0876

gold ore　金矿石,*黄金矿石　01.1521

gold potassium chloride　*氯化金钾　01.0901

gold trichloride　*三氯化金　01.0876

gold trioxide　三氧化二金　01.1467

grade phosphate　磷矿品位　02.0404

grain size　粒度　02.0058

granular fertilizer　颗粒肥料　02.0056

granularity　粒度　02.0058

granulated caustic soda　粒状固碱　01.0456

granulation　造粒　02.0057

granulation nozzle　造粒喷头　02.0338

granulation reunion　团聚造粒　02.0447

granulation technology　造粒技术　02.0339

granulation tower　造粒塔　01.0435

granulometry sieving　筛分法粒度分析　02.0168

graphite anode　石墨阳极　01.0339

graphite flakes　鳞片石墨　01.1578

gravity filter　重力式过滤器　01.0444

greenockite　硫镉矿　01.1520

grey water　灰水　02.0374

grinding　磨碎　01.0648

ground calcium carbonate　*研磨碳酸钙　01.0858

growth medium　生长介质　02.0160

guarantee (of composition)　保证量　02.0054

gypsum　石膏,*生石膏　01.0004

H

hafnium oxide　氧化铪　01.1468

hanksite　碳酸芒硝　01.0620

harmful element　有害元素　02.0008

harmonic current　谐波电流　01.0371

hausmannite　黑锰矿　01.0611

HCC　重质碳酸钙　01.0858

heat exchanger　换热器　01.0056

heat exchanger of mother liquor　母液换热器　01.0566

heating vaporizer　加热汽化器　02.0291

heat of concentration　浓缩热　01.0078

heat solution mining of trona　热液溶采工艺　01.0511

heat transfer molten salt　熔盐载热体　01.0323

heavy calcium carbonate　重质碳酸钙　01.0858

heavy metal　重金属　02.0073

height of chelating resin bed　树脂层高度　01.0342

helium　氦气　01.1585

helium neon laser gas mixture　氦氖激光混合气　01.1587

hematite　赤铁矿　01.0640

hemihydrate-dihydrate recrystallization process　半水-二水再结晶法　01.1123

hemihydrate process　半水合物法,*半水合物流程　01.1122

hemimorphite　异极矿　01.0638

hessite 碲银矿 01.1524

hexafluorotitanic acid 氟钛酸 01.1039

hexafluorozirconic acid 氟锆酸 01.1038

high concentration gas soda process 浓气制碱工艺 01.0496

high concentration SO_2 conversion 高浓度SO_2转化 01.0019

high current density electrolyzer 高电流密度电解槽 01.0229

high efficient combined process urea technology 高效联合尿素工艺 02.0308

high-pressure ammonia pump 高压液氨泵 02.0317

high-pressure ammonium carbamate pump 高压甲铵泵 02.0318

high-pressure carbamate ejector 高压甲铵喷射器 02.0319

high-pressure condenser 高压反应水冷器 01.0104

high-pressure scrubber 高压洗涤器 02.0320

high-pressure stripper 高压汽提塔 02.0323

high-purity alumina 高纯氧化铝 01.1430

high-purity gas 高纯气体 01.1532

high-purity hydrochloric acid 高纯盐酸 01.0146

high temperature gas-gas exchanger 高温气-气换热器 01.0101

high temperature melting 高温熔融 02.0260

hollow fiber separator 中空纤维分离器 02.0397

holmium oxide 氧化钬 01.1486

homogenize 均化 02.0422

horizontal-tube evaporator 横管式蒸发器 01.0700

horizontal well solution mining 水平井溶采 01.0514

hot water tower equilibrium curve 热水塔平衡曲线 02.0227

Hou's process *侯氏制碱法 01.0493

humic acid 腐殖酸 02.0141

humic acid ammonium 腐殖酸铵 02.0143

humic acid phosphate ammonium 腐殖酸磷铵 02.0146

humic acid potassium 腐殖酸钾 02.0145

humic acid sodium 腐殖酸钠 02.0144

humus 腐殖质 02.0140

hydrated ion 水合离子 01.0344

hydrated silica 水合二氧化硅 01.1239

hydration machine 水合机 01.0547

hydrazine anhydrous 无水肼 01.1493

hydrazine dissolving vessel 联氨溶解槽 01.0109

hydrazine hydrate 水合肼 01.1492

hydriodic acid 氢碘酸 01.1045

hydroboracite 水方硼石 01.0595

hydrobromic acid 氢溴酸 01.0778

hydrochloric acid 盐酸 01.0143

hydrochloric acid desorption 盐酸解吸 01.0140

hydrochloric acid electrolysis 盐酸电解 01.0386

hydrochloric acid falling film absorber 盐酸降膜吸收器 02.0276

hydrofluoric acid 氢氟酸 01.0984

hydrogen bromide 溴化氢 01.0777

hydrogen chloride 氯化氢 01.0142

hydrogen chloride drying 氯化氢干燥 01.0135

hydrogen chloride synthesis 氯化氢合成 01.0131

hydrogen chloride synthetic furnace 氯化氢合成炉 01.0132

hydrogen chloride turbo-compressor 氯化氢透平压缩机 01.0136

hydrogen content of chlorine 氯气氢含量 01.0279

hydrogen evolution reaction 析氢反应 01.0365

hydrogen fluoride 氟化氢 01.0983

hydrogen fuel boiler 燃氢蒸汽锅炉 01.0312

hydrogen gas 氢气 01.0464

hydrogen gas holder 氢气柜 01.0311

hydrogen nitrogen compressor 氢氮气压缩机 02.0253

hydrogen nitrogen ratio 氢氮比 02.0378

hydrogen peroxide 过氧化氢, *双氧水 01.1396

hydrogen phosphide 磷化氢 01.1183

hydrogen scrubber 氢气洗涤塔 01.0313

hydrogen storage density 储氢密度 01.0453

hydrogen sulfide 硫化氢 01.0005

hydrophobic silica 疏水二氧化硅 01.1240

hydroxyapatite *羟基磷灰石 01.1195

hydroxyl calcium phosphate 羟基磷酸钙 01.1195

hydrozincite 水锌矿 01.0639

hypophosphorous acid 次磷酸 01.1164

I

IBDU 异丁叉二脲 02.0090

ICP-AES 电感耦合等离子体原子发射光谱仪 01.0195

ilmenite 钛铁矿 01.0629

iminodiacetic acid chelating resin　亚氨基二乙酸型螯合树脂　01.0377

immersion type cooling roller　浸没式冷却滚筒　01.0040

improved hot potassium alkali decarbonized　改良热钾碱法脱碳　02.0246

improved type C technology of water solution full-cycle　水溶液全循环改良 C 工艺　02.0300

inclined-plate clarifier　斜板式澄清桶　01.0370

inclined-plate settling tank　斜板沉降槽　01.0054

indirectly-heated rotary dryer　间接传热旋转干燥器　01.0729

indium　铟　01.1568

indium chloride　氯化铟　01.0893

indium hydroxide　氢氧化铟　01.1425

indium oxide　三氧化二铟　01.1469

inductively coupled plasma atomic emission spectrometer　电感耦合等离子体原子发射光谱仪　01.0195

industrial grade silicon　*工业硅　01.1260

industrial hydrochloric acid　工业盐酸　01.0147

industrial yellow phosphorus　工业黄磷　02.0413

inert gas scrubber　惰性气体洗涤器　02.0329

infrared dryer　红外线干燥器　01.0718

infrared drying　红外线干燥　01.0717

inhibitor　抑制剂　02.0023

in-line steam separator　管道蒸汽分离器　01.0117

inorganic ammonium content　无机铵含量　01.0363

inorganic fertilizer　无机肥料　02.0009

inorganic soil conditioner　无机土壤调理剂　02.0028

inorganic soil conditioner with fertilizer added　添加肥料的无机土壤调理剂　02.0030

insoluble phosphate　难溶性磷　02.0402

instant dissolved sodium silicate powder　速溶粉状硅酸钠　01.1219

intermittent filter　间歇式过滤机　01.0665

intermittent pressurized leaf filter　间歇式加压叶滤机　01.0670

iodic acid　碘酸　01.1056

iodine　碘　01.1044

iodobromite　碘溴银矿　01.0593

ion exchange group　离子交换基团　01.0253

ion exchange membrane cell　离子交换膜电解槽　01.0267

ion exchange membrane electrolysis　离子交换膜法电解　01.0266

ion exchange membrane electrolyzer　离子交换膜电解槽　01.0267

ion mobility　离子迁移数　01.0268

iridium powder　铱粉　01.1548

iron boride　硼化铁　01.0838

iron catalyst　铁系催化剂　02.0379

iron cathode　铁阴极　01.0353

iron dust　铁粉　01.1537

iron EDTA　*EDTA 铁　02.0131

iron ethylene diamine tetraacetic acid　乙二胺四乙酸铁　02.0131

iron oxide brown　氧化铁棕　01.1442

iron oxide micaceous　云母氧化铁　01.1446

iron oxide red　氧化铁红　01.1443

iron oxide yellow　氧化铁黄　01.1445

iron powder　铁粉　01.1537

iron ratio　铁比　02.0382

isobaric doublestripping process　等压双汽提法工艺　02.0306

isobaric IDR technology　*等压 IDR 工艺　02.0306

isobutylidene diurea　异丁叉二脲　02.0090

isothermal shift converter　等温变换炉　02.0229

J

jet regeneration tank　喷射再生槽　02.0222

K

KBa-Y molecular sieve　KBa-Y 分子筛　01.1253

kieserite　水镁矾　01.0607

kiln gas　窑气　01.0491

kiln gas washer　窑气洗涤塔　01.0550

kiln-method phosphoric acid　窑法磷酸　02.0426

krypton　氪气　01.1590

Kuhlman process　库尔曼流程　02.0420

L

label 标签 02.0069

lake salt 湖盐 01.0158

lanthanum chloride 氯化镧 01.0904

lanthanum chromate 铬酸镧 01.0938

lanthanum (III) fluoride 氟化镧 01.1021

lanthanum hexaboride 硼化镧 01.0836

lanthanum hydroxide 氢氧化镧 01.1424

lanthanum oxide 氧化镧 01.1482

laser gas mixture 激光混合气 01.1533

laughing gas *笑气 01.1583

lead 铅 01.1562

lead arsenate 砷酸铅 01.0751

lead borate 硼酸铅 01.0819

lead (II) chloride 氯化铅 01.0880

lead chromate 铬酸铅, *颜料黄 34 01.0940

lead dichloride *二氯化铅 01.0880

lead dioxide 二氧化铅 01.1448

lead fluoride 氟化铅 01.1015

lead fluoroborate 氟硼酸铅 01.0811

lead hexafluorosilicate 氟硅酸铅 01.0989

lead hydroxide 氢氧化铅 01.1422

lead iodide 碘化铅 01.1053

lead molybdate 钼酸铅 01.1348

lead monoxide 一氧化铅 01.1447

lead nitrate 硝酸铅 01.1100

lead peroxide 过氧化铅 01.1407

lead silicate 硅酸铅 01.1230

lead sulfate 硫酸铅 01.1301

lead sulfide 硫化铅 01.1280

lead tetraoxide 四氧化三铅 01.1449

lead thiocyanate 硫氰酸铅 01.0973

lead titanate 钛酸铅 01.1364

leaf filter 叶滤机 01.0667

leakage current 泄漏电流 01.0372

Leblanc process 吕布兰法 01.0494

lepidolite 锂云母, *鳞云母 01.0634

levin evaporator 外沸式蒸发器 01.0360

light calcium carbonate 轻质碳酸钙 01.0857

light liquid distillation tower 淡液蒸馏塔 01.0562

light soda ash 轻质纯碱, *碳酸钠, *苏打, *轻灰 01.0580

light soda ash calciner 轻灰煅烧炉 01.0536

lime ferric salt method 石灰-铁盐法 01.0021

lime gypsum method 石灰-石膏法 01.0029

lime kiln 石灰窑 01.0549

lime milk 灰乳 01.0488

lime slaker 化灰机 01.0551

limestone 石灰岩 01.0602

liming material 石灰质物料 02.0031

limited current density 极限电流密度 01.0249

linear polyphosphate 线型聚磷酸盐 01.1206

liquefaction 液化 01.0399

liquefaction efficiency 液化效率 01.0401

liquefaction temperature 液化温度 01.0400

liquefied anhydrous ammonia 液体无水氨 02.0075

liquid chlorine 液氯 01.0466

liquid chlorine cannedmotor pump 液氯屏蔽泵 01.0406

liquid chlorine cylinder 液氯气瓶 01.0405

liquid chlorine filling 液氯充装 01.0403

liquid chlorine pump 液氯泵 01.0404

liquid chlorine storage tank 液氯贮槽 01.0411

liquid chlorine submerged pump 液氯液下泵 01.0410

liquid chlorine vaporization 液氯气化 01.0407

liquid chlorine vaporizer 液氯气化器 01.0408

liquid fertilizer 液体肥料 02.0061

liquid phase hydration method 液相水合法 01.0500

liquid ring compressor 液环式压缩机 01.0402

lithium 锂 01.1553

lithium aluminium hydride 氢化铝锂 01.0979

lithium borate 三硼酸锂 01.0824

lithium bromide 溴化锂 01.0780

lithium bromide absorption chillers 溴化锂吸收式制冷机组 01.0454

lithium carbonate 碳酸锂 01.0846

lithium chloride 氯化锂 01.0873

lithium cobaltate 钴酸锂 01.1508

lithium cobalt phosphate 磷酸钴锂 01.1204

lithium dichromate 重铬酸锂 01.0953

lithium fluoride 氟化锂 01.1029

lithium hexafluoroarsenate 六氟砷酸锂 01.1037

lithium hexafluorophosphate 六氟磷酸锂 01.1028

lithium hydride 氢化锂 01.0978

lithium hydroxide monohydrate 一水氢氧化锂

01.1408

lithium hypochlorite　次氯酸锂　01.0898

lithium iodide　碘化锂　01.1052

lithium iron phosphate　磷酸铁锂　01.1203

lithium manganate　锰酸锂　01.1090

lithium manganese（Ⅱ）phosphate　磷酸锰锂　01.1089

lithium metaborate　偏硼酸锂　01.0803

lithium molybdate　钼酸锂　01.1346

lithium nickel cobalt manganese oxide　镍钴锰酸锂　01.1086

lithium niobate crystal　铌酸锂晶体　01.1389

lithium nitrate　硝酸锂　01.1103

lithium perchlorate　高氯酸锂　01.0922

lithium peroxide　过氧化锂　01.1397

lithium phosphate　磷酸锂　01.1135

lithium silicate　硅酸锂　01.1226

lithium silicochromate　硅酸铬锂　01.1235

lithium sulfate　硫酸锂　01.1303

lithium tetraborate　四硼酸锂　01.0826

lithopone　锌钡白,*立德粉　01.1294

local corrosion　局部腐蚀,*不均匀腐蚀　01.0258

loeweite　钠镁矾　01.0623

longevity　肥效期　02.0206

louver electrode　百叶窗式电极　01.0168

low-level heat recovery　低温热回收　01.0026

low pressure condenser　低压反应水冷器　01.0103

low pressure rectification column　低压精馏塔　02.0325

low temperature gas separation　低温气体分离　02.0396

low temperature shift　低温变换　02.0234

low temperature shift catalyst　低温变换催化剂　02.0237

L type molecular sieve　L 型分子筛　01.1244

lutetium oxide　氧化镥　01.1487

M

machine mine process　机械采矿工艺　01.0510

macroelement　大量元素　02.0004

magnesia dolomite　镁白云石　01.0609

magnesite　菱镁矿　01.0608

magnesium ammonium phosphate　磷酸铵镁　02.0109

magnesium borate　硼酸镁　01.0822

magnesium bromide　溴化镁　01.0785

magnesium carbonate　碳酸镁　01.1066

magnesium carbonate basic　碱式碳酸镁　01.1067

magnesium chlorate　氯酸镁　01.0915

magnesium chloride　氯化镁　01.1074

magnesium dihydrogen phosphate　磷酸二氢镁　01.1072

magnesium dioxide　过氧化镁　01.1064

magnesium fluoride　氟化镁　01.1023

magnesium hexasilicate　六硅酸镁　01.1069

magnesium hydroxide　氢氧化镁　01.1065

magnesium hydroxide sulfate hydrate　碱式硫酸镁晶须　01.1073

magnesium hypophosphate　次磷酸镁　01.1169

magnesium metaphosphate　偏磷酸镁　01.1170

magnesium nitrate　硝酸镁　01.1101

magnesium nitrate dehydration method　硝酸镁法　01.0080

magnesium nitrate heater　硝酸镁加热器　01.0124

magnesium nitrophosphate　硝酸磷镁肥　02.0107

magnesium oxide　氧化镁　01.1063

magnesium perchlorate　高氯酸镁,*过氯酸镁　01.0899

magnesium phosphate　磷酸镁　01.1071

magnesium powder　镁粉　01.1539

magnesium silicate　硅酸镁　01.1229

magnesium silicofluoride　氟硅酸镁　01.0992

magnesium sulfate　硫酸镁　02.0123

magnesium thiocyanate tetrahydrate　硫氰酸镁　01.0969

magnesium trisilicate　三硅酸镁　01.1068

magnisium aluminometasilicate　硅酸铝镁　01.1070

manganese acid phosphate　*酸式磷酸锰　01.1150

manganese borate　硼酸锰　01.0823

manganese chloride　氯化锰　02.0136

manganese（Ⅱ）chromate　铬酸锰,*二水合铬酸锰　01.1081

manganese dioxide　二氧化锰　01.1078

manganese EDTA　*EDTA 锰　02.0129

manganese ethylene diamine tetraacetic acid　乙二胺四乙酸锰　02.0129

manganese fluoride　二氟化锰,*氟化[亚]锰　01.1009

manganese humate　腐殖酸锰　02.0128

manganese hydroxide　氢氧化锰　01.1421

manganese-iron alloy　铁锰合金　01.1076

manganese metal powder　锰粉　01.1543

manganese (Ⅱ) pyrophosphate 焦磷酸锰,*焦磷酸亚锰 01.1088

manganese silicate 硅酸锰 01.1083

manganese violet 锰紫,*颜料紫16 01.1093

manganous bromide 溴化锰 01.0787

manganous carbonate 碳酸锰,*锰白 01.1080

manganous dihydrogen phosphate 磷酸二氢锰 01.1150

manganous hypophosphite 次磷酸锰 01.1087

manganous nitrate 硝酸锰 01.1082

manganous oxide 一氧化锰,*氧化亚锰 01.1077

manganous sulfate 硫酸锰,*硫酸亚锰 01.1084

Mannheim method *曼海姆法 02.0270

mannitol 甘露醇 02.0148

manual unloading centrifuge 人工卸料离心机 01.0686

MAP 磷酸一铵 02.0102

marcasite 白铁矿 01.0618

marking 标识 02.0052

marl 泥灰肥 02.0161

maximum current density 最高电流密度 01.0449

Mazhef salt *马日夫盐 01.1150

measurement 计量 02.0267

meat meal 肉粉 02.0162

mechanical vapor recompression 机械热泵浓缩技术 01.0245

medium-low-low temperature shift 中-低-低变换 02.0236

medium pressure associated urea technology 中压联尿工艺 02.0301

medium pressure decomposition heater 中压分解加热器 02.0330

medium-temperature shift 中温变换 02.0233

melamine tail gas soda process 三聚氰胺尾气制碱工艺 01.0498

melt 熔融体 02.0430

melt granulation method 熔体造粒法 02.0458

membrane 膜 01.0738

membrane catalysis 膜催化 01.0739

membrane gap electrolyzer 膜极距电解槽 01.0293

membrane voltage drop 膜电压降 01.0291

mercuric chloride 氯化汞 01.0874

mercuric fluoride 氟化汞 01.1003

mercuric iodide 碘化汞 01.1051

mercuric nitrate 硝酸汞,*硝酸高汞 01.1115

mercuric oxide 氧化汞 01.1450

mercuric sulfate 硫酸汞 01.1306

mercuric sulfide 硫化汞 01.1279

mercuric sulfocyanate 硫氰酸汞 01.0970

mercuric thiocyanate *硫氰化汞 01.0970

mercurous chloride 氯化亚汞 01.0888

mercurous nitrate 硝酸亚汞 01.1116

mercurous sulfate 硫酸亚汞 01.1308

mercury 汞,*水银 01.1574

mercury amalgam 汞齐,*汞合金 01.1575

mercury cathode electrolysis 水银电解法 01.0346

mercury electrolytic cell 水银电解槽 01.0691

mesh anode 阳极网 01.0394

meshed metal anode 拉网金属阳极 01.0263

metal anode 金属阳极 01.0255

metaphosphate 偏磷酸盐 01.1207

metastannic acid 偏锡酸 01.1503

metatitanic acid 偏钛酸 01.1360

methanation furnace 甲烷化炉 02.0247

method of amines 多胺法 02.0245

method of propylene carbonate decarbonized 碳酸丙烯酯法脱碳 02.0244

microbial fermentation 微生物发酵 02.0258

microcrystalline graphite *微晶石墨 01.1579

micronutrient *微量养分 02.0006

mineral fertilizer *矿物肥料 02.0009

mist eliminator 捕沫器 01.0176

mixed acid 混酸 02.0428

mixed heated rotary dryer 复式传热旋转干燥器 01.0730

mixing 混匀 02.0269

mixing solution 调和液 01.0477

mixture ratio 配料比 01.0095

Mn pink 锰红 01.1094

modified diaphragm 改性隔膜 01.0228

modified Siemens technology 改良西门子工艺,*改良西门子法,*闭环西门子法 01.1214

modified sodium silicate 改性硅酸钠 01.1221

module 模数 01.1211

moisture 水分 02.0186

moisture content 含水率 01.0236

molten urea 熔融尿素 02.0297

molybdenite 辉钼矿 01.0627

molybdenum dioxide 二氧化钼 01.1340

molybdenum disulfide　二硫化钼　01.1338

molybdenum fluoride　六氟化钼　01.1342

molybdenum pentachloride　五氯化钼　01.1352

molybdenum powder　钼粉　01.1545

molybdenum trioxide　三氧化钼　01.1350

molybdic acid　钼酸　01.1343

monazite　独居石　01.0646

monoammonium phosphate　磷酸一铵　02.0102

monocalcium phosphate　*磷酸一钙　01.1147

monocrystalline silicon　单晶硅　01.1264

monohydrate crystallization process　一水碱工艺　01.0516

monohydrate crystallizer　一水碱结晶器　01.0572

monopolar electrolyzer　单极电解槽　01.0187

monopotassium phosphate　磷酸二氢钾　02.0115

Moritz-Standert process　莫里兹斯坦德流程　02.0429

mother liquor　母液　02.0367

mother liquor Ⅰ　母液Ⅰ　01.0480

mother liquor Ⅱ　母液Ⅱ　01.0482

mother liquor scrubbing tower　母液洗涤塔, *母液换热塔　01.0537

moving bed gasification　移动床气化　02.0350

mud-washing barrel　洗泥桶　01.0523

multi-chamber separator　室式分离机　01.0680

multi effect evaporator　多效蒸发器　02.0289

multilayer cylindrical boiling-bed dryer　多层圆筒形沸腾干燥器　01.0736

multiple effect evaporation　多效蒸发　01.0219

multiple effect evaporation process　多效蒸发工艺　01.0520

muriate of potash　氯化钾　02.0099

MVR　机械热泵浓缩技术　01.0245

N

nano-zinc oxide　纳米氧化锌　01.1461

NA process　新旭法　01.0495

Nash pump　纳氏泵　01.0295

naumannite　硒银矿　01.1523

neodymium　钕　01.1571

neodymium-iron-boron　钕铁硼　01.0834

neodymium oxide　氧化钕　01.1478

neodymium trifluoride　氟化钕　01.1022

neon　氖气　01.1586

net value of ammonia　氨净值　02.0383

neutralizing value　中和值　02.0202

new Asahi process　新旭法　01.0495

nickel aminosulfonate　氨基磺酸镍　01.1496

nickel ammonium sulfate　硫酸镍铵　01.1318

nickel carbonate　碳酸镍　01.0851

nickel carbonate basic　碱式碳酸镍　01.0852

nickel (Ⅱ) chloride　氯化镍　01.0875

nickel difluoride　氟化镍　01.1032

nickel fluoride tetrahydrate　四水氟化镍　01.1010

nickel hydroxide　氢氧化镍　01.1413

nickel hypophosphite　次磷酸镍　01.1210

nickel monoxide　一氧化镍　01.1451

nickel nitrate　硝酸镍, *二硝酸镍　01.1102

nickel phosphate　磷酸镍　01.1133

nickel sesquioxide　三氧化二镍　01.1452

nickel tetrafluoroborate　氟硼酸镍　01.0808

niobium carbide　碳化铌　01.1390

niobium pentoxide　五氧化二铌　01.1391

nitric acid absorption tower　硝酸吸收塔　01.0096

nitric acid bleaching tower　硝酸漂白塔　01.0126

nitric acid concentrating tower　硝酸浓缩塔　01.0127

nitric acid decomposition and potassium chloride method　硝酸分解氯化钾法　02.0280

nitric nitrogen　硝态氮　02.0188

nitrification inhibitor　硝化抑制剂　02.0025

nitrogen hydrogen gas mixture　氮氢混合气, *氢氮混合气　01.1582

nitrogen monoxide　一氧化二氮　01.1583

nitrogen-stabilized fertilizer　稳定性氮肥　02.0022

nitrogen trichloride　三氯化氮　01.0324

nitrogen trifluoride　三氟化氮　01.1033

nitrophosphate　硝酸磷肥　02.0104

nitrous oxide　*氧化亚氮　01.1583

non-diaphragm electrolytic cell　无隔膜电解槽　01.0692

non-selective catalytic reduction　非选择性还原法　01.0093

Norsk Hydro technology　挪威海德鲁工艺　02.0433

NO$_x$ absorption　氮氧化物吸收　01.0090

NO$_x$ compressor　氧化氮压缩机　01.0120

NO$_x$ separator　氧化氮分离器　01.0114

nozzle　烧嘴　02.0370

nozzle type spray dryer　机械喷雾干燥器　01.0726

O

off-peak power consumption 错峰用电 01.0171

ohmic voltage drop 欧姆电压降 01.0298

oil cake 饼肥 02.0163

oil immersed granulation 油浸造粒 02.0443

optimum current density 最佳电流密度 01.0450

ore-dressing 选矿 01.0654

organic amine content 有机胺含量 01.0428

organic amine method 有机胺法 01.0030

organic fertilizer 有机肥料 02.0010

organic-inorganic compound fertilizer 有机-无机复混肥料 02.0014

organic-inorganic fertilizer 有机-无机肥料 02.0013

organic-inorganic soil conditioner 有机-无机土壤调理剂 02.0033

organic nitrogenous fertilizer 有机氮肥 02.0011

organic soil conditioner 有机土壤调理剂 02.0032

orpiment 雌黄 01.0586

osmium tetroxide 四氧化锇 01.1453

overflow liquor from cooling crystallizer 半母液 II 01.0483

over potential 过电位 01.0234

oversize 筛上物 02.0172

oxidation ratio 氧化率 01.0076

oxidation volume 氧化空间 01.0089

oxidizability 氧化性 01.0075

oxidizing liquid 氧化性液体 02.0210

oxidizing solid 氧化性固体 02.0209

oxygen 氧气 01.1580

oxygen depolarized cathode 氧阴极, *氧去极化阴极 01.0424

oxygen evolution reaction 析氧反应 01.0366

ozone 臭氧 01.1581

P

package 包装 02.0067

packed drying tower 填料干燥塔 01.0352

packed extraction tower 填料式萃取塔 01.0697

PAFC 聚合氯化铝铁 01.0865

palladium 钯, *钯金 01.1561

palladium chloride 氯化钯 01.0887

palladium nitrate 硝酸钯 01.1110

palladous oxide 氧化钯 01.1475

parallel-flow dryer 并流干燥器 01.0713

parcel agent 包裹剂 02.0456

particle size analysis by sieving 筛分法粒度分析 02.0168

partial controlled release fertilizer 部分控释肥料 02.0019

partial slow release fertilizer 部分缓释肥料 02.0018

PCC *沉淀碳酸钙 01.0857

PCU 聚合物包衣尿素 02.0085

peat 泥煤, *泥炭 02.0164

pentapotassium triphosphate *三磷酸五钾 01.1185

pentasodium triphosphate *三磷酸五钠 01.1184

perchloric acid 高氯酸, *过氯酸 01.0916

perfluorocarboxylate membrane 全氟羧酸膜 01.0315

perfluorocarboxylic acid layer 全氟羧酸层 01.0347

perfluoroelastomer 全氟橡胶 01.0319

perfluorosulfonamide membrane 全氟磺酰胺膜 01.0317

perfluorosulfonate membrane 全氟磺酸膜 01.0316

perfluorosulfonate-perfluorocarboxylate composite membrane 全氟磺酸羧酸复合膜 01.0318

perfluorosulfonic acid layer 磺酸层 01.0242

persistent organic pollutant 持久性有机污染物 02.0074

pervaporization 膜蒸发 01.0740

phosphate concentrate 磷精矿 02.0421

phosphate rock 磷矿石 02.0400

phosphogypsum 磷石膏 02.0029

phosphogypsum stacking 磷石膏堆置, *磷石膏堆存 02.0411

phosphomolybdic acid 磷钼酸 01.1341

phosphoric acid by furnace process 热法磷酸 01.1128

phosphoric acid by wet process 湿法磷酸 01.1129

phosphoric anhydride *磷酸酐 01.1177

phosphoric slag fertilizer 钢渣磷肥, *矿渣磷肥 02.0434

phosphorite 磷矿 01.0613

phosphorous acid 亚磷酸 01.1163

phosphorus oxybromide 三溴氧磷 01.1196

phosphorus oxychloride 三氯氧磷 01.1174

phosphorus pentabromide 五溴化磷 01.1197

phosphorus pentachloride 五氯化磷 01.1176

phosphorus pentafluoride 五氟化磷 01.1034

phosphorus pentasulfide 五硫化二磷 01.1178

phosphorus pentoxide 五氧化二磷 01.1177

phosphorus sesquisulfide 三硫化四磷 01.1179

phosphorus sulfochloride 三氯硫磷 01.1175

phosphorus tribromide 三溴化磷 01.0790

phosphorus trichloride 三氯化磷 01.1173

phosphorus trifluoride 三氟化磷 01.1017

phosphoryl bromide *磷酰溴 01.1196

phosphoryl chloride *磷酰氯 01.1174

phosphotungstic acid 磷钨酸 01.1329

pH value pH值 02.0200

physical and chemical absorption 物理化学吸收 02.0242

pipe reactor 管式反应器 02.0451

piston push centrifuge 活塞推料离心机 01.0685

plant food ratio 植物养分配合比例 02.0055

plant nutrient 植物养分 02.0002

plate and frame filter press 板框压滤机 01.0164

plate type heat exchanger 板式换热器 01.0057

platinum 铂, *白金, *海绵铂 01.1560

platinum (Ⅳ)chloride 氯化铂 01.0877

platinum gauze catalyst 铂网催化剂 01.0082

platinum oxide 氧化铂 01.1476

platinum tetrachloride *四氯化铂 01.0877

pneumatic dryer 气流干燥器 01.0719

pneumatic type spray dryer 气流喷雾干燥器 01.0727

polarization current 极化电流 01.0246

polarization curve 极化曲线 01.0247

polarization rectifier 极化整流器 01.0248

polyaluminium chloride 聚氯化铝 01.0864

polyaluminium ferric chloride 聚合氯化铝铁 01.0865

polyaluminum sulfate 聚合硫酸铝 01.1323

polycrystalline silicon 多晶硅 01.1263

polyferric sulfate 聚合硫酸铁 01.1325

polymer 聚合物 02.0084

polymer coated urea 聚合物包衣尿素 02.0085

polymer coating 聚合物包膜 02.0256

polymer membrane filter 聚合物膜过滤器 01.0257

polymer sulfur coated urea 聚合物硫包衣尿素 02.0086

polyphosphate 聚磷酸盐 01.1205

polyphosphate chelating agent 多聚磷酸盐螯合剂 02.0259

polyphosphate chelation 多聚磷酸盐螯合 02.0262

polysilicate acid 聚硅酸 01.1238

polysilicate aluminum sulfate 聚硅硫酸铝 01.1324

pool reactor 池式反应器 02.0304

POP 持久性有机污染物 02.0074

porosity 孔隙率 02.0182

porous ceramic tubular filter 多孔陶质管式过滤机 01.0677

porous electrode 多孔电极 01.0218

positive water seal 正水封 01.0451

potassium 钾 01.1552

potassium acid pyrophosphate 酸式焦磷酸钾 01.1162

potassium alginate 海藻酸钾 02.0152

potassium ammonium nitrate 硝酸铵钾 02.0111

potassium ammonium phosphate 磷酸钾铵 02.0122

potassium aurous cyanide 氰化亚金钾 01.0961

potassium bicarbonate 碳酸氢钾 01.0854

potassium bifluoride 氟化氢钾 01.1013

potassium bisulfate 硫酸氢钾 01.1307

potassium borofluoride 氟硼酸钾 01.0810

potassium borohydride 硼氢化钾 01.0801

potassium bromate 溴酸钾 01.0792

potassium bromide 溴化钾 01.0781

potassium carbonate 碳酸钾 01.0853

potassium chlorate 氯酸钾, *洋硝 01.0913

potassium chloride 氯化钾 02.0099

potassium chloride and ammonium sulfate transformation method 氯化钾与硫酸铵转化法 02.0274

potassium chloroaurate 氯金酸钾 01.0901

potassium chromate 铬酸钾 01.0937

potassium cyanate 氰酸钾 01.0976

potassium cyanide 氰化钾 01.0956

potassium dichromate 重铬酸钾 01.0952

potassium dideuterium phosphate crystal 磷酸二氘钾晶体 01.1189

potassium dihydrogen pyrophosphate *焦磷酸二氢二钾 01.1162

potassium ferrate 高铁酸钾 01.1506

potassium ferrocyanide 亚铁氰化钾, *黄血盐 01.0378

potassium fluoride 氟化钾 01.1005

potassium fluo(ro)silicate　氟硅酸钾　01.0988

potassium fluorozirconate　氟锆酸钾　01.0996

potassium fluotitanate　氟钛酸钾　01.1011

potassium hexachloroplatinate (IV)　氯铂酸钾　01.0878

potassium hexafluoroaluminate　氟铝酸钾, *钾冰晶石　01.0994

potassium hexafluorophosphate　六氟磷酸钾　01.1027

potassium hydrogen phosphate　磷酸氢二钾　01.1144

potassium hydroxide　氢氧化钾　01.1409

potassium hypophosphite　次磷酸钾　01.1166

potassium iodate　碘酸钾　01.1058

potassium iodide　碘化钾　01.1048

potassium magnesium sulphate　硫酸钾镁肥　02.0101

potassium metabisulfite　焦亚硫酸钾　01.1266

potassium metaborate　偏硼酸钾　01.0805

potassium metavanadate　偏钒酸钾　01.1383

potassium nitrate　硝酸钾　02.0110

potassium nitrophosphate　硝酸磷钾肥　02.0121

potassium pentaborate　五硼酸钾　01.0829

potassium perborate　过硼酸钾　01.0818

potassium perchlorate　高氯酸钾, *过氯酸钾　01.0918

potassium periodate　高碘酸钾　01.1062

potassium permanganate　高锰酸钾, *灰锰氧　01.1091

potassium peroxide　过氧化钾　01.1406

potassium phosphate　磷酸钾, *磷酸三钾　01.1130

potassium platinum (IV) chloride　*氯化铂钾　01.0878

potassium polymetaphosphate　聚偏磷酸钾　01.1202

potassium pyrophosphate　焦磷酸钾　01.1161

potassium silicate　硅酸钾　01.1224

potassium silver cyanide　氰化银钾　01.0975

potassium stannate　锡酸钾　01.1504

potassium sulfocyanate　*硫氰化钾　01.0965

potassium sulphate　硫酸钾　02.0100

potassium superoxide　超氧化钾　01.1403

potassium tetraborate　四硼酸钾　01.0825

potassium thiocyanate　硫氰酸钾　01.0965

potassium titanate　钛酸钾　01.1363

potassium titanyl phosphate crystal　磷酸氧钛钾晶体　01.1190

potassium tripolyphosphate　三聚磷酸钾　01.1185

potassium water glass　*钾水玻璃　01.1224

potentiometer for indicating voltage difference of electrolyzers　电解槽差压电位计　01.0208

pourability　流动性　02.0177

powdered fertilizer　粉状肥料　02.0060

power factor　功率因数　01.0231

praseodymium oxide　氧化镨　01.1483

praseodymium trifluoride　氟化镨　01.1036

pre-carbonating liquor　中和水, *预碳化液　01.0472

precipitated calcium carbonate　*沉淀碳酸钙　01.0857

precoat pump　预涂泵　01.0430

precoat tank　预涂罐　01.0431

preheating mother liquor　预热母液　01.0476

prelimer　预灰桶　01.0528

pre-neutralizing　预中和　02.0455

pre-reactor　预反应器　01.0981

preseparator　预分离器　02.0333

pressure distillation process　正压蒸馏工艺　01.0507

pressure filter with cycloid filter leaves　圆形滤叶加压叶滤机　01.0669

pressure swing adsorption　变压吸附　02.0360

pressurized-air dissolving tank　加压溶气槽　01.0322

pressurized carbonization　加压碳化　02.0240

pressurized carbonization process　*加压碳化工艺　01.0497

pressurized shift　加压变换　02.0232

pre-treater　预处理器　01.0429

priceite　白硼钙石　01.0598

prill　晶粒　02.0059

primary brine　一次盐水　01.0155

primary mud　一次泥　01.0486

primary nutrient　*主要养分　02.0004

product acid concentration　产品酸浓度　01.0077

PSA　变压吸附　02.0360

PSCU　聚合物硫包衣尿素　02.0086

pulsed extraction column　脉动式萃取塔　01.0695

pulsed pneumatic dryer　脉冲气流干燥器　01.0722

pulverizer　粉磨机　02.0362

purge gas　弛放气　02.0366

purification　净化　01.0007

pyrite　硫铁矿　01.0001

pyrophosphoric acid　焦磷酸　01.1151

pyrophosphoryl chloride　焦磷酰氯　01.1198

Q

quartz ampoule　石英安瓿, *石英安瓿瓶　01.1256

quartz boat　石英舟　01.1257

quartz crucible　石英坩埚　01.1258

quartz mound　石英砣　01.1259

quartz sand　石英砂　01.0617

quaternary ammonium silicate　硅酸季铵　01.1227

quench gas　冷激气　02.0394

quick lime　*生石灰　01.1435

R

radon　氡气　01.1584

ratio of chlorine to hydrogen　氯氢配比　01.0137

raw brine　粗盐水　01.0469

raw salt　原盐　01.0160

reactive tank　反应槽　02.0406

reagent-grade hydrochloric acid　试剂盐酸　01.0149

realgar　雄黄　01.0585

recessed plate filter　凹板式压滤机　01.0676

recirculating tank　循环槽　01.0062

recovery washing tower　回收清洗塔　02.0241

rectisol　低温甲醇洗　02.0375

red lead　*红丹　01.1449

red prussiate of soda　*赤血盐钠　01.0963

reduced iron powder　*还原铁粉　01.1537

refined brine　精制盐水　01.0470

refined gas　精炼气　02.0250

refined salt　精制盐　01.0161

reflux condenser　回流冷凝器　02.0290

refrigerated water　冷冻盐水　01.0265

regeneration of chelating resin　树脂再生　01.0343

regulator　调节剂　02.0457

removal of ammonia in brine　盐水除氨　01.0184

resaturation　重饱和　01.0443

residue　残渣　02.0203

resistance to detonation　抗爆性　02.0208

response system　反应系统　02.0405

return ash scraper conveyer　返碱埋刮板输送机 01.0539

return ash screw conveyer　返碱螺旋输送机　01.0540

return stone screen　返石筛　01.0552

reverberatory furnace　反射炉　01.0658

reverse current　反向电流　01.0223

reverse water seal　负水封　01.0452

Re-Y molecular sieve　Re-Y 分子筛　01.1254

rhenium　铼, *铼棒　01.1566

rhodium chloride　氯化铑　01.0892

rhodium powder　铑粉　01.1547

rhodochrosite　菱锰矿　01.0612

ring roll mill　环滚研磨机　01.0649

roasting　焙烧　01.0006

roasting furnace　焙烧炉　01.0656

rock phosphate fertilizer　磷矿粉肥　02.0403

rod-shaped caustic soda　棒状固碱　01.0455

rotary cooler　回转冷却器　02.0293

rotary drum vacuum filter　转筒真空过滤机　01.0671

rotary dryer　回转干燥器　01.0035

rotary-film evaporation　旋转薄膜蒸发　01.0376

rotary kiln　回转窑　01.0045

rotary vacuum diskfilter　转盘真空过滤机　01.0672

rubidium　铷　01.1573

ruthenium dioxide　二氧化钌　01.1454

ruthenium trichloride　三氯化钌　01.0890

rutile　金红石　01.0628

S

sacrificial core　牺牲芯材　01.0368

sacrificial electrode　牺牲电极　01.0367

safety interlock　安全连锁　01.0169

salt collecting equipment　采盐设备　01.0177

salt dissolver　化盐桶　01.0241

salt dissolving pond　化盐池　01.0240

salting-out crystallizer　盐析结晶器　01.0557

salt slurry　盐泥　01.0379

salt slurry filter pressing　盐泥压滤　01.0380

samarium nitrate　硝酸钐　01.1108

samarium oxide　氧化钐　01.1481

sample cooler　取样冷却器　01.0107

sand filter　砂滤器　01.0332

saturated brine　饱和盐水　01.0150

saturation column equilibrium curve　饱和塔平衡曲线　02.0226

saturation-hot water tower　饱和热水塔　02.0225

saturation sulfur capacity　饱和硫容　02.0219

saturation temperature　饱和温度　02.0204

scandium oxide　氧化钪　01.1470

scraper centrifuge　刮刀卸料离心机　01.0577

screen classifier　筛分机　01.0579

screw compressor　螺杆式压缩机　01.0273

screw-discharge sedimentation centrifuge　沉降式螺旋卸料离心机　01.0683

scrubber　洗气塔　02.0354

SCU　硫包衣尿素　02.0083

sea salt　海盐　01.0157

seaweed extracts　海藻精　02.0150

secondary air cooler　二次空气冷却器　01.0106

secondary brine　二次盐水　01.0156

secondary element　中量元素　02.0005

secondary mud　二次泥　01.0487

secondary nutrient　*次要养分　02.0005

secondary refining of brine　盐水二次精制　01.0382

second-effect evaporator　二效蒸发器　01.0185

sedimentary phosphorite bed　沉积磷矿床　02.0401

sedimentation　沉降　02.0178

seeding emergence and growth　出苗和苗生长　02.0212

segregation　离析　02.0181

selective permeability　选择渗透　02.0395

selenium　硒　01.1576

selenium chloride　氯化硒　01.0886

selenium dioxide　二氧化硒　01.1455

selenium oxychloride　氧氯化硒　01.0884

selenium sulfide　二硫化硒　01.1290

self-sustaining decomposition　自持分解　02.0215

semi coal-water gas　半水煤气　02.0349

semi slurry agglomeration　半料浆团粒法　02.0452

senarmontite　方锑矿　01.1513

service life of anode coating　阳极涂层寿命　01.0393

service life of cathode coating　阴极涂层寿命　01.0420

sesquicarbonate crystallization process　倍半碱工艺　01.0517

settling efficiency　沉降效率　01.0181

SGN　平均主导粒径　02.0184

shaft kiln　竖窑　01.0657

shell and tube cooler　列管式冷却器　01.0270

shift　变换　02.0223

shift converter　变换炉　02.0228

shift gas soda process　变换气制碱工艺　01.0497

Siemens technology　西门子工艺, *西门子法　01.1213

sieve　筛　01.0652

sieve analysis　筛析　01.0653

sieve-plate column　筛板塔　01.0333

sieve-tray extraction tower　筛板式萃取塔　01.0698

sieve-tray tower　筛板吸收塔　01.0091

sieving　筛分　02.0169

silica aerogel　二氧化硅气凝胶　01.1241

silica gel　硅胶　01.1243

silica gel granulating　硅凝胶造粒　01.1215

silica sol　硅溶胶　01.1242

silicic acid　硅酸　01.1217

silicic acid gel　*硅酸凝胶　01.1243

silicochloroform　*硅氯仿　01.1261

silicon metal　金属硅　01.1260

silicon polycrystal　硅多晶　01.1263

silicon single crystal　*硅单晶　01.1264

silicon tetrachloride　四氯化硅, *氯化硅　01.1262

silicon tetrafluoride　四氟化硅　01.1018

silver　银, *白银　01.1559

silver chloride　氯化银　01.0891

silver cyanide　氰化银　01.0959

silver fluoride　氟化银　01.1001

silver iodide　碘化银　01.1049

silver mine　银矿石　01.1522

silver oxide　氧化银　01.1456

silver perchlorate　高氯酸银　01.0923

silver sulfide　硫化银　01.1282

single conversion and single absorption　一转一吸　01.0017

single-layer cylindrical boiling-bed dryer　单层圆筒形沸腾干燥器　01.0735

single-pass evaporator　单程蒸发器　01.0704

single superphosphate　过磷酸钙　02.0094

sintering phosphate　烧结磷肥　02.0446

siphon filter　虹吸式过滤器　01.0237

size guide number　平均主导粒径　02.0184

slow release fertilizer　缓释肥料　02.0016

sludge　淤渣　02.0423

slurry concentrating method　料浆浓缩法　02.0442

smelting flue gas　冶炼烟气　01.0003

smithsonite　菱锌矿　01.0636

SO₂ blower　二氧化硫鼓风机　01.0059

soda ash cooler　凉碱机　01.0546

soda filter　滤碱机　01.0531

sodium　钠　01.1551

sodium acid pyrophosphate　酸式焦磷酸钠　01.1160

sodium alkali method　钠碱法　01.0027

sodium aluminate　铝酸钠　01.1500

sodium aluminosilicate　硅铝酸钠　01.1236

sodium amide　氨基钠　01.1499

sodium antimonate　锑酸钠　01.1502

sodium arsenite　亚砷酸钠　01.0753

sodium azide　叠氮化钠　01.1509

sodium bicarbonate　碳酸氢钠, *小苏打　01.0583

sodium bicarbonate crystallizer　碳化结晶器　01.0573

sodium bifluoride　氟化氢钠　01.1012

sodium bisulfate　硫酸氢钠　01.1268

sodium bisulfate monohydrate　一水硫酸氢钠　01.1269

sodium borohydride　硼氢化钠　01.0802

sodium bromate　溴酸钠　01.0793

sodium bromide　溴化钠　01.0782

sodium bromite　亚溴酸钠　01.0794

sodium chlorate　氯酸钠　01.0912

sodium chlorite　亚氯酸钠　01.0927

sodium cyanate　氰酸钠　01.0964

sodium cyanide　氰化钠　01.0957

sodium dichromate　重铬酸钠, *红矾钠　01.0954

sodium dihydrogen arsenate　砷酸二氢钠　01.0752

sodium dihydrogen phosphate　磷酸二氢钠　01.1142

sodium dithionite　连二亚硫酸钠, *低亚硫酸钠, *保险粉　01.1270

sodium ferricyanide　铁氰化钠　01.0963

sodium ferrocyanide decahydrate　亚铁氰化钠　01.0962

sodium fluoride　氟化钠　01.1004

sodium fluoroborate　氟硼酸钠　01.0809

sodium fluorosilicate　氟硅酸钠　01.0987

sodium hexafluoroaluminate　氟铝酸钠　01.0993

sodium hexametaphosphate　六偏磷酸钠　01.1172

sodium hydride　氢化钠　01.0980

sodium hydrogen phosphate　磷酸氢二钠　01.1141

sodium hydrogen sulfite　亚硫酸氢钠　01.1273

sodium hydrosulfide　硫氢化钠　01.1288

sodium hypochlorite　次氯酸钠　01.0459

sodium hypophosphite　次磷酸钠　01.1165

sodium iodate　碘酸钠　01.1059

sodium iodide　碘化钠　01.1050

sodium metaborate　偏硼酸钠　01.0804

sodium metasilicate　偏硅酸钠　01.1222

sodium metavanadate　偏钒酸钠　01.1384

sodium molybdate　钼酸钠　01.1347

sodium monofluoro phosphate　单氟磷酸钠　01.1188

sodium nitrate　硝酸钠　01.1104

sodium nitrate and potassium chloride transformation method　硝酸钠-氯化钾转化法　02.0278

sodium nitrite　亚硝酸钠　01.1118

sodium perborate　过硼酸钠　01.0817

sodium percarbonate　过碳酸钠　01.1402

sodium perchlorate　高氯酸钠, *过氯酸钠　01.0917

sodium periodate　高碘酸钠　01.1060

sodium permanganate　高锰酸钠　01.1092

sodium peroxide　过氧化钠　01.1398

sodium persulfate　过硫酸钠　01.1405

sodium phosphate　磷酸钠　01.1143

sodium phosphate dissolving vessel　磷酸钠溶解槽　01.0110

sodium polysulphide　多硫化钠　01.1289

sodium potassium silicate　硅酸钾钠, *钾钠水玻璃　01.1225

sodium-process bleaching powder concentrate　钠法漂粉精　01.0462

sodium pyrophosphate　焦磷酸钠　01.1159

sodium pyrosulfite　焦亚硫酸钠　01.1267

sodium silicate　硅酸钠, *泡花碱　01.1218

sodium silicochromate　硅酸铬钠　01.1234

sodium stannate　锡酸钠　01.1505

sodium sulfate　硫酸钠, *无水芒硝　01.1302

sodium sulfite　亚硫酸钠　01.1272

sodium sulfocyanate　*硫氰化钠　01.0966

sodium sulfoxylate formaldehyde　次硫酸氢钠甲醛　01.1278

sodium superoxide　超氧化钠　01.1404

sodium tetraborate　硼砂　01.0830, 四硼酸钠　02.0125

sodium thiocyanate　硫氰酸钠　01.0966

sodium thiosulfate　硫代硫酸钠　01.1276

sodium trimetaphosphate　三偏磷酸钠　01.1171

sodium tripolyphosphate　三聚磷酸钠　01.1184

sodium tungstate　钨酸钠　01.1336

sodium zirconate　锆酸钠　01.1372

sodium zirconium sulfate compound salt　硫酸锆钠复盐
　01.1375

soft water heater　软水加热器　02.0391

soil conditioner　土壤调理剂　02.0026

soil fertility　土壤肥力　02.0041

solid caustic pot　熬碱锅　01.0163

solid caustic soda production　固碱生产　01.0233

solid composition releasing chlorine dioxide　二氧化氯固
　体释放剂　01.0926

solid hydrogen peroxide　*固体双氧水　01.1402

solid phase hydration method　固相水合法　01.0499

solid phase method　固相法　02.0275

solid phase precipitation　固相沉淀, *结垢　02.0408

solubility of fertilizer　肥料溶解度　02.0046

solubility of fertilizer nutrient　肥料养分溶解度
　02.0045

solution fertilizer　溶液肥料　02.0062

solution mining of single well　单井溶采　01.0512

Solvay process　*索尔维法　01.0492

solvent extraction method　溶剂萃取法　02.0271

sperrylite　砷铂矿　01.1526

sphalerite　闪锌矿　01.0637

spodumene　锂辉石　01.0633

spouted bed sulfur coated　喷动床涂硫　02.0257

spray absorption tower　喷射吸收塔　02.0427

spray ammonia absorber　喷射吸氨器　01.0563

spray column　喷淋塔　01.0302

spray dryer　喷雾干燥器　01.0724

spray drying　喷雾干燥　01.0723

spray granulation dryer　喷浆造粒干燥机　02.0277

spray[-type] extraction column　喷洒式萃取塔　01.0696

stabilized fertilizer　稳定性肥料　02.0021

stable chlorine dioxide solution　稳定性二氧化氯溶液
　01.0925

standard electrode potential　标准电极电位　01.0173

standard evaporator　标准式蒸发器　01.0174

standard gas　标准气体　01.1531

stannic chloride　*氯化锡　01.0885

stannic oxide　氧化锡　01.1472

stannic sulfide　硫化锡　01.1285

stannite　黄锡矿　01.1519

stannous chloride　氯化亚锡　01.0905

stannous fluoborate　氟硼酸亚锡　01.0813

stannous oxide　氧化亚锡　01.1473

stannous sulfate　硫酸亚锡　01.1313

stannum　锡　01.1563

start up acid pump　开工酸泵　01.0123

start up acid tank　开工酸槽　01.0108

star type feed valve　星形给料阀　01.0034

static angle of repose　静态休止角　02.0183

steam compressor　蒸汽压缩机　01.0576

steam-jet pump　蒸汽喷射泵　01.0440

steam separator　蒸汽分离器　01.0112

steel belt granulation　钢带造粒　02.0341

stibnite　辉锑矿　01.1511

stone-like coal　石煤　01.0632

STPP　三聚磷酸钠　01.1184

straight fertilizer　单质肥料, *单一肥料　02.0034

stray current　杂散电流　01.0434

stress corrosion　应力腐蚀　01.0425

stripping column　汽提塔　01.0575

strontium　锶　01.1556

strontium bromide　溴化锶　01.0788

strontium carbonate　碳酸锶　01.0855

strontium chlorate　氯酸锶　01.0928

strontium chloride　氯化锶　01.0906

strontium chromate　铬酸锶, *锶铬黄　01.0941

strontium fluoride　氟化锶　01.1024

strontium hydrogen phosphate　磷酸氢锶　01.1193

strontium hydroxide　氢氧化锶　01.1420

strontium nitrate　硝酸锶　01.1105

strontium oxide　氧化锶　01.1458

strontium perchlorate　高氯酸锶, *过氯酸锶　01.0921

strontium peroxide　过氧化锶　01.1400

strontium phosphate　磷酸锶　01.1194

strontium silicate　硅酸锶　01.1233

strontium titanate　钛酸锶　01.1365

substitution adsorption　置换吸附　01.0693

sulfate-depleted brine　贫硝盐水　01.0358

sulfate-enriched brine　富硝盐水　01.0359

sulfate removal by freezing　冷冻脱硝　01.0264

sulfate removal by membrane process　膜法脱硝
　01.0292

sulfate removal with barium salt　钡法脱硫　01.0170

sulfate-removed brine　脱硝盐水　01.0357

sulfonated coal　磺化煤　01.1507

sulfonic acid group　磺酸基团　01.0243

sulfonyl chloride　*磺酰氯　01.0909

sulfoxide chloride　氯化亚砜　01.0889

sulfur coated urea　硫包衣尿素　02.0083

sulfur dichloride　二氯化硫　01.0908

sulfuric acid decomposition method　硫酸分解法
　　02.0270

sulfuric oxyfluoride　硫酰氟　01.1030

sulfur monochloride　一氯化硫　01.0907

sulfur trioxide　三氧化硫　01.1265

sulfuryl chloride　硫酰氯　01.0909

sulphate of ammonia　硫酸铵　02.0076

sulphate of potash　硫酸钾　02.0100

sulphate of potash magnesia　硫酸钾镁肥　02.0101

sulphur　硫磺　01.0002

sulphur furnace　焚硫炉　01.0044

sulphur gun　磺枪　01.0043

sulphuric acid　硫酸　01.0070

sulphuric acid pump　硫酸泵　01.0053

sulphuric acid storage tank　硫酸储罐　01.0068

sulphurized method　硫化法　01.0022

sulphur melting tank　熔硫槽　01.0042

super azeotropic distillation method　超共沸精馏法
　　01.0081

surface cooler　表面冷却器　01.0175

surface mining　露天开采　01.0515

suspension fertilizer　悬浮肥料　02.0063

suspension out of the carbonation tower　碳化取出液
　　01.0473

suspension tank　出碱槽　01.0530

svanbergite　硫磷铝锶矿　01.0615

synthesis converter　合成塔　02.0322

synthetic hydrotalcite　合成水滑石　01.1427

synthetic organic nitrogenous fertilizer　合成有机氮肥
　　02.0012

synthetic quartz　人造石英,*人造水晶　01.1255

synthetic soil conditioner　合成土壤调理剂　02.0027

syphonage　虹吸　02.0287

T

tail gas absorber　尾气吸收塔　01.0361

tail gas absorption tower　尾吸塔　01.0066

tail gas from chlorine liquefaction　液氯尾气　01.0409

tail gas preheater　尾气预热器　01.0105

tail gas stack　尾气排气筒　01.0115

tail-gas turbo expander　尾气透平机,*尾气透平膨胀机
　　01.0121

tantalum carbide　碳化钽　01.1392

tantalum pentafluoride　五氟化钽　01.1393

tantalum pentoxide　五氧化二钽　01.1394

tellurium　碲　01.1577

tellurium oxide　氧化碲　01.1471

terbium oxide　氧化铽　01.1488

ternary fertilizer　三元肥料　02.0036

test sieving　筛分试验　02.0170

tetradymite　辉碲铋矿　01.1530

tetrafluoromethane　*四氟甲烷　01.1043

tetrahedrite　黝铜矿　01.1517

tetrasodium orthosilicate　正硅酸钠,*原硅酸钠
　　01.1220

thallium　铊　01.1570

thallium（Ⅰ）chloride　氯化铊　01.0882

thallous chloride　*氯化亚铊　01.0882

thallous sulfate　硫酸亚铊　01.1311

the advanced process for cost and energy saving
　　technology　*先进的低成本节能工艺　02.0305

theoretical decomposition voltage　理论分解电压
　　01.0269

thermal-process phosphate fertilizer　热法磷肥　02.0445

thionyl chloride　*亚硫酰氯　01.0889

thiophosphoryl chloride　*硫代磷酰氯　01.1175

thiourea　硫脲　01.1326

third-effect evaporator　三效蒸发器　01.0329

Thomas phosphatic fertilizer　*托马斯磷肥　02.0434

thorium hydroxide　氢氧化钍　01.1426

thorium nitrate　硝酸钍　01.1112

thorium powder　钍粉　01.1550

three-column centrifuge　三足式离心机　01.0688

three-effect cocurrent evaporation　三效顺流蒸发
　　01.0327

three-effect countercurrent evaporation　三效逆流蒸发
　　01.0326

three-effect four-compartment evaporation　三效四体蒸
　　发　01.0328

three-in-one hydrochloric acid synthetic furnace　三合一
　　盐酸合成炉　01.0138

thulium oxide 氧化铥 01.1489

tilting-pan vacuum filter 倾覆盘式真空过滤机 01.0663

tin dioxide 二氧化锡 01.1457

tin pyrophosphate 焦磷酸锡 01.1155

tin tetra chloride 氯化高锡 01.0885

titanic tetrafluoride 四氟化钛 01.1361

titanium aluminium chloride 氯化铝钛 01.1357

titanium anode 钛阳极 01.0349

titanium boride 硼化钛 01.0835

titanium carbide 碳化钛 01.1367

titanium carbonitride 碳氮化钛 01.1366

titanium cooler 钛冷却器 01.0348

titanium dichloride 二氯化钛 01.1354

titanium dioxide 二氧化钛, *钛白粉 01.1355

titanium nitride 氮化钛 01.1353

titanium powder 钛粉 01.1541

titanium (IV) sulfate 硫酸钛 01.1305

titanium tetrachloride 四氯化钛 01.1362

titanium trichloride 三氯化钛 01.1359

titanium trifluoride 三氟化钛 01.1358

titanyl sulfate 硫酸氧钛 01.1356

titer 滴度 01.0467

TOC 总有机碳 01.0447

tolerance 允许偏差 02.0053

top suspended centrifuge 上悬式离心机 01.0684

total ammonium content 总铵含量 01.0446

total iron 总铁 02.0381

total low temperature shift 全低变 02.0235

total nitrogen 总氮, *全氮 02.0191

total organic carbon 总有机碳 01.0447

total phosphate 总磷, *全磷 02.0197

total primary nutrient 总养分 02.0048

tower prilling 塔式喷淋造粒 02.0459

toxicity characteristic leaching procedure 浸出毒性, *溶出毒性 02.0214

trace element 微量元素 02.0006

trace residue 微量残留 02.0385

transparent iron oxide red 透明氧化铁红 01.1444

tray efficiency 塔板效率 01.0092

tribasic lead sulfate 三碱式硫酸铅 01.1321

tricalcium phosphate 磷酸三钙 01.1148

trichlorosilane 三氯氢硅, *三氯硅烷 01.1261

trimanganese tetraoxide 四氧化三锰 01.1079

triple superphosphate 重过磷酸钙 02.0096

trisodium phosphate *磷酸三钠 01.1143

trona calciner 矿石煅烧炉 01.0567

trona dissolver 化碱槽 01.0568

trona solution 碱卤 01.0468

true density 真密度 02.0165

tube type pneumatic dryer 直管气流干燥器 01.0720

tubular reactor 管式反应器 02.0451

tungsten carbide 碳化钨 01.1332

tungsten disulfide 二硫化钨 01.1328

tungsten hexafluoride 六氟化钨 01.1019

tungsten powder 钨粉 01.1544

tungsten trioxide 三氧化钨 01.1331

tungstic acid 钨酸 01.1333

tychite 杂芒硝 01.0624

U

UAN 尿素硝酸铵肥料溶液, *尿素-硝铵溶液 02.0081

UF 脲甲醛 02.0088

UI 均匀度指数 02.0185

ulexite 钠硼解石 01.0596

undersize 筛下物 02.0171

uniform corrosion 均匀腐蚀 01.0259

uniformity index 均匀度指数 02.0185

unsteady-state conversion 非稳态转化 01.0020

urea 尿素 02.0080

urea ammonium mixed nitrogen fertilizer 脲铵氮肥 02.0082

urea ammonium nitrate fertilizer solution 尿素硝酸铵肥料溶液 02.0081

urea ammonium nitrate solution *尿素-硝铵溶液 02.0081

urea condensate 尿素缩合物 02.0087

urea conversion rate 尿素转化率 02.0312

urea formaldehyde 脲甲醛 02.0088

urea granulation tower 尿素造粒塔 02.0296

urea molten pump 尿素熔融泵 02.0321

urea nitrate 硝酸脲 01.1111

urea nitrogen 尿素态氮 02.0189

urea phosphate 磷酸脲 01.1136

urease inhibitor 脲酶抑制剂 02.0024

urea solution buffer tank　尿液缓冲槽　02.0337
urea synthesis　尿素合成　02.0311
utilization rate of fertilizer　肥料利用率　02.0072

utilization rate of membrane　膜利用率　01.0294
UTI technology　UTI工艺　02.0307

V

vacuum compartment dryer　减压厢式干燥器　01.0732
vacuum dechlorination　真空脱氯法　01.0437
vacuum device　真空装置　02.0283
vacuum distillation process　真空蒸馏工艺　01.0508
vacuum dryer　减压干燥器　01.0731
vacuum filter　真空过滤机　01.0666
vacuum leaf filter　真空叶滤机　01.0668
vacuum pump　真空泵　01.0532
vacuum rake dryer　真空耙式干燥器　01.0733
valentinite　锑华　01.1512
vanadio-titanomagnetite deposit　钒钛磁铁矿　01.0630
vanadium bearing slag　钒渣　01.1327
vanadium carbide　碳化钒　01.1387
vanadium catalyst　钒催化剂　01.0060
vanadium dioxide　二氧化钒　01.1379
vanadium pentoxide　五氧化二钒　01.1388
vanadium trichloride　三氯化钒　01.1385
vanadium trioxide　三氧化二钒　01.1386
vanadyl sulfate　硫酸氧钒　01.1381
vapor compressor process　热泵蒸发工艺　01.0519

vapor concentration　水汽浓度　02.0384
vapour ejector　蒸汽喷射器　02.0335
variable-frequency control　变频控制　01.0172
vegetative vigour　植物活力　02.0213
vein quartz　脉石英，*石英脉　01.0616
Venturi scrubber　文丘里洗涤器　01.0051
vertical mixing machine　立式多浆混合机　02.0416
vertical tube evaporator　竖管式蒸发器　01.0701
vibrating ball mill　振动磨　01.0651
vibrating centrifuge　振动式离心机　01.0689
vibrating fluidized-bed dryer　振动流化床干燥器　01.0737
vibrating granulator　振动造粒机　02.0365
vibrating screen　振网筛　02.0431
vibration feeder　振动加料器　01.0438
volatile content　挥发分　02.0348
voltage efficiency　电压效率　01.0216
vortex clarifier　涡流澄清桶　01.0362
vortex conveyor dryer　旋风气流干燥器　01.0721

W

warm mother liquor tank　热母液桶　01.0526
washing liquid　洗涤液　02.0286
washing method of crude salt refining　洗涤法原盐精制　01.0506
washing mixer settler　洗涤混合沉降器　02.0294
washing water　滤过洗水　01.0474
waste heat　余热　01.0012
waste heat boiler　余热锅炉，*废热锅炉　01.0039
waste heat recovery　余热回收　01.0013
waste liquor　废液　01.0478
water-carbon ratio　水碳比　02.0314
water cooled wall　水冷壁　02.0377
water cooler　水冷器　02.0387
water ejector　水喷射器　01.0345
water glass　*水玻璃　01.1218
water mixing tank　配水罐　01.0301

water soluble fertilizer　水溶性肥料　02.0037
water soluble fertilizers containing alginate　含海藻酸水溶肥料　02.0151
water soluble phosphate　水溶性磷　02.0192
water soluble potash　水溶性钾　02.0198
water solution full-cycle technology　水溶液全循环工艺　02.0299
well salt　井矿盐　01.0159
wet decomposition process　湿分解工艺　01.0518
wet desulphurization　湿法脱硫　02.0218
wet discharged　湿排，*湿法排渣　02.0412
wet oxidation desulfurization　湿式氧化法脱硫　02.0221
wet-process phosphatic fertilizer　*湿法磷肥　02.0414
white carbon black　*白炭黑　01.1239
wire mesh demister　丝网除沫器　01.0047

witherite 毒重石 01.0589

wolframite 黑钨矿, *钨锰铁矿 01.0626

xenon 氙气 01.1591

yellow phosphorus 黄磷 01.1126

yellow prussiate of soda *黄血盐钠 01.0962

ytterbium oxide 氧化镱 01.1490

working sulfur capacity 工作硫容 02.0220

X

10X molecular sieve 10X 分子筛 01.1249

Y

yttrium fluoride 氟化钇 01.1035

yttrium oxide 氧化钇 01.1491

yttrium vanadate crystal 钒酸钇晶体 01.1380

Z

zeolite 3A *3A 沸石 01.1246

zeolite 4A *4A 沸石 01.1247

zeolite 5A *5A 沸石 01.1248

zeolite type L *L 型沸石 01.1244

zeolite type ZSM-5 *ZSM-5 型沸石 01.1245

zero potential 零电位 01.0271

zero potential shift 零电位偏移 01.0272

zinc barium green 锌钡绿 01.1296

zinc barium red 锌钡红 01.1297

zinc barium yellow 锌钡黄 01.1295

zinc borate 硼酸锌 01.0821

zinc bromide 溴化锌 01.0786

zinc carbonate hydroxide 碱式碳酸锌 01.0856

zinc chloride 氯化锌 02.0135

zinc chromate 铬酸锌 01.0942

zinc cyanide 氰化锌 01.0958

zinc dihydrogen phosphate 磷酸二氢锌 01.1146

zinc dithionite 连二亚硫酸锌, *次硫酸锌 01.1271

zinc EDTA *EDTA 锌 02.0127

zinc ethylene diamine tetraacetic acid 乙二胺四乙酸锌 02.0127

zinc fluoride 氟化锌 01.1002

zinc fluorosilicate 氟硅酸锌 01.0991

zinc humate 腐殖酸锌 02.0126

zinc hydroxide 氢氧化锌 01.1415

zinc iodide 碘化锌 01.1054

zincite 红锌矿 01.0635

zinc molybdate 钼酸锌 01.1349

zinc nitrate 硝酸锌 01.1106

zinc orthosilicate 硅酸锌 01.1232

zinc oxide 氧化锌 01.1459

zinc oxide desulphurizer 氧化锌脱硫剂 01.1474

zinc peroxide 过氧化锌 01.1401

zinc phosphate 磷酸锌, *磷锌白 01.1134

zinc phosphide 磷化锌 01.1181

zinc powder 锌粉, *亚铅粉 01.1540

zinc sulfate 硫酸锌 01.1314

zircon 锆石, *锆英石 01.0631

zirconium basic carbonate 碱式碳酸锆 01.1373

zirconium boride 硼化锆 01.0837

zirconium carbide 碳化锆 01.1377

zirconium carbonate 碳酸锆 01.1378

zirconium dioxide 二氧化锆 01.1369

zirconium hydroxide 氢氧化锆 01.1376

zirconium nitrate 硝酸锆 01.1107

zirconium oxychloride 氧氯化锆 01.1368

zirconium oxynitrate 硝酸氧锆 01.1119

zirconium phosphate 磷酸锆 01.1138

zirconium powder 锆粉 01.1542

zirconium silicate 硅酸锆 01.1231

zirconium sulfate 硫酸锆 01.1374

ZSM-5 type molecular sieve ZSM-5 型分子筛 01.1245

汉 英 索 引

A

安德鲁索夫法　Andrussow method　01.0955
安全连锁　safety interlock　01.0169
*安氏法　Andrussow method　01.0955
氨　ammonia　02.0357
氨催化氧化　catalytic oxidation of ammonia　01.0088
氨法　ammonia method　01.0028
氨法碳酸钠　ammonia ash sodium carbonate from ammonia-alkali　02.0358
氨分离器　ammonia separator　02.0388
氨辅助蒸发器　ammonia auxiliary evaporator　01.0099
氨过滤器　ammonia filter　01.0111
氨过热器　ammonia surperheater　01.0100
氨合成催化剂　ammonia synthesis catalyst　02.0380
氨化　ammonification　02.0436
氨化过磷酸钙　ammoniated superphosphate　02.0444
氨化粒化　ammoniated granulation　02.0450
氨缓冲槽　ammonia buffer tank　02.0336
氨基磺酸　aminosulfonic acid　01.1495
氨基磺酸铵　ammonium sulfamate　01.1498
氨基磺酸钴　cobalt aminosulfonate　01.1497
氨基磺酸镍　nickel aminosulfonate　01.1496
氨基甲酸铵　ammonium carbamate　02.0295
氨基磷酸型螯合树脂　aminophosphonic acid chelating resin　01.0152
氨基钠　sodium amide　01.1499
氨基酸螯合剂　amino acid chelate agent　02.0265
氨碱法　ammonia-soda process　01.0492
*氨碱法制碳酸钠　ammonia ash sodium carbonate from ammonia-alkali　02.0358
氨净化　ammonia purification　02.0310
氨净值　net value of ammonia　02.0383

氨-空混合　ammonia-air mix　01.0087
氨-空混合器　ammonia-air mixer　01.0118
氨冷凝器　ammonia condenser　02.0328
氨冷器　ammonia cooler　02.0390
氨量计　ammoniameter　02.0359
氨母液Ⅰ　ammoniated mother liquor Ⅰ　01.0481
氨母液Ⅱ　ammoniated mother liquor Ⅱ　01.0484
氨母液Ⅱ澄清桶　clarifying tank of mother liquid ammonia　01.0564
氨汽提工艺　ammonia stripping technology　02.0302
*氨水　ammonium hydroxide　01.1416
氨碳比　ammonia carbon ratio　02.0313
氨吸收塔　ammonia absorber column　02.0326
氨洗塔　ammonia washing tower　02.0398
氨压缩机　ammonia gas compressor　01.0555
氨盐水　ammoniacal brine　01.0471
氨盐水澄清桶　ammoniated brine clarifier　01.0522
氨氧化炉　ammonia oxidation reactor　01.0097
氨氧化压力　ammonia oxidation pressure　01.0083
氨预热器　ammonia preheater　02.0327
氨蒸发　ammonia evaporation　01.0086
氨蒸发器　ammonia evaporator　01.0098
*铵明矾　aluminium ammonium sulfate　01.1319
铵态氮　ammoniacal nitrogen　02.0187
凹板式压滤机　recessed plate filter　01.0676
熬碱锅　solid caustic pot　01.0163
螯合肥料　chelate fertilizer　02.0039
螯合树脂　chelating resin　01.0153
螯合树脂塔　chelating-resin tower　01.0166
螯合树脂再生　chelating-resin regeneration　01.0167
螯合植物养分　chelated plant nutrient　02.0040

B

钯　palladium　01.1561
*钯金　palladium　01.1561
八钼酸铵　ammonium octamolybdate　01.1337
*白金　platinum　01.1560
白钠镁矾　bloedite　01.0622
白硼钙石　priceite　01.0598
*白炭黑　white carbon black　01.1239

白铁矿　marcasite　01.0618
*白银　silver　01.1559
百叶窗式电极　louver electrode　01.0168
斑铜矿　bornite　01.1516
隔膜压滤机　diaphragm filter press　01.0675
板框压滤机　plate and frame filter press　01.0164
板式换热器　plate type heat exchanger　01.0057

半料浆团粒法　semi slurry agglomeration　02.0452

半母液Ⅱ　overflow liquor from cooling crystallizer　01.0483

半水-二水再结晶法　hemihydrate-dihydrate recrystallization process　01.1123

半水合物法　hemihydrate process　01.1122

*半水合物流程　hemihydrate process　01.1122

半水煤气　semi coal-water gas　02.0349

棒状固碱　rod-shaped caustic soda　01.0455

包裹剂　parcel agent　02.0456

包膜肥料　coated fertilizer　02.0020

包装　package　02.0067

薄膜蒸发器　film evaporator　01.0182

饱和硫容　saturation sulfur capacity　02.0219

饱和热水塔　saturation-hot water tower　02.0225

饱和塔平衡曲线　saturation column equilibrium curve　02.0226

饱和温度　saturation temperature　02.0204

饱和盐水　saturated brine　01.0150

*保险粉　sodium dithionite　01.1270

保证量　guarantee (of composition)　02.0054

钡　barium　01.1555

钡法脱硫　sulfate removal with barium salt　01.0170

钡熔剂　barium fluxing agent　01.0910

倍半碱工艺　sesquicarbonate crystallization process　01.0517

焙烧　roasting　01.0006

焙烧炉　roasting furnace　01.0656

崩解率　disintegrable rate　02.0205

*闭环西门子法　modified Siemens technology　01.1214

铋　bismuth　01.1567

变换　shift　02.0223

变换炉　shift converter　02.0228

变换气制碱工艺　shift gas soda process　01.0497

变频控制　variable-frequency control　01.0172

变压吸附　pressure swing adsorption, PSA　02.0360

标明量　declarable content　02.0051

标签　label　02.0069

GHS标签　GHS label　02.0211

标识　marking　02.0052

标准电极电位　standard electrode potential　01.0173

标准气体　standard gas　01.1531

标准式蒸发器　standard evaporator　01.0174

表面冷却器　surface cooler　01.0175

*冰晶石　cryolite　01.0993

饼肥　oil cake　02.0163

并流干燥器　parallel-flow dryer　01.0713

铂　platinum　01.1560

铂网催化剂　platinum gauze catalyst　01.0082

捕沫器　mist eliminator　01.0176

*不均匀腐蚀　local corrosion　01.0258

部分缓释肥料　partial slow release fertilizer　02.0018

部分控释肥料　partial controlled release fertilizer　02.0019

C

采盐设备　salt collecting equipment　01.0177

残渣　residue　02.0203

槽电压　electrolyzer voltage　01.0180

草木灰　ash　02.0153

层状结晶二硅酸钠　crystalline layered sodium disilicate　01.1223

掺混肥料　blend fertilizer　02.0119

掺卤比　bittern ratio　01.0178

掺卤制碱　caustic soda production partially from bittern　01.0179

产品酸浓度　product acid concentration　01.0077

超共沸精馏法　super azeotropic distillation method　01.0081

超氧化钾　potassium superoxide　01.1403

超氧化钠　sodium superoxide　01.1404

辰砂　cinnabar　01.1529

*沉淀碳酸钙　precipitated calcium carbonate, PCC　01.0857

沉积磷矿床　sedimentary phosphorite bed　02.0401

沉降　sedimentation　02.0178

沉降式螺旋卸料离心机　screw-discharge sedimentation centrifuge　01.0683

沉降效率　settling efficiency　01.0181

*成品酸浓度　finished prodution acid concentration　01.0077

澄清桶　clarifier　01.0183

*AⅡ澄清桶　clarifying tank of AⅡ　01.0564

池式反应器　pool reactor　02.0304

弛放气　purge gas　02.0366

持久性有机污染物　persistent organic pollutant, POP

02.0074

*赤丹　cinnabar　01.1529

赤铁矿　hematite　01.0640

*赤血盐钠　red prussiate of soda　01.0963

重饱和　resaturation　01.0443

重铬酸铵　ammonium dichromate　01.0951

重铬酸钾　potassium dichromate　01.0952

重铬酸锂　lithium dichromate　01.0953

重铬酸钠　sodium dichromate　01.0954

重过磷酸钙　triple superphosphate　02.0096

臭氧　ozone　01.1581

出碱槽　suspension tank　01.0530

出碱螺旋输送机　discharge screw conveyer　01.0541

出苗和苗生长　seeding emergence and growth　02.0212

除尘　dust elimination　01.0011

除钙塔　calcium removing column　01.0521

除雾　demist　01.0014

储氢密度　hydrogen storage density　01.0453

床层空隙率　bed voidage　02.0231

吹风机　blower　01.0533

吹风气　blowing air　02.0399

瓷质填料　ceramic packing　01.0064

雌黄　orpiment　01.0586

次磷酸　hypophosphorous acid　01.1164

次磷酸铵　ammonium hypophosphite　01.1168

次磷酸钙　calcium hypophosphite　01.1167

次磷酸钾　potassium hypophosphite　01.1166

次磷酸镁　magnesium hypophosphate　01.1169

次磷酸锰　manganous hypophosphite　01.1087

次磷酸钠　sodium hypophosphite　01.1165

次磷酸镍　nickel hypophosphite　01.1210

次硫酸氢钠甲醛　sodium sulfoxylate formaldehyde　01.1278

*次硫酸锌　zinc dithionite　01.1271

次氯酸钙　calcium hypochlorite　01.0458

次氯酸锂　lithium hypochlorite　01.0898

次氯酸钠　sodium hypochlorite　01.0459

次硝酸铋　bismuth subnitrate　01.1120

*次要养分　secondary nutrient　02.0005

粗磷　crude phosphorus　01.1127

粗盐水　raw brine　01.0469

醋酸铜氨液　cuprammonia of acetic acid solution　02.0249

催化氧化　catalytic oxidation　01.0016

萃取　extraction　02.0264

错峰用电　off-peak power consumption　01.0171

错流干燥器　cross-current dryer　01.0715

D

大袋　big bag　02.0068

大量元素　macroelement　02.0004

带式压滤机　belt filter press　01.0674

*丹砂　cinnabar　01.1529

单层圆筒形沸腾干燥器　single-layer cylindrical boiling-bed dryer　01.0735

单程蒸发器　single-pass evaporator　01.0704

单氟磷酸钠　sodium monofluoro phosphate　01.1188

单极电解槽　monopolar electrolyzer　01.0187

单晶硅　monocrystalline silicon　01.1264

*单晶锗　germanium monocrystal　01.1565

单井溶采　solution mining of single well　01.0512

*单体硼　boron　01.0797

*单一肥料　straight fertilizer　02.0034

单元槽　element cell　01.0186

单质肥料　straight fertilizer　02.0034

*胆矾　copper sulfate　02.0134

淡盐水　depleted brine　01.0154

淡盐水浓缩　concentration of depleted brine　01.0189

淡盐水脱氯　depleted brine dechlorination　01.0190

淡液蒸馏塔　light liquid distillation tower　01.0562

氮化铝　aluminium nitride　01.1510

氮化钛　titanium nitride　01.1353

氮氢混合气　nitrogen hydrogen gas mixture　01.1582

氮氧化物吸收　NO_x absorption　01.0090

等温变换炉　isothermal shift converter　02.0229

*等压 IDR 工艺　isobaric IDR technology　02.0306

等压双汽提法工艺　isobaric doublestripping process　02.0306

低温变换　low temperature shift　02.0234

低温变换催化剂　low temperature shift catalyst　02.0237

低温甲醇洗　rectisol　02.0375

*低温精馏分离　cryogenic air separation　01.1536

低温气体分离　low temperature gas separation　02.0396

低温热回收　low-level heat recovery　01.0026

低压法液氯生产　chlorine liquefaction at low pressure　01.0191

低压反应水冷器　low pressure condenser　01.0103

低压精馏塔　low pressure rectification column　02.0325

*低亚硫酸钠　sodium dithionite　01.1270

滴度　titer　01.0467

*迪肯工艺　Deacon process　01.0134

碲　tellurium　01.1577

碲银矿　hessite　01.1524

碘　iodine　01.1044

碘化铵　ammonium iodide　01.1046

碘化钡　barium iodide　01.0769

碘化钙　calcium iodide　01.1047

碘化汞　mercuric iodide　01.1051

碘化钾　potassium iodide　01.1048

碘化锂　lithium iodide　01.1052

碘化钠　sodium iodide　01.1050

碘化铅　lead iodide　01.1053

碘化锌　zinc iodide　01.1054

碘化亚铜　cuprous iodide　01.1055

碘化银　silver iodide　01.1049

碘酸　iodic acid　01.1056

碘酸钡　barium iodate　01.0770

碘酸钙　calcium iodate　01.1057

碘酸钾　potassium iodate　01.1058

碘酸钠　sodium iodate　01.1059

碘溴银矿　iodobromite　01.0593

电除雾器　electrostatic mist precipitator　01.0046

电催化性能　electro-catalytic property　01.0193

电导率　conductivity　01.0194

电感耦合等离子体原子发射光谱仪　inductively coupled plasma atomic emission spectrometer, ICP-AES　01.0195

电弧炉　electric arc furnace　01.0662

电化当量　electrochemical equivalent　01.0196

电化学反应　electrochemical reaction　01.0197

电化学腐蚀　electrochemical corrosion　01.0198

电极电位　electrode potential　01.0199

电极反应　electrode reaction　01.0200

电极极化　electrode polarization　01.0201

电极间距　electrode spacing　01.0202

电极面积　electrode area　01.0203

电极涂层　electrode coating　01.0204

电极形状　electrode shape　01.0205

电解　electrolysis　01.0206

电解槽　electrolyzer　01.0207

电解槽差压电位计　potentiometer for indicating voltage difference of electrolyzers　01.0208

电解单元成本　electric-chemical unit cost　01.0209

电解室　electrolytic compartment　01.0210

电解液　electrolyte　01.0211

电解液循环　electrolyte circulation　01.0212

电力选矿　electric separation　01.0655

电流分布　current distribution　01.0213

电流密度　current density　01.0214

电流效率　current efficiency　01.0215

电压效率　voltage efficiency　01.0216

电子级盐酸　electronic grade hydrochloric acid　01.0144

叠氮化钠　sodium azide　01.1509

碟片式分离机　disk type centrifugal separator　01.0681

丁烯叉二脲　crotonylidene diurea, CDU　02.0089

氡气　radon　01.1584

动力波洗涤器　dynamic-wave scrubber　01.0049

斗式提升机　bucket elevator　01.0165

毒重石　witherite　01.0589

独居石　monazite　01.0646

堆肥　compost　02.0156

兑卤槽　brine mixer　01.0217

墩实堆密度　bulk density tapped　02.0167

多胺法　method of amines　02.0245

多层圆筒形沸腾干燥器　multilayer cylindrical boiling-bed dryer　01.0736

多晶硅　polycrystalline silicon　01.1263

多聚磷酸盐螯合　polyphosphate chelation　02.0262

多聚磷酸盐螯合剂　polyphosphate chelating agent　02.0259

多孔电极　porous electrode　01.0218

多孔陶质管式过滤机　porous ceramic tubular filter　01.0677

多硫化钠　sodium polysulphide　01.1289

多效蒸发　multiple effect evaporation　01.0219

多效蒸发工艺　multiple effect evaporation process　01.0520

多效蒸发器　multi effect evaporator　02.0289

惰性气体洗涤器　inert gas scrubber　02.0329

E

蒽醌法　anthraquinone route　01.1395

*蒽醌衍生物自动氧化法　automatic oxidation of anthraquinone derivative　01.1395

二次空气冷却器　secondary air cooler　01.0106

二次泥　secondary mud　01.0487

*二次闪发罐　flash tank Ⅱ　01.0545

二次闪蒸罐　flash tank Ⅱ　01.0545

二次盐水　secondary brine　01.0156

二氟化锰　manganese fluoride　01.1009

*二号熔剂　barium fluxing agent　01.0910

*二碱式亚磷酸铅　dibasic lead phosphite　01.1192

二硫化钼　molybdenum disulfide　01.1338

二硫化碳　carbon disulfide　01.1291

二硫化钨　tungsten disulfide　01.1328

二硫化硒　selenium sulfide　01.1290

*二氯化二硫　disulphur dichloride　01.0907

*二氯化二硒　diselenium dichloride　01.0886

*二氯化钴　cobalt（Ⅱ）chloride　01.0870

二氯化硫　sulfur dichloride　01.0908

*二氯化铅　lead dichloride　01.0880

二氯化钛　titanium dichloride　01.1354

二氯化铁　ferrous chloride　01.0903

*二氯化铜　copper（Ⅱ）chloride　01.0871

二钼酸铵　ammonium dimolybdate　01.1339

二水-半水再结晶法　dihydrate-hemihydrate recrystallization process　01.1124

*二水合铬酸锰　manganese（Ⅱ）chromate　01.1081

二水合物法　dihydrate process　01.1121

*二水合物流程　dihydrate process　01.1121

*二硝酸镍　nickel nitrate　01.1102

二效蒸发器　second-effect evaporator　01.0185

二盐基亚磷酸铅　dibasic lead phosphite　01.1192

二氧化钒　vanadium dioxide　01.1379

二氧化锆　zirconium dioxide　01.1369

二氧化铬　chromium dioxide　01.0930

二氧化硅气凝胶　silica aerogel　01.1241

二氧化钌　ruthenium dioxide　01.1454

二氧化硫鼓风机　SO_2 blower　01.0059

二氧化氯　chlorine dioxide　01.0924

二氧化氯固体释放剂　solid composition releasing chlorine dioxide　01.0926

二氧化氯消毒剂　chlorine dioxide disinfectant　01.0859

二氧化氯消毒剂发生器　chlorine dioxide disinfectant generator　01.0860

二氧化锰　manganese dioxide　01.1078

二氧化钼　molybdenum dioxide　01.1340

二氧化铅　lead dioxide　01.1448

二氧化钛　titanium dioxide　01.1355

二氧化碳汽提工艺　CO_2 stripping technology　02.0303

二氧化碳压缩　carbon dioxide compression　02.0309

二氧化硒　selenium dioxide　01.1455

二氧化锡　tin dioxide　01.1457

二元肥料　binary fertilizer　02.0035

二转二吸　double conversion and double absorption　01.0018

F

发电机组　generators set　01.0069

发烟硫酸　fuming sulphuric acid　01.0073

发烟硝酸　fuming nitric acid　01.0130

法拉第常数　Faraday constant　01.0220

法拉第第二定律　Faraday's second law　01.0222

法拉第第一定律　Faraday's first law　01.0221

钒催化剂　vanadium catalyst　01.0060

钒酸钇晶体　yttrium vanadate crystal　01.1380

钒钛磁铁矿　vanadio-titanomagnetite deposit　01.0630

钒渣　vanadium bearing slag　01.1327

反射炉　reverberatory furnace　01.0658

反向电流　reverse current　01.0223

反应槽　reactive tank　02.0406

反应系统　response system　02.0405

返碱螺旋输送机　return ash screw conveyer　01.0540

返碱埋刮板输送机　return ash scraper conveyer　01.0539

返石筛　return stone screen　01.0552

方解石　calcite　01.0601

方锑矿　senarmontite　01.1513

防结块　anti-caking　02.0175

防结块剂　anti-caking agent　02.0176

非稳态转化　unsteady-state conversion　01.0020

非选择性还原法　non-selective catalytic reduction

01.0093

肥料　fertilizer　02.0001

肥料单位　fertilizer unit　02.0047

肥料级磷酸二铵　fertilize grade diammonium phosphate
　　02.0103

肥料利用率　utilization rate of fertilizer　02.0072

肥料品位　fertilizer grade　02.0050

肥料溶解度　solubility of fertilizer　02.0046

肥料养分　fertilizer nutrient　02.0003

肥料养分溶解度　solubility of fertilizer nutrient
　　02.0045

肥效期　longevity　02.0206

废氯气　chlorine containing waste gas　01.0224

*废热锅炉　waste heat boiler　01.0039

废液　waste liquor　01.0478

*3A 沸石　zeolite 3A　01.1246

*4A 沸石　zeolite 4A　01.1247

*5A 沸石　zeolite 5A　01.1248

沸腾焙烧　boiling-bed roasting　01.0659

沸腾焙烧炉　fluidized roasting furnace　01.0036

沸腾床干燥　boiling-bed drying　01.0734

分酸器　acid distributor　01.0063

*203 分子筛　Cu-X molecular sieve　01.1251

Ag-X 分子筛　Ag-X molecular sieve　01.1250

3A 分子筛　3A molecular sieve　01.1246

4A 分子筛　4A molecular sieve　01.1247

5A 分子筛　5A molecular sieve　01.1248

Ca-Y 分子筛　Ca-Y molecular sieve　01.1252

Cu-X 分子筛　Cu-X molecular sieve　01.1251

KBa-Y 分子筛　KBa-Y molecular sieve　01.1253

Re-Y 分子筛　Re-Y molecular sieve　01.1254

10X 分子筛　10X molecular sieve　01.1249

焚硫炉　sulphur furnace　01.0044

粉磨机　pulverizer　02.0362

粉碎设备　comminution equipment　01.0650

粉状肥料　powdered fertilizer　02.0060

风帽　false ogive　01.0037

缝隙腐蚀　crevice corrosion　01.0225

氟锆酸　hexafluorozirconic acid　01.1038

氟锆酸铵　ammonium zirconium hexafluoride　01.1040

氟锆酸钾　potassium fluorozirconate　01.0996

氟硅酸　fluosilicic acid　01.0985

氟硅酸铵　ammonium hexafluorosilicate　01.0990

氟硅酸钙　calcium fluosilicate　01.0986

氟硅酸钾　potassium fluo(ro)silicate　01.0988

氟硅酸镁　magnesium silicofluoride　01.0992

氟硅酸钠　sodium fluorosilicate　01.0987

氟硅酸铅　lead hexafluorosilicate　01.0989

氟硅酸铜　cupric hexafluorosilicate　01.1020

氟硅酸锌　zinc fluorosilicate　01.0991

氟化铵　ammonium fluoride　01.1000

氟化钡　barium fluoride　01.0755

氟化钙　calcium fluoride　01.0997

氟化镉　cadmium difluoride　01.1025

氟化铬　chromium fluoride　01.0931

氟化汞　mercuric fluoride　01.1003

*氟化钴(Ⅲ)　cobalt (Ⅲ) fluoride　01.1041

氟化钾　potassium fluoride　01.1005

氟化镧　lanthanum (Ⅲ) fluoride　01.1021

氟化锂　lithium fluoride　01.1029

氟化铝　aluminum fluoride　01.1016

氟化镁　magnesium fluoride　01.1023

氟化钠　sodium fluoride　01.1004

氟化镍　nickel difluoride　01.1032

氟化钕　neodymium trifluoride　01.1022

氟化镨　praseodymium trifluoride　01.1036

氟化铅　lead fluoride　01.1015

氟化氢　hydrogen fluoride　01.0983

氟化氢铵　ammonium bifluoride　01.1014

氟化氢钾　potassium bifluoride　01.1013

氟化氢钠　sodium bifluoride　01.1012

氟化铯　cesium fluoride　01.0999

氟化铈　cerium fluoride　01.1007

氟化锶　strontium fluoride　01.1024

氟化铜　cupric fluoride　01.0998

氟化锌　zinc fluoride　01.1002

氟化亚钴　cobalt (Ⅱ) fluoride　01.1006

*氟化[亚]锰　manganese fluoride　01.1009

氟化亚锑　antimony (Ⅲ) fluoride　01.1008

氟化钇　yttrium fluoride　01.1035

氟化银　silver fluoride　01.1001

氟磺酸　fluorosulfonic acid　01.1026

氟磷灰石　fluorapatite　01.0614

氟铝酸铵　ammonium hexafluoroaluminate　01.0995

氟铝酸钾　potassium hexafluoroaluminate　01.0994

氟铝酸钠　sodium hexafluoroaluminate　01.0993

氟硼酸　fluoroboric acid　01.0812

氟硼酸铵　ammonium fluoroborate　01.0814

氟硼酸镉　cadmium tetrafluoborate　01.0816

氟硼酸钾　potassium borofluoride　01.0810

氟硼酸钠　sodium fluoroborate　01.0809

氟硼酸镍　nickel tetrafluoroborate　01.0808

氟硼酸铅　lead fluoroborate　01.0811

氟硼酸铜　cupric fluoborate　01.0815

氟硼酸亚锡　stannous fluoborate　01.0813

氟[气]　fluorine　01.0982

氟钛酸　hexafluorotitanic acid　01.1039

氟钛酸钾　potassium fluotitanate　01.1011

浮上澄清法　floating clarification　01.0226

腐殖酸　humic acid　02.0141

腐殖酸铵　humic acid ammonium　02.0143

腐殖酸钾　humic acid potassium　02.0145

腐殖酸磷铵　humic acid phosphate ammonium　02.0146

腐殖酸锰　manganese humate　02.0128

腐殖酸钠　humic acid sodium　02.0144

腐殖酸铜　copper humate　02.0133

腐殖酸锌　zinc humate　02.0126

腐殖质　humus　02.0140

负水封　reverse water seal　01.0452

复分解法　double decomposition method　02.0272

复合肥料　complex fertilizer　02.0118

复混肥料　compound fertilizer　02.0117

复极电解槽　bipolar electrolyzer　01.0188

复式传热旋转干燥器　mixed heated rotary dryer　01.0730

副产盐酸　byproduct hydrochloric acid　01.0145

副产蒸汽氯化氢合成炉　by-product steam hydrogen chloride synthesis furnace　01.0133

富过磷酸钙　enriched superphosphate, ESP　02.0095

富硝盐水　sulfate-enriched brine　01.0359

G

改良热钾碱法脱碳　improved hot potassium alkali decarbonized　02.0246

*改良西门子法　modified Siemens technology　01.1214

改良西门子工艺　modified Siemens technology　01.1214

改性隔膜　modified diaphragm　01.0228

改性硅酸钠　modified sodium silicate　01.1221

钙　calcium　01.1554

钙法漂粉精　calcium-process bleaching powder concentrate　01.0460

钙硅磷钾肥　fused calcium-silicon potassium phosphate　02.0116

钙芒硝　glauberite　01.0619

钙镁磷肥　fused calcium-magnesium phosphate fertilizer　02.0097

钙镁磷钾肥　calcium magnesium potassium phosphate　02.0114

*甘汞　calomel　01.0888

甘露醇　mannitol　02.0148

*干法排渣　dry discharge　02.0425

干法脱硫　dry desulphurization　02.0217

干灰蒸馏工艺　dry lime distillation process　01.0509

干氯化铵　dry ammonium chloride　01.0582

干排　dry discharge　02.0425

干燥　drying　01.0009

干燥塔　drying tower　01.0058

钢带造粒　steel belt granulation　02.0341

钢渣磷肥　phosphoric slag fertilizer　02.0434

高纯气体　high-purity gas　01.1532

高纯盐酸　high-purity hydrochloric acid　01.0146

高纯氧化铝　high-purity alumina　01.1430

高碘酸铵　ammonium periodate　01.1061

高碘酸钾　potassium periodate　01.1062

高碘酸钠　sodium periodate　01.1060

高电流密度电解槽　high current density electrolyzer　01.0229

高氯酸　perchloric acid　01.0916

高氯酸铵　ammonium perchlorate　01.0919

高氯酸钡　barium perchlorate　01.0920

高氯酸钾　potassium perchlorate　01.0918

高氯酸锂　lithium perchlorate　01.0922

高氯酸镁　magnesium perchlorate　01.0899

高氯酸钠　sodium perchlorate　01.0917

高氯酸锶　strontium perchlorate　01.0921

高氯酸银　silver perchlorate　01.0923

高锰酸钾　potassium permanganate　01.1091

高锰酸钠　sodium permanganate　01.1092

高浓度 SO_2 转化　high concentration SO_2 conversion　01.0019

高铁酸钾　potassium ferrate　01.1506

高温气-气换热器　high temperature gas-gas exchanger　01.0101

高温熔融　high temperature melting　02.0260

高效联合尿素工艺　high efficient combined process urea technology　02.0308

高压法液氯生产　chlorine liquefaction at high pressure　01.0192

高压反应水冷器　high-pressure condenser　01.0104

高压甲铵泵　high-pressure ammonium carbamate pump　02.0318

高压甲铵喷射器　high-pressure carbamate ejector　02.0319

高压汽提塔　high-pressure stripper　02.0323

高压洗涤器　high-pressure scrubber　02.0320

高压液氨泵　high-pressure ammonia pump　02.0317

锆粉　zirconium powder　01.1542

锆石　zircon　01.0631

锆酸铝陶瓷　aluminium zirconate ceramic　01.1370

锆酸铝纤维　aluminium zirconate fiber　01.1371

锆酸钠　sodium zirconate　01.1372

*锆英石　zircon　01.0631

隔膜　diaphragm　01.0227

隔膜电解槽　diaphragm electrolyzer　01.0230

隔膜压滤机　diaphragm filter press　01.0675

镉　cadmium　01.1557

铬化砷酸铜　chromated copper arsenate, CCA　01.0933

铬铝锆鞣剂　chromium aluminium zirconium tanning agent　01.0932

*铬砷酸铜　chromated copper arsenate, CCA　01.0933

铬酸铵　ammonium chromate　01.0934

铬酸钡　barium chromate　01.0765

铬酸钙　calcium chromate　01.0935

*铬酸酐　chromium trioxide　01.0936

铬酸钾　potassium chromate　01.0937

铬酸镧　lanthanum chromate　01.0938

铬酸锰　manganese (Ⅱ) chromate　01.1081

铬酸钠　disodium chromate　01.0939

铬酸铅　lead chromate　01.0940

铬酸锶　strontium chromate　01.0941

铬酸锌　zinc chromate　01.0942

铬铁矿　chromite　01.0604

*铬盐精　chromium (Ⅲ) sulphate basic　01.0944

铬渣　chromium residue　01.0929

给料机　feeder machine　02.0364

*工业硅　industrial grade silicon　01.1260

工业黄磷　industrial yellow phosphorus　02.0413

工业盐酸　industrial hydrochloric acid　01.0147

ACES 工艺　ACES technology　02.0305

UTI 工艺　UTI technology　02.0307

工作硫容　working sulfur capacity　02.0220

功率因数　power factor　01.0231

汞　mercury　01.1574

*汞合金　mercury amalgam　01.1575

汞齐　mercury amalgam　01.1575

*汞沙　cinnabar　01.1529

枸溶率　citrate dissolution rate　02.0440

枸溶性钾　citrate soluble potash　02.0199

枸溶性磷　citrated soluble phosphate　02.0194

骨粉　bone meal　02.0154

钴酸锂　lithium cobaltate　01.1508

Chemico 鼓泡浓缩　Chemico bubble concentration　02.0424

固定离子浓度　concentration of fixed ion　01.0232

固定碳　fixed carbon　02.0346

固碱生产　solid caustic soda production　01.0233

*固体双氧水　solid hydrogen peroxide　01.1402

*固体烟　aerogel　01.1212

固相沉淀　solid phase precipitation　02.0408

固相法　solid phase method　02.0275

固相水合法　solid phase hydration method　01.0499

刮刀卸料离心机　scraper centrifuge　01.0577

管道蒸汽分离器　in-line steam separator　01.0117

管式反应器　tubular reactor, pipe reactor　02.0451

灌溉施肥　fertigation　02.0043

*硅单晶　silicon single crystal　01.1264

*硅多晶　silicon polycrystal　01.1263

硅胶　silica gel　01.1243

硅铝酸钠　sodium aluminosilicate　01.1236

*硅氯仿　silicochloroform　01.1261

硅凝胶造粒　silica gel granulating　01.1215

硅溶胶　silica sol　01.1242

硅酸　silicic acid　01.1217

硅酸钙　calcium silicate　02.0139

硅酸锆　zirconium silicate　01.1231

硅酸铬锂　lithium silicochromate　01.1235

硅酸铬钠　sodium silicochromate　01.1234

硅酸季铵　quaternary ammonium silicate　01.1227

硅酸钾　potassium silicate　01.1224

硅酸钾钠　sodium potassium silicate　01.1225

硅酸锂　lithium silicate　01.1226

硅酸铝　aluminium silicate　01.1228

硅酸铝镁　magnisium aluminometasilicate　01.1070

硅酸镁　magnesium silicate　01.1229

硅酸锰　manganese silicate　01.1083

硅酸钠　sodium silicate　01.1218

*硅酸凝胶　silicic acid gel　01.1243

硅酸铅　lead silicate　01.1230

硅酸锶　strontium silicate　01.1233

硅酸锌　zinc orthosilicate　01.1232

过电位　over potential　01.0234

过碱量　excessive amount of sodium hydroxide and sodium carbonate　01.0235

过磷酸钙　single superphosphate　02.0094, *calcium superphosphate　01.1147

过硫酸钠　sodium persulfate　01.1405

*过氯酸　perchloric acid　01.0916

*过氯酸铵　ammonium perchlorate　01.0919

*过氯酸钡　barium perchlorate　01.0920

*过氯酸钾　potassium perchlorate　01.0918

*过氯酸镁　magnesium perchlorate　01.0899

*过氯酸钠　sodium perchlorate　01.0917

*过氯酸锶　strontium perchlorate　01.0921

过滤　filtration　02.0268

过硼酸钾　potassium perborate　01.0818

过硼酸钠　sodium perborate　01.0817

过碳酸钠　sodium percarbonate　01.1402

过氧化钡　barium dioxide　01.0758

过氧化钙　calcium peroxide　01.1399

过氧化钾　potassium peroxide　01.1406

过氧化锂　lithium peroxide　01.1397

过氧化镁　magnesium dioxide　01.1064

过氧化钠　sodium peroxide　01.1398

过氧化铅　lead peroxide　01.1407

过氧化氢　hydrogen peroxide　01.1396

过氧化锶　strontium peroxide　01.1400

过氧化锌　zinc peroxide　01.1401

H

*海绵铂　platinum　01.1560

海盐　sea salt　01.0157

海藻精　seaweed extracts　02.0150

海藻酸　alginic acid　02.0147

海藻酸钾　potassium alginate　02.0152

氦氖激光混合气　helium neon laser gas mixture　01.1587

氦气　helium　01.1585

含海藻酸水溶肥料　water soluble fertilizers containing alginate　02.0151

含水率　moisture content　01.0236

合成水滑石　synthetic hydrotalcite　01.1427

合成塔　synthesis converter　02.0322

合成土壤调理剂　synthetic soil conditioner　02.0027

合成有机氮肥　synthetic organic nitrogenous fertilizer　02.0012

褐锰矿　braunite　01.0610

黑锰矿　hausmannite　01.0611

*黑色氰化盐　black cyanide　01.0974

黑水　blackwater　02.0373

黑钨矿　wolframite　01.0626

横管式蒸发器　horizontal-tube evaporator　01.0700

*红丹　red lead　01.1449

*红矾钠　sodium dichromate　01.0954

红外线干燥　infrared drying　01.0717

红外线干燥器　infrared dryer　01.0718

红锌矿　zincite　01.0635

虹吸　syphonage　02.0287

虹吸式过滤器　siphon filter　01.0237

*侯氏制碱法　Hou's process　01.0493

湖盐　lake salt　01.0158

化成室　curing chamber　02.0417

化灰机　lime slaker　01.0551

化碱槽　trona dissolver　01.0568

化学法脱氯　chemical dechlorination　01.0239

化学腐蚀　chemical corrosion　01.0238

化学水解　chemical hydrolysis　02.0261

化盐池　salt dissolving pond　01.0240

化盐桶　salt dissolver　01.0241

*还原铁粉　reduced iron powder　01.1537

环滚研磨机　ring roll mill　01.0649

缓释肥料　slow release fertilizer　02.0016

换热器　heat exchanger　01.0056

黄腐酸　fulvic acid　02.0142

*黄金　gold　01.1558

*黄金矿石　gold ore　01.1521

黄磷　yellow phosphorus　01.1126

黄铜矿　chalcopyrite　01.1514

黄锡矿　stannite　01.1519

*黄血盐　potassium ferrocyanide　01.0378

*黄血盐钠　yellow prussiate of soda　01.0962

磺化煤　sulfonated coal　01.1507

磺枪　sulphur gun　01.0043

磺酸层　perfluorosulfonic acid layer　01.0242

磺酸基团　sulfonic acid group　01.0243

*磺酰氯　sulfonyl chloride　01.0909

*灰锰氧　potassium permanganate　01.1091

灰熔点　ash melting point　02.0347

灰乳　lime milk　01.0488

灰水　grey water　02.0374

挥发分　volatile content　02.0348

辉碲铋矿　tetradymite　01.1530

辉钼矿　molybdenite　01.0627

辉锑矿　stibnite　01.1511

辉铜矿　chalcocite　01.1515

*回浆　circulating slurry　02.0407

回流冷凝器　reflux condenser　02.0290

回收清洗塔　recovery washing tower　02.0241

回转干燥器　rotary dryer　01.0035

回转冷却器　rotary cooler　02.0293

回转式薄膜蒸发器　agitated film evaporator　01.0705

回转窑　rotary kiln　01.0045

混酸　mixed acid　02.0428

混匀　mixing　02.0269

活塞推料离心机　piston push centrifuge　01.0685

*活性硅酸　activiated silicic acid　01.1238

活性焦法　active coke method　01.0031

活性炭过滤器　activated carbon filter　01.0569

活性氧化铝　activated alumina　01.1429

活性氧化锌　activated zinc oxide　01.1460

活性阴极　active cathode　01.0244

J

机械采矿工艺　machine mine process　01.0510

机械喷雾干燥器　nozzle type spray dryer　01.0726

机械热泵浓缩技术　mechanical vapor recompression, MVR　01.0245

激光混合气　laser gas mixture　01.1533

激冷室　chilling chamber　02.0372

极化电流　polarization current　01.0246

极化曲线　polarization curve　01.0247

极化整流器　polarization rectifier　01.0248

极限电流密度　limited current density　01.0249

集气器　gas collector　02.0393

挤压法　extrusion method　01.0501

计量　measurement　02.0267

*加铬砷酸铜　chromated copper arsenate, CCA　01.0933

加热汽化器　heating vaporizer　02.0291

加压变换　pressurized shift　02.0232

加压溶气槽　pressurized-air dissolving tank　01.0322

加压碳化　pressurized carbonization　02.0240

*加压碳化工艺　pressurized carbonization process　01.0497

镓　gallium　01.1569

甲烷化炉　methanation furnace　02.0247

钾　potassium　01.1552

*钾冰晶石　potassium hexafluoroaluminate　01.0994

*[钾]明矾　aluminium potassium sulfate　01.1317

*钾钠水玻璃　sodium potassium silicate　01.1225

*钾水玻璃　potassium water glass　01.1224

间接传热旋转干燥器　indirectly-heated rotary dryer　01.0729

间歇式干燥器　batch dryer　01.0711

间歇式过滤机　intermittent filter　01.0665

间歇式加压叶滤机　intermittent pressurized leaf filter　01.0670

间歇式离心机　batch centrifuge　01.0679

减温器　desuperheater　01.0116

减压干燥器　vacuum dryer　01.0731

减压厢式干燥器　vacuum compartment dryer　01.0732

碱脆　caustic embrittlement　01.0250

碱解法　alkaline extraction method　01.0795

碱卤　trona solution　01.0468

碱石棉称重法　ascarite weighing method　02.0386

碱式铬酸锌　basic zinc chromate　01.0943

碱式硅铬酸铅　basic lead silicochromate　01.1237

碱式硫酸铬　chromium (Ⅲ) sulphate basic　01.0944

碱式硫酸镁晶须　magnesium hydroxide sulfate hydrate　01.1073

碱式硫酸铜　basic cupric sulfate　01.1322

碱式碳酸铋　bismuth subcarbonate　01.0844

碱式碳酸锆　zirconium basic carbonate　01.1373

碱式碳酸钴　cobalt (Ⅱ) carbonate hydroxide　01.0848
碱式碳酸镁　magnesium carbonate basic　01.1067
碱式碳酸镍　nickel carbonate basic　01.0852
碱式碳酸铅　basic lead carbonate　01.0850
碱式碳酸铜　cupric subcarbonate　01.0849
碱式碳酸锌　zinc carbonate hydroxide　01.0856
*碱式硝酸铋　bismuth subnitrate　01.1120
碱吸收　alkali absorption　01.0094
降膜管　falling-film tube　01.0252
降膜蒸发器　falling-film evaporator　01.0251
交换容量　exchange capacity　01.0254
焦磷酸　pyrophosphoric acid　01.1151
*焦磷酸二氢二钾　potassium dihydrogen pyrophosphate　01.1162
*焦磷酸二氢二钠　disodium dihydrogen pyrophosphate　01.1160
焦磷酸钙　calcium pyrophosphate　01.1152
焦磷酸钾　potassium pyrophosphate　01.1161
焦磷酸锰　manganese (Ⅱ) pyrophosphate　01.1088
焦磷酸钠　sodium pyrophosphate　01.1159
焦磷酸铁钠　ferric sodium pyrophosphate　01.1158
焦磷酸铜　copper pyrophosphate　01.1154
焦磷酸锡　tin pyrophosphate　01.1155
*焦磷酸亚锰　manganese (Ⅱ) pyrophosphate　01.1088
焦磷酰氯　pyrophosphoryl chloride　01.1198
焦炉煤气　coke oven gas　02.0368
焦亚硫酸钾　potassium metabisulfite　01.1266
焦亚硫酸钠　sodium pyrosulfite　01.1267
搅拌冷却结晶器　agitation cooling crystallizer　01.0710
搅拌式萃取塔　agitating extraction column　01.0694
*结垢　solid phase precipitation　02.0408
结晶　crystal　02.0282
结晶槽　crystallizing tank　01.0707
*结晶硅　crystalline silicon　01.1260
结晶尿素　crystal urea　02.0298
结晶设备　crystallizing equipment　01.0706
结块　caking　02.0174
解吸塔　desorption column　02.0324
金　gold　01.1558
金红石　rutile　01.0628
金矿石　gold ore　01.1521
金属硅　silicon metal　01.1260

金属阳极　metal anode　01.0255
金属阳极电解槽　electrolyzer with dimensional stable anode　01.0256
浸出毒性　toxicity characteristic leaching procedure, extraction toxicity　02.0214
浸没燃烧浓缩　concentrated submerged combustion　02.0410
浸没式冷却滚筒　immersion type cooling roller　01.0040
晶粒　prill　02.0059
*晶态二硅酸钠　crystalline layered sodium disilicate　01.1223
精炼气　refined gas　02.0250
精制盐　refined salt　01.0161
精制盐水　refined brine　01.0470
井矿盐　well salt　01.0159
净化　purification　01.0007
净化度　degree of purification　02.0243
静电除焦器　electrostatic decoking device　02.0355
静态休止角　static angle of repose　02.0183
局部腐蚀　local corrosion　01.0258
聚硅硫酸铝　polysilicate aluminum sulfate　01.1324
聚硅酸　polysilicate acid　01.1238
聚合硫酸铝　polyaluminum sulfate　01.1323
聚合硫酸铁　polyferric sulfate　01.1325
聚合氯化铝铁　polyaluminium ferric chloride, PAFC　01.0865
聚合物　polymer　02.0084
聚合物包膜　polymer coating　02.0256
聚合物包衣尿素　polymer coated urea, PCU　02.0085
聚合物硫包衣尿素　polymer sulfur coated urea, PSCU　02.0086
聚合物膜过滤器　polymer membrane filter　01.0257
聚磷酸铵　ammoniated polyphosphate, ammonium polyphosphate　02.0105
聚磷酸盐　polyphosphate　01.1205
聚氯化铝　polyaluminium chloride　01.0864
聚偏磷酸钾　potassium polymetaphosphate　01.1202
绝热变换炉　adiabatic shift converter　02.0230
均化　homogenize　02.0422
均匀度指数　uniformity index, UI　02.0185
均匀腐蚀　uniform corrosion　01.0259

K

开工酸泵　start up acid pump　01.0123
开工酸槽　start up acid tank　01.0108
抗爆性　resistance to detonation　02.0208
抗压碎力　crushing strength　02.0173
颗粒肥料　granular fertilizer　02.0056
氪气　krypton　01.1590
*空分　air separation　01.1534
空分装置　air separation unit　01.1535
空气吹除法　air purging process　01.0260
空气分离　air separation　01.1534
空气干燥器　air dryer　01.0716

空气深冷分离　cryogenic air separation　01.1536
空塔　empty tower　01.0048
孔隙率　porosity　02.0182
控释肥料　controlled-release fertilizer　02.0017
库尔曼流程　Kuhlman process　02.0420
矿石煅烧炉　trona calciner　01.0567
*矿物肥料　mineral fertilizer　02.0009
*矿渣磷肥　phosphoric slag fertilizer　02.0434
扩散系数　diffusivity　01.0261
扩张阳极　expansible anode　01.0262

L

拉网金属阳极　meshed metal anode　01.0263
铼　rhenium　01.1566
*铼棒　rhenium　01.1566
*蓝矾　copper sulfate　02.0134
铑粉　rhodium powder　01.1547
冷冻脱硝　sulfate removal by freezing　01.0264
冷冻盐水　refrigerated water　01.0265
冷法氯化铵工艺　cooling process for ammonium
　chloride production　01.0502
冷管效应　cooling pipe effect　02.0392
冷激气　quench gas　02.0394
冷交换器　cold exchanger　02.0389
冷凝器　condenser　02.0285
冷析结晶器　cooling crystallizer　01.0553
冷析结晶器轴流泵　axial flow pump of cooling
　crystallizer　01.0556
离析　segregation　02.0181
离心过滤机　centrifugal filter　02.0281
离心喷雾干燥器　centrifugal spray dryer　01.0725
离子交换基团　ion exchange group　01.0253
离子交换膜电解槽　ion exchange membrane electrolyzer,
　ion exchange membrane cell　01.0267
离子交换膜法电解　ion exchange membrane electrolysis
　01.0266
离子迁移数　ion mobility　01.0268
理论分解电压　theoretical decomposition voltage
　01.0269
锂　lithium　01.1553
锂辉石　spodumene　01.0633

锂云母　lepidolite　01.0634
*立德粉　lithopone　01.1294
立式多浆混合机　vertical mixing machine　02.0416
粒度　granularity, grain size　02.0058
粒状固碱　granulated caustic soda　01.0456
连二亚硫酸钠　sodium dithionite　01.1270
连二亚硫酸锌　zinc dithionite　01.1271
连续结晶　continuous crystallization　02.0438
连续式敞口搅拌结晶器　continuous type open trough
　crystallizer with agitator　01.0709
连续式干燥器　continuous dryer　01.0712
连续式过滤机　continuous filter　01.0664
帘幕涂布　curtain coating　02.0460
联氨溶解槽　hydrazine dissolving vessel　01.0109
联碱法　combined soda process　01.0493
凉碱机　soda ash cooler　01.0546
凉水塔　cooling tower　02.0284
料浆浓缩法　slurry concentrating method　02.0442
料幕　curtain of material　02.0266
列管式冷却器　shell and tube cooler　01.0270
磷化钙　calcium phosphide　01.1182
磷化铝　aluminium phosphide　01.1180
磷化硼　boron phosphide　01.0840
磷化氢　hydrogen phosphide　01.1183
磷化锌　zinc phosphide　01.1181
磷精矿　phosphate concentrate　02.0421
磷矿　phosphorite　01.0613
磷矿粉肥　rock phosphate fertilizer　02.0403
磷矿品位　grade phosphate　02.0404

磷矿石　phosphate rock　02.0400
磷钼酸　phosphomolybdic acid　01.1341
磷石膏　phosphogypsum　02.0029
*磷石膏堆存　phosphogypsum stacking　02.0411
磷石膏堆置　phosphogypsum stacking　02.0411
磷酸铵　ammonium phosphate　01.1131
磷酸铵镁　magnesium ammonium phosphate, ammonium magnesium phosphate　02.0109
磷酸钡　barium phosphate　01.0771
*磷酸二铵　diammonium phosphate　01.1145
磷酸二氘钾晶体　potassium dideuterium phosphate crystal　01.1189
*磷酸二钾　dipotassium phosphate　01.1144
*磷酸二钠　disodium phosphate　01.1141
磷酸二氢钙　calcium dihydrogen phosphate　01.1147
磷酸二氢钾　monopotassium phosphate　02.0115
磷酸二氢铝　aluminum dihydrogen phosphate　01.1149
磷酸二氢镁　magnesium dihydrogen phosphate　01.1072
磷酸二氢锰　manganous dihydrogen phosphate　01.1150
磷酸二氢钠　sodium dihydrogen phosphate　01.1142
磷酸二氢锌　zinc dihydrogen phosphate　01.1146
*磷酸钙　calcium phosphate　01.1148
*磷酸酐　phosphoric anhydride　01.1177
磷酸锆　zirconium phosphate　01.1138
磷酸铬　chromium phosphate　01.0945
磷酸钴　cobaltous phosphate　01.1132
磷酸钴锂　lithium cobalt phosphate　01.1204
磷酸钾　potassium phosphate　01.1130
磷酸钾铵　potassium ammonium phosphate　02.0122
磷酸锂　lithium phosphate　01.1135
磷酸铝　aluminium phosphate　01.1137
磷酸铝分子筛　aluminum phosphate molecular sieve　01.1208
磷酸镁　magnesium phosphate　01.1071
磷酸锰锂　lithium manganese (Ⅱ) phosphate　01.1089
磷酸钠　sodium phosphate　01.1143
磷酸钠溶解槽　sodium phosphate dissolving vessel　01.0110
磷酸脲　urea phosphate　01.1136
磷酸镍　nickel phosphate　01.1133
磷酸硼　boron phosphate　01.0841
磷酸氢钡　barium hydrogen phosphate　01.0772

磷酸氢二铵　ammonium hydrogen phosphate　01.1145
磷酸氢二钾　potassium hydrogen phosphate　01.1144
磷酸氢二钠　sodium hydrogen phosphate　01.1141
磷酸氢钙　dicalcium phosphate　02.0098
磷酸氢锶　strontium hydrogen phosphate　01.1193
*磷酸三铵　ammonium phosphate　01.1131
磷酸三钙　tricalcium phosphate　01.1148
*磷酸三钾　potassium phosphate　01.1130
*磷酸三钠　trisodium phosphate　01.1143
磷酸锶　strontium phosphate　01.1194
磷酸铁　ferric phosphate　01.1140
磷酸铁锂　lithium iron phosphate　01.1203
磷酸铜钙　calcium copper phosphate　01.1191
磷酸锌　zinc phosphate　01.1134
磷酸氧钛钾晶体　potassium titanyl phosphate crystal　01.1190
磷酸一铵　monoammonium phosphate, MAP　02.0102
*磷酸一钙　monocalcium phosphate　01.1147
磷钨酸　phosphotungstic acid　01.1329
*磷酰氯　phosphoryl chloride　01.1174
*磷酰溴　phosphoryl bromide　01.1196
*磷锌白　zinc phosphate　01.1134
鳞片石墨　graphite flakes　01.1578
*鳞云母　lepidolite　01.0634
菱镁矿　magnesite　01.0608
菱锰矿　rhodochrosite　01.0612
菱锌矿　smithsonite　01.0636
零电位　zero potential　01.0271
零电位偏移　zero potential shift　01.0272
流动性　pourability　02.0177
流化床　fluidized bed　02.0361
*流化床焙烧炉　fluidized bed roaster　01.0036
流化床大颗粒技术　fluid-bed macrogranule technology　02.0340
流化床干燥器　fluidized bed dryer　01.0578
流化床造粒器　fluidized bed granulator　02.0255
流量　flow rate　02.0179
*流态化焙烧　fluid-bed roasting　01.0659
流态化造粒　fluidized granulation　02.0448
硫包衣尿素　sulfur coated urea, SCU　02.0083
*硫代磷酰氯　thiophosphoryl chloride　01.1175
硫代硫酸铵　ammonium thiosulfate　01.1277
硫代硫酸钠　sodium thiosulfate　01.1276
硫镉矿　greenockite　01.1520

硫化铵　ammonium sulfide　01.1286

硫化钡　barium sulfide　01.0759

硫化法　sulphurized method　01.0022

硫化钙　calcium sulfide　01.1284

硫化汞　mercuric sulfide　01.1279

硫化钴　cobaltous sulfide　01.1281

硫化铅　lead sulfide　01.1280

硫化氢　hydrogen sulfide　01.0005

硫化锡　stannic sulfide　01.1285

硫化亚铁　ferrous sulfide　01.1283

硫化亚铜　cuprous sulfide　01.1287

硫化银　silver sulfide　01.1282

硫磺　sulphur　01.0002

硫磷铝锶矿　svanbergite　01.0615

硫磷酸铵　ammonium phosphate sulfate　02.0108

硫脲　thiourea　01.1326

硫氢化钠　sodium hydrosulfide　01.1288

*硫氰化铵　ammonium thiocyanate　01.0967

*硫氰化汞　mercuric thiocyanate　01.0970

*硫氰化钾　potassium sulfocyanate　01.0965

*硫氰化钠　sodium sulfocyanate　01.0966

硫氰酸铵　ammonium sulfocyanate　01.0967

硫氰酸钙　calcium thiocyanate tetrahydrate　01.0968

硫氰酸汞　mercuric sulfocyanate　01.0970

硫氰酸汞铵　ammonium mercuric thiocyanate　01.0971

硫氰酸钾　potassium thiocyanate　01.0965

硫氰酸镁　magnesium thiocyanate tetrahydrate　01.0969

硫氰酸钠　sodium thiocyanate　01.0966

硫氰酸铅　lead thiocyanate　01.0973

硫氰酸亚铜　cuprous thiocyanate　01.0972

硫酸　sulphuric acid　01.0070

硫酸铵　ammonium sulphate, sulphate of ammonia　02.0076

硫酸钡　barium sulfate　01.0760

硫酸泵　sulphuric acid pump　01.0053

硫酸铋　bismuth sulfate　01.1310

硫酸储罐　sulphuric acid storage tank　01.0068

硫酸分解法　sulfuric acid decomposition method　02.0270

硫酸钙晶须　calcium sulfate whisker　01.1298

硫酸高铈　ceric sulfate　01.1304

硫酸锆　zirconium sulfate　01.1374

硫酸锆钠复盐　sodium zirconium sulfate compound salt　01.1375

硫酸镉　cadmium sulfate　01.1312

硫酸铬　chromium sulfate　01.1299

硫酸铬钾　chromium potassium sulfate　01.0946

硫酸汞　mercuric sulfate　01.1306

硫酸钴　cobalt sulfate　02.0136

硫酸钾　potassium sulphate, sulphate of potash　02.0100

硫酸钾铵　ammonium potassium sulphate　02.0113

硫酸钾镁肥　potassium magnesium sulphate, sulphate of potash magnesia　02.0101

硫酸锂　lithium sulfate　01.1303

硫酸铝　aluminium sulfate　01.1315

硫酸铝铵　aluminium ammonium sulfate　01.1319

硫酸铝钾　aluminium potassium sulfate　01.1317

硫酸铝钠　aluminium sodium sulfate　01.1316

硫酸镁　magnesium sulfate　02.0123

硫酸锰　manganous sulfate　01.1084

硫酸锰铵　ammonium manganese (Ⅱ) sulfate　01.1085

硫酸钠　sodium sulfate　01.1302

硫酸镍铵　nickel ammonium sulfate　01.1318

硫酸铅　lead sulfate　01.1301

硫酸氢钾　potassium bisulfate　01.1307

硫酸氢钠　sodium bisulfate　01.1268

硫酸铈　cerous sulfate　01.1309

硫酸钛　titanium (Ⅳ) sulfate　01.1305

硫酸铁　ferric sulfate　01.1300

硫酸铁铵　ferrous ammonium sulfate　02.0130

硫酸铜　copper sulfate　02.0134

硫酸锌　zinc sulfate　01.1314

硫酸亚汞　mercurous sulfate　01.1308

*硫酸亚锰　manganous sulfate　01.1084

*硫酸亚锰铵　ammonium manganese (Ⅱ) sulfate　01.1085

硫酸亚铊　thallous sulfate　01.1311

硫酸亚铁　ferrous sulfate　02.0137

硫酸亚铁铵　ammonium ferrous sulfate　01.1320

硫酸亚锡　stannous sulfate　01.1313

硫酸氧钒　vanadyl sulfate　01.1381

硫酸氧钛　titanyl sulfate　01.1356

硫铁矿　pyrite　01.0001

硫酰氟　sulfuric oxyfluoride　01.1030

硫酰氯　sulfuryl chloride　01.0909

硫银锗矿　argyrodite　01.1527

六氟化钼　molybdenum fluoride　01.1342

六氟化钨　tungsten hexafluoride　01.1019

六氟磷酸铵　ammonium hexafluorophosphate　01.1042
六氟磷酸钾　potassium hexafluorophosphate　01.1027
六氟磷酸锂　lithium hexafluorophosphate　01.1028
六氟砷酸锂　lithium hexafluoroarsenate　01.1037
六硅酸镁　magnesium hexasilicate　01.1069
六偏磷酸钠　sodium hexametaphosphate　01.1172
炉气　calciner gas　01.0490
炉气除尘器　calciner gas dust separator　01.0542
炉气冷凝塔　calciner gas condensation tower　01.0538
炉气冷凝液　calciner gas condensate　01.0479
炉气洗涤塔　calciner gas washing tower　01.0543
卤磷酸钙荧光粉　calcium halophosphate fluorescent
　　powder　01.1199
卤水　bittern　01.0162
露天开采　surface mining　01.0515
螺杆式压缩机　screw compressor　01.0273
吕布兰法　Leblanc process　01.0494
*铝矾土　aluminous soil　01.0645
铝酸钙　calcium aluminate　01.1501
铝酸钠　sodium aluminate　01.1500
铝土矿　bauxite　01.0645
氯铂酸　chloroplatinic acid　01.0862
氯铂酸铵　ammonium hexachloroplatinate (Ⅳ)
　　01.0879
氯铂酸钾　potassium hexachloroplatinate (Ⅳ)　01.0878
氯化铵　ammonium chloride　02.0078
氯化铵并料取出流程　ammonium chloride respectively
　　to take out process　01.0504
氯化铵稠厚器　ammonium chloride thickener　01.0559
氯化铵干燥炉　ammonium chloride drying furnace
　　01.0561
氯化铵离心机　ammonium chloride centrifuge　01.0560
氯化铵逆料取出流程　ammonium chloride reverse out
　　01.0505
氯化钡　barium chloride　01.0754
氯化铋　bismuth chloride　01.0883
氯化铂　platinum (Ⅳ)chloride　01.0877
*氯化铂钾　potassium platinum (Ⅳ) chloride　01.0878
氯化钙　calcium chloride　01.0584
氯化高锡　tin tetra chloride　01.0885
氯化镉　cadmium chloride　01.0869
氯化铬　chromium trichloride　01.0947
氯化汞　mercuric chloride　01.0874
氯化钴　cobalt chloride　01.0870

*氯化硅　silicon tetrachloride　01.1262
氯化镓　gallium (Ⅲ) chloride　01.0897
氯化钾　potassium chloride, muriate of potash　02.0099
氯化钾铵　ammonium potassium chloride　02.0112
氯化钾与硫酸铵转化法　potassium chloride and
　　ammonium sulfate transformation method　02.0274
氯化金　gold (Ⅲ) chloride　01.0876
*氯化金钾　gold potassium chloride　01.0901
氯化镧　lanthanum chloride　01.0904
氯化铑　rhodium chloride　01.0892
氯化锂　lithium chloride　01.0873
氯化磷酸三钠　chlorinated trisodium phosphate
　　01.1187
氯化铝钛　titanium aluminium chloride　01.1357
氯化镁　magnesium chloride　01.1074
氯化锰　manganese chloride　02.0136
氯化镍　nickel (Ⅱ) chloride　01.0875
氯化钯　palladium chloride　01.0887
氯化铍　beryllium chloride　01.0867
氯化铅　lead (Ⅱ) chloride　01.0880
氯化氢　hydrogen chloride　01.0142
氯化氢催化氧化法　catalytic oxidation of hydrogen
　　chloride　01.0134
氯化氢干燥　hydrogen chloride drying　01.0135
氯化氢合成　hydrogen chloride synthesis　01.0131
氯化氢合成炉　hydrogen chloride synthetic furnace
　　01.0132
氯化氢透平压缩机　hydrogen chloride turbo-compressor
　　01.0136
氯化铯　cesium chloride　01.0894
氯化铈　cerium (Ⅲ) chloride　01.0881
氯化锶　strontium chloride　01.0906
氯化铊　thallium (Ⅰ) chloride　01.0882
氯化铜　cupric chloride　01.0871
氯化硒　selenium chloride　01.0886
*氯化锡　stannic chloride　01.0885
氯化锌　zinc chloride　02.0135
氯化溴　bromine chloride　01.0868
氯化亚砜　sulfoxide chloride　01.0889
氯化亚汞　mercurous chloride　01.0888
*氯化亚铊　thallous chloride　01.0882
*氯化亚铁　ferrous chloride　01.0903
氯化亚锡　stannous chloride　01.0905
氯化铟　indium chloride　01.0893

氯化银　silver chloride　01.0891

*氯化锗　germanium（Ⅳ）chloride　01.0872

氯磺酸　chlorosulfonic acid　01.0861

氯碱工业　chlor-alkali industry　01.0274

氯金酸　chloroauric acid　01.0900

氯金酸钾　potassium chloroaurate　01.0901

氯气　chlorine gas　01.0461

氯气干燥　chlorine drying　01.0275

氯气缓冲罐　chlorine buffer tank　01.0276

氯气紧急处理装置　chlorine emergency treatment plant　01.0277

氯气冷却　chlorine cooling　01.0278

氯气汽提塔　chlorine gas stripper　02.0288

氯气氢含量　hydrogen content of chlorine　01.0279

氯气透平压缩机　chlorine turbocompressor　01.0354

氯气洗涤　chlorine scrubbing　01.0280

氯气洗涤塔　chlorine scrubber　01.0281

氯气压缩机　chlorine compressor　01.0282

氯气液化　chlorine liquefaction　01.0283

氯气中毒　chlorine poisoning　01.0284

氯气专用阀　chlorine valve　01.0285

氯氢处理　chlorine and hydrogen handling　01.0286

氯氢配比　ratio of chlorine to hydrogen　01.0137

氯氢压差　chlorine and hydrogen pressure difference　01.0287

氯水　chlorine water　01.0288

氯酸铵　ammonium chlorate　01.0911

氯酸钡　barium chlorate　01.0766

氯酸钙　calcium chlorate　01.0914

氯酸钾　potassium chlorate　01.0913

氯酸镁　magnesium chlorate　01.0915

氯酸钠　sodium chlorate　01.0912

氯酸锶　strontium chlorate　01.0928

氯酸盐分解　chlorate decomposition　01.0289

氯酸盐分解槽　chlorate decomposer　01.0290

氯溴银矿　embolite　01.0592

氯氧化铋　bismuth oxychloride　01.0896

氯氧化锑　antimony oxychloride　01.0895

氯氧化铜　copper oxychloride　01.0902

滤过净氨塔　filter tail gas washer　01.0534

滤过母液　filter mother liquor　01.0475

滤过洗水　washing water　01.0474

滤碱机　soda filter　01.0531

滤液分离器　filter liquor separator　01.0535

M

*马日夫盐　Mazhef salt　01.1150

埋刮板输送机　embedded scraper transporter　01.0041

脉冲气流干燥器　pulsed pneumatic dryer　01.0722

脉动式萃取塔　pulsed extraction column　01.0695

脉石英　vein quartz　01.0616

*曼海姆法　Mannheim method　02.0270

芒硝氯化钾法　Glauber's salt potassium chloride method　02.0273

煤　coal　02.0342

煤棒　coal rod　02.0344

煤矸石　gangue　02.0363

*煤气发生炉　gasifier　02.0352

煤气柜　gas tank　02.0356

煤气化　coal gasification　02.0369

煤球　briquette　02.0343

煤渣　coal cinder　02.0345

镁白云石　magnesia dolomite　01.0609

镁粉　magnesium powder　01.1539

*EDTA 锰　manganese EDTA　02.0129

*锰白　manganous carbonate　01.1080

锰方硼石　chambersite　01.0600

锰粉　manganese metal powder　01.1543

锰红　Mn pink　01.1094

锰酸钡　barium manganate　01.0773

锰酸锂　lithium manganate　01.1090

锰紫　manganese violet　01.1093

明矾石　alunite　01.0641

模数　module　01.1211

膜　membrane　01.0738

膜催化　membrane catalysis　01.0739

膜电压降　membrane voltage drop　01.0291

膜法脱硝　sulfate removal by membrane process　01.0292

膜极距电解槽　membrane gap electrolyzer　01.0293

膜利用率　utilization rate of membrane　01.0294

膜蒸发　pervaporization　01.0740

磨碎　grinding　01.0648

莫里兹斯坦德流程　Moritz-Standert process　02.0429

母液　mother liquor　02.0367

母液Ⅰ　mother liquor Ⅰ　01.0480

母液 II　mother liquor II　01.0482
母液换热器　heat exchanger of mother liquor　01.0566
*母液换热塔　mother liquor scrubbing tower　01.0537
母液洗涤塔　mother liquor scrubbing tower　01.0537
钼粉　molybdenum powder　01.1545
钼酸　molybdic acid　01.1343

钼酸钡　barium molybdate　01.1345
钼酸锂　lithium molybdate　01.1346
钼酸钠　sodium molybdate　01.1347
钼酸铅　lead molybdate　01.1348
钼酸锌　zinc molybdate　01.1349

N

纳米氧化锌　nano-zinc oxide　01.1461
纳氏泵　Nash pump　01.0295
钠　sodium　01.1551
钠法漂粉精　sodium-process bleaching powder concentrate　01.0462
钠碱法　sodium alkali method　01.0027
钠镁矾　loeweite　01.0623
*钠明矾　aluminium sodium sulfate　01.1316
钠硼解石　ulexite　01.0596
氖气　neon　01.1586
耐火砖　firebrick　02.0371
耐酸瓷砖　acid proof ceramic tile　01.0065
难溶性磷　insoluble phosphate　02.0402
能量回收　energy recover　01.0085
泥灰肥　marl　02.0161
泥煤　peat　02.0164
*泥炭　peat　02.0164
铌酸锂晶体　lithium niobate crystal　01.1389
逆流干燥器　counter-current flow dryer　01.0714
黏土　clay　02.0155
尿素　urea　02.0080
尿素合成　urea synthesis　02.0311
尿素熔融泵　urea molten pump　02.0321
尿素缩合物　urea condensate　02.0087
尿素态氮　urea nitrogen　02.0189
*尿素-硝铵溶液　urea ammonium nitrate solution, UAN　02.0081

尿素硝酸铵肥料溶液　urea ammonium nitrate fertilizer solution, UAN　02.0081
尿素造粒塔　urea granulation tower　02.0296
尿素转化率　urea conversion rate　02.0312
尿液缓冲槽　urea solution buffer tank　02.0337
脲铵氮肥　urea ammonium mixed nitrogen fertilizer　02.0082
脲甲醛　urea formaldehyde, UF　02.0088
脲酶抑制剂　urease inhibitor　02.0024
镍钴锰酸锂　lithium nickel cobalt manganese oxide　01.1086
柠檬酸铵溶性磷　ammonium citrate soluble phosphate　02.0193
浓差极化　concentration polarization　01.0296
浓硫酸　concentrated sulphuric acid　01.0071
浓气制碱工艺　high concentration gas soda process　01.0496
浓缩磷酸氨化造粒　concentrated phosphoric acid ammoniator granulation　02.0432
浓缩热　heat of concentration　01.0078
浓硝酸　concentrated nitric acid　01.0129
浓硝酸冷凝器　concentrated nitric acid condenser　01.0125
浓效蒸发器　enriching-effect evaporator　01.0297
挪威海德鲁工艺　Norsk Hydro technology　02.0433
钕　neodymium　01.1571
钕铁硼　neodymium-iron-boron　01.0834

O

欧姆电压降　ohmic voltage drop　01.0298

P

排风　exhaust air　02.0454
排污罐　blow down drum　01.0113
*泡花碱　sodium silicate　01.1218
泡沫干燥塔　foam drying tower　01.0299

泡罩干燥塔　bubble-cap drying column　01.0300
*配比式　formula　02.0049
配合式　formula　02.0049
配料比　mixture ratio　01.0095

配料掺合　fertilizer mixing　02.0263

配水罐　water mixing tank　01.0301

喷动床涂硫　spouted bed sulfur coated　02.0257

喷浆造粒干燥机　spray granulation dryer　02.0277

喷淋塔　spray column　01.0302

喷洒式萃取塔　spray[-type] extraction column　01.0696

喷射吸氨器　spray ammonia absorber　01.0563

喷射吸收塔　spray absorption tower　02.0427

喷射再生槽　jet regeneration tank　02.0222

喷雾干燥　spray drying　01.0723

喷雾干燥器　spray dryer　01.0724

硼　boron　01.0797

*硼酐　boric anhydride　01.0798

硼化钙　calcium hexaboride　01.0839

硼化锆　zirconium boride　01.0837

硼化镧　lanthanum hexaboride　01.0836

硼化钛　titanium boride　01.0835

硼化铁　iron boride　01.0838

硼镁肥　boron-magnesium fertilizer　02.0124

硼镁石　ascharite　01.0594

硼氢化钾　potassium borohydride　01.0801

硼氢化钠　sodium borohydride　01.0802

硼砂　sodium tetraborate　01.0830

硼酸　boric acid　01.0831

硼酸钙　calcium borate　01.0820

硼酸铝晶须　aluminum borate whisker　01.0842

硼酸镁　magnesium borate　01.0822

硼酸锰　manganese borate　01.0823

硼酸铅　lead borate　01.0819

硼酸锌　zinc borate　01.0821

硼-10 同位素　boron-10 isotope　01.0832

硼纤维　boron fibre　01.0833

*砒霜　arsenic trioxide　01.0746

偏钒酸铵　ammonium metavanadate　01.1382

偏钒酸钾　potassium metavanadate　01.1383

偏钒酸钠　sodium metavanadate　01.1384

偏硅酸钠　sodium metasilicate　01.1222

偏磷酸钡　barium dimetaphosphate　01.0775

偏磷酸铝　aluminum metaphosphate　01.1139

偏磷酸镁　magnesium metaphosphate　01.1170

偏磷酸盐　metaphosphate　01.1207

偏硼酸钡　barium metaborate　01.0807

偏硼酸钙　calcium metaborate　01.0806

偏硼酸钾　potassium metaborate　01.0805

偏硼酸锂　lithium metaborate　01.0803

偏硼酸钠　sodium metaborate　01.0804

偏钛酸　metatitanic acid　01.1360

偏锡酸　metastannic acid　01.1503

片碱机　caustic soda flaker　01.0303

片状固碱　flaky caustic soda　01.0457

漂白粉　bleaching powder　01.0463

*漂粉精　bleaching powder concentrate　01.0458

贫硝盐水　sulfate-depleted brine　01.0358

平衡变换率　equilibrium conversion rate　02.0224

平衡电极电位　equilibrium potential　01.0304

平均主导粒径　size guide number, SGN　02.0184

破碎机　crusher　01.0032

Q

七钼酸铵　ammoinum heptamolybdate　01.1344

气化炉　gasifier　02.0352

气流床气化　entrained flow bed gasification　02.0351

气流干燥器　pneumatic dryer　01.0719

气流喷雾干燥器　pneumatic type spray dryer　01.0727

气凝胶　aerogel　01.1212

气泡效应　bubble effect　01.0305

气体净化　gas purification　02.0216

气液分离器　gas-liquid separator　01.0306

汽提塔　stripping column　01.0575

铅　lead　01.1562

强化型泡沫塔　enhanced foam column　01.0307

强制内循环蒸发器　evaporator with forced
　internal-circulation　01.0308

强制外循环蒸发器　evaporator with forced
　external-circulation　01.0309

强制循环电解槽　electrolyzer with forced circulation
　01.0310

强制循环蒸发器　forced-circulation evaporator
　01.0571

*羟基磷灰石　hydroxyapatite　01.1195

羟基磷酸钙　hydroxyl calcium phosphate　01.1195

禽畜排泄物　dung　02.0157

*轻灰　light soda ash　01.0580

轻灰煅烧炉　light soda ash calciner　01.0536

轻质纯碱　light soda ash　01.0580

轻质碳酸钙　light calcium carbonate　01.0857

氢氮比　hydrogen nitrogen ratio　02.0378

*氢氮混合气　nitrogen hydrogen gas mixture　01.1582

氢氮气压缩机　hydrogen nitrogen compressor　02.0253

氢碘酸　hydriodic acid　01.1045

氢氟酸　hydrofluoric acid　01.0984

氢化钙　calcium hydride　01.0977

氢化锂　lithium hydride　01.0978

氢化铝锂　lithium aluminium hydride　01.0979

氢化钠　sodium hydride　01.0980

氢气　hydrogen gas　01.0464

氢气柜　hydrogen gas holder　01.0311

氢气洗涤塔　hydrogen scrubber　01.0313

氢溴酸　hydrobromic acid　01.0778

氢氧化铵　ammonium hydroxide　01.1416

氢氧化钡　barium hydroxide　01.0756

氢氧化钙　calcium hydroxide　01.1411

氢氧化锆　zirconium hydroxide　01.1376

氢氧化镉　cadmium hydroxide　01.1419

氢氧化铬　chromic hydroxide　01.0948

氢氧化钴　cobaltous hydroxide　01.1412

氢氧化钾　potassium hydroxide　01.1409

氢氧化镧　lanthanum hydroxide　01.1424

氢氧化铝　aluminium hydroxide　01.1410

氢氧化镁　magnesium hydroxide　01.1065

氢氧化锰　manganese hydroxide　01.1421

氢氧化镍　nickel hydroxide　01.1413

氢氧化铅　lead hydroxide　01.1422

氢氧化铯　cesium hydroxide　01.1423

氢氧化铈　ceric hydroxide　01.1418

氢氧化锶　strontium hydroxide　01.1420

氢氧化铁　ferric hydroxide　01.1417

氢氧化铜　cupric hydroxide　01.1414

氢氧化钍　thorium hydroxide　01.1426

氢氧化锌　zinc hydroxide　01.1415

氢氧化铟　indium hydroxide　01.1425

倾覆盘式真空过滤机　tilting-pan vacuum filter　01.0663

氰氨化钙　calcium cyanamide　02.0093

氰化钾　potassium cyanide　01.0956

氰化钠　sodium cyanide　01.0957

氰化锌　zinc cyanide　01.0958

氰化亚金钾　potassium aurous cyanide　01.0961

氰化亚铜　cuprous cyanide　01.0960

氰化银　silver cyanide　01.0959

氰化银钾　potassium silver cyanide　01.0975

氰熔体　cyanide fusant　01.0974

氰酸钾　potassium cyanate　01.0976

氰酸钠　sodium cyanate　01.0964

取样冷却器　sample cooler　01.0107

*全氮　total nitrogen　02.0191

全低变　total low temperature shift　02.0235

全氟磺酸膜　perfluorosulfonate membrane　01.0316

全氟磺酸羧酸复合膜　perfluorosulfonate-perfluorocar-boxylate composite membrane　01.0318

全氟磺酰胺膜　perfluorosulfonamide membrane　01.0317

全氟羧酸层　perfluorocarboxylic acid layer　01.0347

全氟羧酸膜　perfluorocarboxylate membrane　01.0315

全氟橡胶　perfluoroelastomer　01.0319

*全磷　total phosphate　02.0197

全卤制碱　caustic soda production totally from bittern　01.0314

R

燃氢蒸汽锅炉　hydrogen fuel boiler　01.0312

燃烧喷嘴　burner nozzle　01.0320

燃烧室　combustion chamber　01.0321

热泵蒸发工艺　vapor compressor process　01.0519

热法磷肥　thermal-process phosphate fertilizer　02.0445

热法磷酸　phosphoric acid by furnace process　01.1128

热法氯化铵工艺　distillation process for ammonium chloride production　01.0503

热母液桶　warm mother liquor tank　01.0526

热水塔平衡曲线　hot water tower equilibrium curve　02.0227

热液溶采工艺　heat solution mining of trona　01.0511

人工卸料离心机　manual unloading centrifuge　01.0686

人造石英　synthetic quartz　01.1255

*人造水晶　synthetic quartz　01.1255

容器　container　02.0066

*溶出毒性　toxicity characteristic leaching procedure, extraction toxicity　02.0214

溶剂萃取法　solvent extraction method　02.0271

*EDTA 溶性磷　EDTA soluble phosphate　02.0195

溶液肥料　solution fertilizer　02.0062

熔硫槽　sulphur melting tank　01.0042

熔融　fusion　01.0661

熔融尿素　molten urea　02.0297

熔融体　melt　02.0430

熔体造粒法　melt granulation method　02.0458

熔盐载热体　heat transfer molten salt　01.0323

肉粉　meat meal　02.0162

铷　rubidium　01.1573

软水加热器　soft water heater　02.0391

*软水铝石　boehmite　01.0642

S

赛黄晶　danburite　01.0599

三碘化砷　arsenic triiodide　01.0745

三氟化氮　nitrogen trifluoride　01.1033

三氟化钴　cobalt（Ⅲ）fluoride　01.1041

三氟化磷　phosphorus trifluoride　01.1017

三氟化氯　chlorine trifluoride　01.1031

三氟化硼乙醚　boron trifluoride diethyl etherate　01.0800

三氟化砷　arsenic trifluoride　01.0744

三氟化钛　titanium trifluoride　01.1358

三硅酸镁　magnesium trisilicate　01.1068

三合一盐酸合成炉　three-in-one hydrochloric acid synthetic furnace　01.0138

三碱式硫酸铅　tribasic lead sulfate　01.1321

三聚磷酸二氢铝　aluminium dihydrogen tripolyphosphate　01.1186

三聚磷酸钾　potassium tripolyphosphate　01.1185

三聚磷酸钠　sodium tripolyphosphate, STPP　01.1184

三聚氰胺尾气制碱工艺　melamine tail gas soda process　01.0498

*三磷酸五钾　pentapotassium triphosphate　01.1185

*三磷酸五钠　pentasodium triphosphate　01.1184

三硫化二砷　arsenic trisulfide　01.1292

三硫化二锑　antimony trisulfide　01.1293

三硫化四磷　phosphorus sesquisulfide　01.1179

*三氯硅烷　trichlorosilane　01.1261

*三氯化铋　bismuth trichloride　01.0883

三氯化氮　nitrogen trichloride　01.0324

三氯化钒　vanadium trichloride　01.1385

*三氯化镓　gallium trichloride　01.0897

*三氯化金　gold trichloride　01.0876

三氯化钌　ruthenium trichloride　01.0890

三氯化磷　phosphorus trichloride　01.1173

三氯化铝　aluminium trichloride　01.0863

三氯化硼　boron trichloride　01.0799

三氯化砷　arsenic trichloride　01.0743

*三氯化铈　cerium trichloride　01.0881

三氯化钛　titanium trichloride　01.1359

三氯化锑　antimony trichloride　01.0866

三氯硫磷　phosphorus sulfochloride　01.1175

三氯氢硅　trichlorosilane　01.1261

三氯氧磷　phosphorus oxychloride　01.1174

三硼酸锂　lithium borate　01.0824

三偏磷酸钠　sodium trimetaphosphate　01.1171

三水铝石　gibbsite　01.0644

三效逆流蒸发　three-effect countercurrent evaporation　01.0326

三效顺流蒸发　three-effect cocurrent evaporation　01.0327

三效四体蒸发　three-effect four-compartment evaporation　01.0328

三效蒸发器　third-effect evaporator　01.0329

三溴化磷　phosphorus tribromide　01.0790

三溴化硼　boron tribromide　01.0791

三溴氧磷　phosphorus oxybromide　01.1196

三氧化二铋　bismuth trioxide　01.1433

三氧化二钒　vanadium trioxide　01.1386

三氧化二钴　cobaltic oxide　01.1436

*三氧化二镓　gallium sesquioxide　01.1466

三氧化二金　gold trioxide　01.1467

三氧化二镍　nickel sesquioxide　01.1452

三氧化二砷　arsenic trioxide　01.0746

三氧化二锑　antimony trioxide　01.1432

三氧化二铟　indium oxide　01.1469

三氧化铬　chromium trioxide　01.0936

三氧化硫　sulfur trioxide　01.1265

三氧化钼　molybdenum trioxide　01.1350

三氧化钨　tungsten trioxide　01.1331

三元肥料　ternary fertilizer　02.0036

三足式离心机　three-column centrifuge　01.0688

散装　bulk　02.0070

散装掺混　bulk blend　02.0120

铯　cesium, caesium　01.1572

砂滤器　sand filter　01.0332

筛　sieve　01.0652

筛板式萃取塔　sieve-tray extraction tower　01.0698

筛板塔　sieve-plate column　01.0333

筛板吸收塔　sieve-tray tower　01.0091

筛分　sieving　02.0169

筛分法粒度分析　particle size analysis by sieving, granulometry sieving　02.0168

筛分机　screen classifier　01.0579

筛分试验　test sieving　02.0170

筛上物　oversize　02.0172

筛析　sieve analysis　01.0653

筛下物　undersize　02.0171

*闪发罐　flash tank　01.0334

闪锌矿　sphalerite　01.0637

闪蒸罐　flash tank　01.0334

上悬式离心机　top suspended centrifuge　01.0684

烧成　firing　01.0660

烧结磷肥　sintering phosphate　02.0446

*烧石膏　bassanite　01.0625

烧嘴　nozzle, burner　02.0370

设计电流　design current　01.0335

设计电流密度　design current density　01.0336

砷　arsenic　01.0741

砷铂矿　sperrylite　01.1526

砷化氢　arsine　01.0742

砷黄铁矿　arsenopyrite　01.0587

砷酸　arsenic acid　01.0749

砷酸二氢钠　sodium dihydrogen arsenate　01.0752

砷酸钙　calcium arsenate　01.0750

砷酸铅　lead arsenate　01.0751

*砷烷　arsine　01.0742

*胂　arsine　01.0742

*升汞　corrosive sublimate　01.0874

*生石膏　gypsum　01.0004

*生石灰　quick lime　01.1435

生长介质　growth medium　02.0160

省煤器　economizer　01.0102

施肥方法　fertilizer application method　02.0042

施肥量　dose rate, dose　02.0044

*湿法磷肥　wet-process phosphatic fertilizer　02.0414

湿法磷酸　phosphoric acid by wet process　01.1129

*湿法排渣　wet discharged　02.0412

湿法脱硫　wet desulphurization　02.0218

湿分解工艺　wet decomposition process　01.0518

湿排　wet discharged　02.0412

湿式氧化法脱硫　wet oxidation desulfurization　02.0221

石膏　gypsum　01.0004

石灰-石膏法　lime gypsum method　01.0029

石灰-铁盐法　lime ferric salt method　01.0021

石灰岩　limestone　01.0602

石灰窑　lime kiln　01.0549

石灰质物料　liming material　02.0031

石煤　stone-like coal　01.0632

石棉　asbestos　01.0337

石棉隔膜　asbestos diaphragm　01.0338

石墨阳极　graphite anode　01.0339

石英安瓿　quartz ampoule　01.1256

*石英安瓿瓶　quartz ampoule　01.1256

石英坩埚　quartz crucible　01.1258

*石英脉　vein quartz　01.0616

石英砂　quartz sand　01.0617

石英砣　quartz mound　01.1259

石英舟　quartz boat　01.1257

食品级盐酸　food-grade hydrochloric acid　01.0148

食用碱式磷酸铝钠　edible basic sodium aluminum phosphate　01.1201

食用焦磷酸铁　ferric pyrophosphate　01.1156

食用焦磷酸亚铁　ferrous pyrophosphate　01.1157

食用聚偏磷酸钠　edible sodium polymetaphosphate　01.1200

事故氯气　accidentally chlorine　01.0340

事故氯吸收塔　accidental chlorine absorption tower　01.0341

试剂盐酸　reagent-grade hydrochloric acid　01.0149

室式分离机　multi-chamber separator　01.0680

铈粉　cerium metal powder　01.1549

疏水二氧化硅　hydrophobic silica　01.1240

熟石膏　bassanite　01.0625

*熟石灰　calcium hydroxide　01.1411

树脂层高度　height of chelating resin bed　01.0342

树脂再生　regeneration of chelating resin　01.0343

竖管式蒸发器　vertical tube evaporator　01.0701

竖窑　shaft kiln　01.0657

双加压硝酸工艺　dual-pressure nitric acid process　01.0079

双氰胺 dicyandiamide 01.1494

双效蒸发 double-effect evaporation 01.0325

*双氧水 hydrogen peroxide 01.1396

*水玻璃 water glass 01.1218

水方硼石 hydroboracite 01.0595

水分 moisture 02.0186

水合二氧化硅 hydrated silica 01.1239

水合机 hydration machine 01.0547

水合肼 hydrazine hydrate 01.1492

水合离子 hydrated ion 01.0344

*水合联氨 diamid hydrate 01.1492

水冷壁 water cooled wall 02.0377

水冷器 water cooler 02.0387

水氯镁石 bischofite 01.0606

水煤浆气化 coal water slurry gasification 02.0353

水镁矾 kieserite 01.0607

水喷射器 water ejector 01.0345

水平井溶采 horizontal well solution mining 01.0514

水汽浓度 vapor concentration 02.0384

水溶性肥料 water soluble fertilizer 02.0037

水溶性钾 water soluble potash 02.0198

水溶性磷 water soluble phosphate 02.0192

水溶液电解 electrolysis of aqueous solution 01.0690

水溶液全循环改良C工艺 improved type C technology of water solution full-cycle 02.0300

水溶液全循环工艺 water solution full-cycle technology 02.0299

水碳比 water-carbon ratio 02.0314

水锌矿 hydrozincite 01.0639

*水银 mercury 01.1574

水银电解槽 mercury electrolytic cell 01.0691

水银电解法 mercury cathode electrolysis 01.0346

丝网除沫器 wire mesh demister 01.0047

锶 strontium 01.1556

*锶铬黄 strontium chromate 01.0941

四氟化硅 silicon tetrafluoride 01.1018

四氟化钛 titanic tetrafluoride 01.1361

四氟化碳 carbon tetrafluoride 01.1043

*四氟甲烷 tetrafluoromethane 01.1043

四合一机组 four in one unit 01.0119

四合一盐酸合成炉 four-in-one hydrochloric acid synthetic furnace 01.0139

*四氯化铂 platinum tetrachloride 01.0877

四氯化硅 silicon tetrachloride 01.1262

四氯化钛 titanium tetrachloride 01.1362

四氯化锗 germanium tetrachloride 01.0872

四钼酸铵 ammonium tetramolybdate 01.1351

四硼酸铵 ammonium tetra-borate 01.0828

四硼酸钾 potassium tetraborate 01.0825

四硼酸锂 lithium tetraborate 01.0826

四硼酸钠 sodium tetraborate 02.0125

四硼酸铜 cupric tetraborate 01.0827

四水氟化镍 nickel fluoride tetrahydrate 01.1010

四效错流蒸发 four-effect cross-current evaporation 01.0330

四效逆流蒸发 four-effect countercurrent evaporation 01.0331

四氧化锇 osmium tetroxide 01.1453

四氧化三锰 trimanganese tetraoxide 01.1079

四氧化三铅 lead tetraoxide 01.1449

四氧化三铁 ferroferric oxide 01.1441

松装堆密度 bulk density loose 02.0166

*苏打 light soda ash 01.0580

速溶粉状硅酸钠 instant dissolved sodium silicate powder 01.1219

酸法磷肥 acid process phosphatic fertilizer 02.0414

酸化磷矿 acidulated phosphate rock 02.0415

酸冷却器 acid cooler 01.0050

*酸浓度 acid concentration 01.0077

酸泡 acid soak 01.1216

酸式焦磷酸钙 calcium acid pyrophosphate 01.1153

酸式焦磷酸钾 potassium acid pyrophosphate 01.1162

酸式焦磷酸钠 sodium acid pyrophosphate 01.1160

*酸式磷酸铝 aluminium acid phosphate 01.1149

*酸式磷酸锰 manganese acid phosphate 01.1150

酸洗净化 acid-scrubbing 01.0025

缩二脲 biuret 02.0190

*索尔维法 Solvay process 01.0492

T

铊 thallium 01.1570

塔板效率 tray efficiency 01.0092

塔式喷淋造粒 tower prilling 02.0459

*钛白粉 titanium dioxide 01.1355

钛粉　titanium powder　01.1541

钛冷却器　titanium cooler　01.0348

钛酸钡　barium titanate　01.0767

钛酸钾　potassium titanate　01.1363

钛酸铅　lead titanate　01.1364

钛酸锶　strontium titanate　01.1365

钛铁矿　ilmenite　01.0629

钛阳极　titanium anode　01.0349

碳氮化钛　titanium carbonitride　01.1366

碳化氨水　carbonated aqueous ammonia　02.0239

碳化度　carbonization degree　02.0238

碳化钒　vanadium carbide　01.1387

碳化锆　zirconium carbide　01.1377

碳化结晶器　sodium bicarbonate crystallizer　01.0573

碳化铌　niobium carbide　01.1390

碳化取出液　suspension out of the carbonation tower
　　01.0473

碳化塔　carbonating tower　01.0529

碳化钛　titanium carbide　01.1367

碳化钽　tantalum carbide　01.1392

碳化尾气　carbonation exit gas　01.0489

碳化钨　tungsten carbide　01.1332

碳碱法　carbon dioxide-soda process　01.0796

碳钠矾　burkeite　01.0621

碳素管过滤器　carbon tube filter　01.0350

碳酸钡　barium carbonate　01.0764

碳酸丙烯酯法脱碳　method of propylene carbonate
　　decarbonized　02.0244

碳酸锆　zirconium carbonate　01.1378

碳酸镉　cadmium carbonate　01.0845

碳酸钴　cobaltous carbonate　01.0847

碳酸钾　potassium carbonate　01.0853

碳酸锂　lithium carbonate　01.0846

碳酸芒硝　hanksite　01.0620

碳酸镁　magnesium carbonate　01.1066

碳酸锰　manganous carbonate　01.1080

*碳酸钠　light soda ash　01.0580

碳酸镍　nickel carbonate　01.0851

碳酸氢铵　ammonium bicarbonate　01.0843

碳酸氢钾　potassium bicarbonate　01.0854

碳酸氢钠　sodium bicarbonate　01.0583

碳酸锶　strontium carbonate　01.0855

陶瓷过滤板　ceramic filter plate　01.1075

*陶瓷滤膜　ceramic filtration membrane　01.1075

陶瓷膜过滤器　ceramic membrane filter　01.0351

套筒隔板式结晶器　draft tube baffle crystallizer
　　01.0708

*锑白　antimony white　01.1432

锑粉　antimony powder　01.1546

锑华　valentinite　01.1512

锑酸钠　sodium antimonate　01.1502

添加肥料的无机土壤调理剂　inorganic soil conditioner
　　with fertilizer added　02.0030

添加剂　additive　02.0064

填料　filler　02.0065

填料干燥塔　packed drying tower　01.0352

填料式萃取塔　packed extraction tower　01.0697

调和液　mixing solution　01.0477

调节剂　regulator　02.0457

*EDTA铁　iron EDTA　02.0131

铁比　iron ratio　02.0382

铁粉　iron powder, iron dust　01.1537

铁锰合金　manganese-iron alloy　01.1076

铁氰化钠　sodium ferricyanide　01.0963

铁系催化剂　iron catalyst　02.0379

铁阴极　iron cathode　01.0353

*EDTA铜　copper EDTA　02.0132

铜氨液洗涤法　cuprammonia washing method　02.0248

铜比　copper ratio　02.0251

铜粉　copper powder　01.1538

铜洗塔　cuprammonia scrubber　02.0252

桶装固碱　barreled solid caustic soda　01.0465

透明氧化铁红　transparent iron oxide red　01.1444

涂布　coating　02.0437

土壤肥力　soil fertility　02.0041

土壤调理剂　soil conditioner　02.0026

*土状石墨　amorphous graphite　01.1579

钍粉　thorium powder　01.1550

团聚造粒　granulation reunion　02.0447

团粒法　agglomeration process　02.0449

*托马斯磷肥　Thomas phosphatic fertilizer　02.0434

脱氟磷肥　defluorinated phosphate　02.0435

脱氯塔　dechlorination tower　01.0355

脱氯盐水　chorine-removed brine　01.0356

脱硝盐水　sulfate-removed brine　01.0357

脱盐水　demineralized water　01.0074

W

外沸式蒸发器 levin evaporator 01.0360

外加热式蒸发器 evaporator with external heating unit 01.0703

外冷器 external cooler 01.0554

*微晶石墨 microcrystalline graphite 01.1579

微量残留 trace residue 02.0385

*微量养分 micronutrient 02.0006

微量元素 trace element 02.0006

微生物发酵 microbial fermentation 02.0258

尾气排气筒 tail gas stack 01.0115

尾气透平机 tail-gas turbo expander 01.0121

*尾气透平膨胀机 tail-gas turbo expander 01.0121

尾气吸收塔 tail gas absorber 01.0361

尾气预热器 tail gas preheater 01.0105

尾吸塔 tail gas absorption tower 01.0066

文丘里洗涤器 Venturi scrubber 01.0051

文石 aragonite 01.0603

稳定性氮肥 nitrogen-stabilized fertilizer 02.0022

稳定性二氧化氯溶液 stable chlorine dioxide solution 01.0925

稳定性肥料 stabilized fertilizer 02.0021

涡流澄清桶 vortex clarifier 01.0362

钨粉 tungsten powder 01.1544

*钨锰铁矿 wolframite 01.0626

钨酸 tungstic acid 01.1333

钨酸铵 ammonium tungstate 01.1334

钨酸钙 calcium tungstate 01.1335

钨酸钠 sodium tungstate 01.1336

无定形石墨 amorphous graphite 01.1579

无机铵含量 inorganic ammonium content 01.0363

无机肥料 inorganic fertilizer 02.0009

无机土壤调理剂 inorganic soil conditioner 02.0028

无隔膜电解槽 non-diaphragm electrolytic cell 01.0692

无水肼 hydrazine anhydrous 01.1493

*无水芒硝 sodium sulfate 01.1302

*无水氢氟酸 anhydrous hydrofluoric acid 01.0983

无水物法 anhydrate process 01.1125

五氟化磷 phosphorus pentafluoride 01.1034

五氟化砷 arsenic fluoride 01.0747

五氟化钽 tantalum pentafluoride 01.1393

五硫化二磷 phosphorus pentasulfide 01.1178

五氯化磷 phosphorus pentachloride 01.1176

五氯化钼 molybdenum pentachloride 01.1352

五硼酸钾 potassium pentaborate 01.0829

五溴化磷 phosphorus pentabromide 01.1197

五氧化二钒 vanadium pentoxide 01.1388

五氧化二磷 phosphorus pentoxide 01.1177

五氧化二铌 niobium pentoxide 01.1391

五氧化二砷 arsenic pentoxide 01.0748

五氧化二钽 tantalum pentoxide 01.1394

物理化学吸收 physical and chemical absorption 02.0242

雾化性能 atomization performance 02.0376

X

*西门子法 Siemens technology 01.1213

西门子工艺 Siemens technology 01.1213

吸氨塔 ammonia absorber 01.0525

吸收 absorbing 01.0010

吸收净氨塔 absorber gas ammonia weak washer 01.0527

吸收率 absorption rate 01.0023

吸收室 absorber 02.0418

吸收塔 absorption tower 01.0061

吸收压力 absorption pressure 01.0084

析晶 crystallization 02.0441

析氯反应 chlorine evolution reaction 01.0364

析氢反应 hydrogen evolution reaction 01.0365

析氧反应 oxygen evolution reaction 01.0366

牺牲电极 sacrificial electrode 01.0367

牺牲芯材 sacrificial core 01.0368

硒 selenium 01.1576

硒银矿 naumannite 01.1523

稀硫酸 dilute sulphuric acid 01.0072

稀酸泵 diluted acid pump 01.0122

稀硝酸 dilute nitric acid 01.0128

锡 stannum 01.1563

锡石 cassiterite 01.1518

锡酸钡 barium stannate 01.0768

锡酸钾 potassium stannate 01.1504

锡酸钠 sodium stannate 01.1505

洗涤法原盐精制　washing method of crude salt refining 01.0506

洗涤混合沉降器　washing mixer settler　02.0294

洗涤液　washing liquid　02.0286

洗泥桶　mud-washing barrel　01.0523

洗气塔　scrubber　02.0354

*先进的低成本节能工艺　the advanced process for cost and energy saving technology　02.0305

纤维除雾器　fiber mist eliminator　01.0052

α-纤维素　α-cellulose　01.0151

α-纤维素过滤器　α-cellulose filter　01.0570

氙气　xenon　01.1591

*酰胺态氮　amide nitrogen　02.0189

线型聚磷酸盐　linear polyphosphate　01.1206

*霰石　aragonite　01.0603

硝化抑制剂　nitrification inhibitor　02.0025

硝磷酸铵　ammonium phosphate nitrate, ammonium nitrate phosphate　02.0106

硝硫酸铵　ammonium sulphate nitrate　02.0079

硝酸铵　ammonium nitrate　02.0077

硝酸铵钙　calcium ammonium nitrate　02.0092

硝酸铵钾　potassium ammonium nitrate　02.0111

硝酸铵-氯化钾转化法　ammonium nitrate and potassium chloride transformation method　02.0279

硝酸钡　barium nitrate　01.0761

硝酸铋　bismuth nitrate　01.1114

硝酸分解氯化钾法　nitric acid decomposition and potassium chloride method　02.0280

硝酸钆　gadolinium nitrate　01.1109

硝酸钙　calcium nitrate　02.0091

*硝酸高汞　mercuric nitrate　01.1115

硝酸锆　zirconium nitrate　01.1107

硝酸镉　cadmium nitrate　01.1096

硝酸铬　chromium nitrate　01.0949

硝酸汞　mercuric nitrate　01.1115

硝酸钴　cobaltous nitrate　01.1097

硝酸钾　potassium nitrate　02.0110

硝酸锂　lithium nitrate　01.1103

硝酸磷肥　nitrophosphate　02.0104

硝酸磷钾肥　potassium nitrophosphate　02.0121

硝酸磷镁肥　magnesium nitrophosphate　02.0107

硝酸铝　aluminum nitrate　01.1095

硝酸镁　magnesium nitrate　01.1101

硝酸镁法　magnesium nitrate dehydration method 01.0080

硝酸镁加热器　magnesium nitrate heater　01.0124

硝酸锰　manganous nitrate　01.1082

硝酸钠　sodium nitrate　01.1104

硝酸钠-氯化钾转化法　sodium nitrate and potassium chloride transformation method　02.0278

硝酸脲　urea nitrate　01.1111

硝酸镍　nickel nitrate　01.1102

硝酸浓缩塔　nitric acid concentrating tower　01.0127

硝酸钯　palladium nitrate　01.1110

硝酸铍　beryllium nitrate　01.1113

硝酸漂白塔　nitric acid bleaching tower　01.0126

硝酸铅　lead nitrate　01.1100

硝酸钐　samarium nitrate　01.1108

硝酸锶　strontium nitrate　01.1105

硝酸铁　ferric nitrate　01.1099

硝酸铜　cupric nitrate　01.1098

硝酸钍　thorium nitrate　01.1112

硝酸吸收塔　nitric acid absorption tower　01.0096

硝酸锌　zinc nitrate　01.1106

硝酸亚汞　mercurous nitrate　01.1116

硝酸氧锆　zirconium oxynitrate　01.1119

硝态氮　nitric nitrogen　02.0188

*小苏打　sodium bicarbonate　01.0583

*笑气　laughing gas　01.1583

斜板沉降槽　inclined-plate settling tank　01.0054

斜板式澄清桶　inclined-plate clarifier　01.0370

谐波电流　harmonic current　01.0371

泄漏电流　leakage current　01.0372

*EDTA 锌　zinc EDTA　02.0127

锌钡白　lithopone　01.1294

锌钡红　zinc barium red　01.1297

锌钡黄　zinc barium yellow　01.1295

锌钡绿　zinc barium green　01.1296

锌粉　zinc powder　01.1540

新旭法　new Asahi process, NA process　01.0495

星形给料阀　star type feed valve　01.0034

*形稳性阳极　dimensional stable anode　01.0255

L 型分子筛　L type molecular sieve　01.1244

ZSM-5 型分子筛　ZSM-5 type molecular sieve　01.1245

*L 型沸石　zeolite type L　01.1244

*ZSM-5 型沸石　zeolite type ZSM-5　01.1245

雄黄　realgar　01.0585

溴　bromine　01.0776

溴化铵　ammonium bromide　01.0779
溴化钡　barium dibromide　01.0774
溴化钙　calcium bromide　01.0783
溴化镉　cadmium bromide　01.0784
溴化钾　potassium bromide　01.0781
溴化锂　lithium bromide　01.0780
溴化锂吸收式制冷机组　lithium bromide absorption chillers　01.0454
溴化镁　magnesium bromide　01.0785
溴化锰　manganous bromide　01.0787
溴化钠　sodium bromide　01.0782
溴化氢　hydrogen bromide　01.0777
溴化锶　strontium bromide　01.0788
溴化铜　cupric bromide　01.0789
溴化锌　zinc bromide　01.0786
溴酸钾　potassium bromate　01.0792
溴酸钠　sodium bromate　01.0793

溴银矿　bromargyrite　01.0591
絮凝剂　flocculant　01.0373
絮凝物　flocculate　01.0374
悬浮肥料　suspension fertilizer　02.0063
悬筐式蒸发器　basket type evaporator　01.0375
旋风除尘器　cyclone dust collector　01.0038
旋风炉　cyclone furnace　02.0439
旋风气流干燥器　vortex conveyor dryer　01.0721
旋风增稠器　cyclone thickener　02.0292
旋转薄膜蒸发　rotary-film evaporation　01.0376
选矿　ore-dressing　01.0654
选择渗透　selective permeability　02.0395
循环泵　circulating pump　01.0574
循环槽　recirculating tank　01.0062
循环料浆　circulating slurry　02.0407
循环系统　circulation system　02.0315
*循环制碱法　cyclic process soda production　01.0493

Y

压裂溶采　fracturing solution mining　01.0513
压滤机　filter press　01.0673
CO₂ 压缩机　CO₂ compressor　01.0565
亚氨基二乙酸型螯合树脂　iminodiacetic acid chelating resin　01.0377
亚磷酸　phosphorous acid　01.1163
亚磷酸钙　calcium phosphite　01.1209
亚硫酸铵　ammonium sulfite　01.1274
亚硫酸钡　barium sulfite　01.0763
亚硫酸钠　sodium sulfite　01.1272
亚硫酸氢铵　ammonium bisulfite　01.1275
亚硫酸氢钠　sodium hydrogen sulfite　01.1273
*亚硫酰氯　thionyl chloride　01.0889
亚氯酸钠　sodium chlorite　01.0927
*亚铅粉　zinc powder　01.1540
亚砷酸钠　sodium arsenite　01.0753
亚铁氰化钾　potassium ferrocyanide　01.0378
亚铁氰化钠　sodium ferrocyanide decahydrate　01.0962
亚硝酸钡　barium nitrite　01.0762
亚硝酸钙　calcium nitrite　01.1117
亚硝酸钠　sodium nitrite　01.1118
亚溴酸钠　sodium bromite　01.0794
氩氖混合气　argon neon mixture　01.1589
氩气　argon　01.1588
烟囱　chimney　01.0067

岩藻多糖　fucoidan　02.0149
*研磨碳酸钙　ground calcium carbonate, GCC　01.0858
*盐基性铬酸锌　basic zinc chromate　01.0943
盐卤　brine　01.0590
盐泥　salt slurry　01.0379
盐泥压滤　salt slurry filter pressing　01.0380
盐水除氨　removal of ammonia in brine　01.0184
盐水二次精制　secondary refining of brine　01.0382
盐水高位槽　elevated brine tank　01.0383
盐水过滤器　brine filter　01.0384
盐水精制　brine refining　01.0381
盐水预热器　brine pre-heater　01.0385
盐酸　hydrochloric acid　01.0143
盐酸电解　hydrochloric acid electrolysis　01.0386
盐酸降膜吸收器　hydrochloric acid falling film absorber　02.0276
盐酸解吸　hydrochloric acid desorption　01.0140
盐析结晶器　salting-out crystallizer　01.0557
盐析结晶器轴流泵　axial flow pump of salting-out crystallizer　01.0558
*C. I. 颜料白 32　C. I. pigment white 32　01.1146
*颜料黄 34　lead chromate　01.0940
*颜料紫 16　manganese violet　01.1093
阳极　anode　01.0387
阳极保护　anodic protection　01.0024

阳极重涂　anode recoating　01.0396

阳极垫片　anode gasket　01.0388

阳极过电位　anode overvoltage　01.0389

阳极盘　anode plate　01.0390

阳极室压力　anode chamber pressure　01.0391

阳极涂层　anode coating　01.0392

阳极涂层寿命　service life of anode coating　01.0393

阳极网　mesh anode　01.0394

阳极液循环槽　anolyte circulation tank　01.0395

阳极组件　anode component　01.0397

阳离子交换膜　cation exchange membrane　01.0398

*洋硝　potassium chlorate　01.0913

氧化钡　barium oxide　01.0757

氧化铂　platinum oxide　01.1476

氧化氮分离器　NO_x separator　01.0114

氧化氮压缩机　NO_x compressor　01.0120

氧化镝　dysprosium oxide　01.1484

氧化碲　tellurium oxide　01.1471

氧化铥　thulium oxide　01.1489

氧化铒　erbium oxide　01.1485

氧化钆　gadolinium oxide　01.1480

氧化钙　calcium oxide　01.1435

氧化镉　cadmium oxide　01.1434

氧化铬　chromium (Ⅲ) oxide　01.0950

氧化汞　mercuric oxide　01.1450

氧化钴　cobaltous oxide　01.1437

氧化铪　hafnium oxide　01.1468

氧化钬　holmium oxide　01.1486

氧化镓　gallium oxide　01.1466

氧化钪　scandium oxide　01.1470

氧化空间　oxidation volume　01.0089

氧化镧　lanthanum oxide　01.1482

氧化镥　lutetium oxide　01.1487

氧化铝　aluminium oxide　01.1428

氧化铝干燥剂　alumina desiccant　01.1462

氧化铝溶胶　alumina sol　01.1431

氧化铝纤维　alumina fiber　01.1464

氧化铝载体　aluminum oxide carrier　01.1463

氧化率　oxidation ratio　01.0076

氧化镁　magnesium oxide　01.1063

氧化钕　neodymium oxide　01.1478

氧化钯　palladous oxide　01.1475

氧化硼　boric anhydride　01.0798

氧化铍　beryllium oxide　01.1465

氧化镨　praseodymium oxide　01.1483

氧化钐　samarium oxide　01.1481

氧化铈　ceric oxide　01.1477

氧化锶　strontium oxide　01.1458

氧化铽　terbium oxide　01.1488

*氧化铁黑　ferroferric oxide　01.1441

氧化铁红　iron oxide red　01.1443

氧化铁黄　iron oxide yellow　01.1445

氧化铁棕　iron oxide brown　01.1442

氧化铜　cupric oxide　01.1438

氧化锡　stannic oxide　01.1472

氧化锌　zinc oxide　01.1459

氧化锌脱硫剂　zinc oxide desulphurizer　01.1474

氧化性　oxidizability　01.0075

氧化性固体　oxidizing solid　02.0209

氧化性液体　oxidizing liquid　02.0210

*氧化亚氮　nitrous oxide　01.1583

*氧化亚锰　manganous oxide　01.1077

氧化亚铜　cuprous oxide　01.1439

氧化亚锡　stannous oxide　01.1473

氧化钇　yttrium oxide　01.1491

氧化镱　ytterbium oxide　01.1490

氧化银　silver oxide　01.1456

氧化铕　europium oxide　01.1479

氧化锗　germanium dioxide　01.1440

氧氯化锆　zirconium oxychloride　01.1368

氧氯化硒　selenium oxychloride　01.0884

氧气　oxygen　01.1580

*氧去极化阴极　oxygen depolarized cathode　01.0424

氧阴极　oxygen cathode　01.0424

窑法磷酸　kiln-method phosphoric acid　02.0426

窑气　kiln gas　01.0491

窑气洗涤塔　kiln gas washer　01.0550

冶炼烟气　smelting flue gas　01.0003

叶滤机　leaf filter　01.0667

叶面肥料　foliar fertilizer　02.0038

液化　liquefaction　01.0399

液化温度　liquefaction temperature　01.0400

液化效率　liquefaction efficiency　01.0401

液环式压缩机　liquid ring compressor　01.0402

液氯　liquid chlorine　01.0466

液氯泵　liquid chlorine pump　01.0404

液氯充装　liquid chlorine filling　01.0403

液氯屏蔽泵　liquid chlorine cannedmotor pump

01.0406

液氯气瓶 liquid chlorine cylinder 01.0405

液氯气化 liquid chlorine vaporization 01.0407

液氯气化器 liquid chlorine vaporizer 01.0408

液氯尾气 tail gas from chlorine liquefaction 01.0409

液氯液下泵 liquid chlorine submerged pump 01.0410

液氯贮槽 liquid chlorine storage tank 01.0411

液体肥料 liquid fertilizer 02.0061

液体无水氨 liquefied anhydrous ammonia 02.0075

液相水合法 liquid phase hydration method 01.0500

一次泥 primary mud 01.0486

*一次闪发罐 flash tank I 01.0544

一次闪蒸罐 flash tank I 01.0544

一次盐水 primary brine 01.0155

一氯化硫 sulfur monochloride 01.0907

一水碱工艺 monohydrate crystallization process 01.0516

一水碱结晶器 monohydrate crystallizer 01.0572

一水硫酸氢钠 sodium bisulfate monohydrate 01.1269

一水氢氧化锂 lithium hydroxide monohydrate 01.1408

一水软铝石 boehmite 01.0642

一水硬铝石 diaspore 01.0643

一效蒸发器 first-effect evaporator 01.0412

一氧化二氮 nitrogen monoxide 01.1583

一氧化锰 manganous oxide 01.1077

一氧化镍 nickel monoxide 01.1451

一氧化铅 lead monoxide 01.1447

一转一吸 single conversion and single absorption 01.0017

铱粉 iridium powder 01.1548

移动床气化 moving bed gasification 02.0350

乙二胺四乙酸锰 manganese ethylene diamine tetraacetic acid 02.0129

乙二胺四乙酸溶性磷 ethylene diamine tetraacetic acid soluble phosphate 02.0195

乙二胺四乙酸铁 iron ethylene diamine tetraacetic acid 02.0131

乙二胺四乙酸铜 copper ethylene diamine tetraacetic acid 02.0132

乙二胺四乙酸锌 zinc ethylene diamine tetraacetic acid 02.0127

异丁叉二脲 isobutylidene diurea, IBDU 02.0090

异极矿 hemimorphite 01.0638

抑制剂 inhibitor 02.0023

阴极 cathode 01.0413

阴极重涂 cathode recoating 01.0422

阴极垫片 cathode gasket 01.0414

阴极过电位 cathode overvoltage 01.0415

阴极盘 cathode plate 01.0416

阴极室 cathode chamber 01.0417

阴极室压力 cathode chamber pressure 01.0418

阴极涂层 cathode coating 01.0419

阴极涂层寿命 service life of cathode coating 01.0420

阴极液循环槽 catholyte circulation tank 01.0421

阴极组件 cathode component 01.0423

铟 indium 01.1568

银 silver 01.1559

银金矿 electrum 01.1525

银矿石 silver mine 01.1522

萤石 fluorite 01.0605

应力腐蚀 stress corrosion 01.0425

硬硼钙石 colemanite 01.0597

油浸造粒 oil immersed granulation 02.0443

游离氯 free chlorine 01.0426

游离酸 free acidity 02.0201

有害元素 harmful element 02.0008

有机胺法 organic amine method 01.0030

有机胺含量 organic amine content 01.0428

有机氮肥 organic nitrogenous fertilizer 02.0011

有机肥料 organic fertilizer 02.0010

有机土壤调理剂 organic soil conditioner 02.0032

有机-无机肥料 organic-inorganic fertilizer 02.0013

有机-无机复混肥料 organic-inorganic compound fertilizer 02.0014

有机-无机土壤调理 organic-inorganic soil conditioner 02.0033

有效硅 available silicon 02.0207

有效磷 available phosphate 02.0196

有效氯含量 available chlorine content 01.0427

有效性 availability 02.0071

有益元素 beneficial element 02.0007

黝铜矿 tetrahedrite 01.1517

淤渣 sludge 02.0423

余热 waste heat 01.0012

余热锅炉 waste heat boiler 01.0039

余热回收 waste heat recovery 01.0013

鱼粉 fish meal 02.0159

鱼渣　fish guano　02.0158
预处理器　pre-treater　01.0429
预反应器　pre-reactor　01.0981
预分离器　preseparator　02.0333
预灰桶　prelimer　01.0528
预热母液　preheating mother liquor　01.0476
*预碳化液　pre-carbonating liquor　01.0472
预涂泵　precoat pump　01.0430
预涂罐　precoat tank　01.0431
预中和　pre-neutralizing　02.0455

原电池效应　galvanic cell effect　01.0432
*原硅酸钠　tetrasodium orthosilicate　01.1220
原盐　raw salt　01.0160
原子吸收光谱仪　atomic absorption spectrometer　01.0433
圆盘给料机　disk feeder　01.0033
圆形滤叶加压叶滤机　pressure filter with cycloid filter leaves　01.0669
云母氧化铁　iron oxide micaceous　01.1446
允许偏差　tolerance　02.0053

Z

杂芒硝　tychite　01.0624
杂散电流　stray current　01.0434
造粒　granulation　02.0057
造粒技术　granulation technology　02.0339
造粒喷头　granulation nozzle　02.0338
造粒塔　granulation tower　01.0435
增强网布　enhanced mesh fabric　01.0436
增效肥料　enhanced efficiency fertilizer　02.0015
折流槽　baffle tank　01.0369
锗　germanium　01.1564
锗单晶　germanium monocrystal　01.1565
锗石　germanite　01.1528
真空泵　vacuum pump　01.0532
真空过滤机　vacuum filter　01.0666
真空耙式干燥器　vacuum rake dryer　01.0733
真空脱氯法　vacuum dechlorination　01.0437
真空叶滤机　vacuum leaf filter　01.0668
真空蒸馏工艺　vacuum distillation process　01.0508
真空装置　vacuum device　02.0283
真密度　true density　02.0165
振动加料器　vibration feeder　01.0438
振动流化床干燥器　vibrating fluidized-bed dryer　01.0737
振动磨　vibrating ball mill　01.0651
振动式离心机　vibrating centrifuge　01.0689
振动造粒机　vibrating granulator　02.0365
振网筛　vibrating screen　02.0431
蒸氨塔　ammonia distiller　01.0524
蒸发分离器　evaporation separator　02.0334
蒸发工段　evaporation section　02.0316
蒸发加热器　evaporation heater　02.0331
蒸发冷凝器　evaporation condenser　02.0332

蒸发器　evaporator　01.0439
蒸发设备　evaporating installation　01.0699
蒸汽分离器　steam separator　01.0112
蒸汽喷射泵　steam-jet pump　01.0440
蒸汽喷射器　vapour ejector　02.0335
蒸汽压缩机　steam compressor　01.0576
正硅酸钠　tetrasodium orthosilicate　01.1220
正水封　positive water seal　01.0451
正压蒸馏工艺　pressure distillation process　01.0507
直管气流干燥器　tube type pneumatic dryer　01.0720
直接传热旋转干燥器　directly heated rotary dryer　01.0728
直接传热蒸发　direct evaporative heat transfer　02.0409
pH 值　pH value　02.0200
植物活力　vegetative vigour　02.0213
植物养分　plant nutrient　02.0002
植物养分配合比例　plant food ratio　02.0055
置换吸附　substitution adsorption　01.0693
中-低-低变换　medium-low-low temperature shift　02.0236
中和水　pre-carbonating liquor　01.0472
中和值　neutralizing value　02.0202
中间直流断路器　central direct current disconnecting switch　01.0442
中空纤维分离器　hollow fiber separator　02.0397
中量元素　secondary element　02.0005
中温变换　medium-temperature shift　02.0233
中压法液氯生产　chlorine liquefaction at medium pressure　01.0441
中压分解加热器　medium pressure decomposition heater　02.0330
中压联尿工艺　medium pressure associated urea

technology 02.0301

中央循环管式蒸发器 central circulation tube evaporator 01.0702

*仲钼酸铵 ammonium heptamolybdate 01.1344

仲钨酸铵 ammonium paratungstate 01.1330

*重灰 dense soda ash 01.0581

重灰煅烧炉 dense soda ash calciner 01.0548

重碱 crude sodium bicarbonate 01.0485

重金属 heavy metal 02.0073

重晶石 barite 01.0588

重力式过滤器 gravity filter 01.0444

重质纯碱 dense soda ash 01.0581

重质碳酸钙 heavy calcium carbonate, HCC 01.0858

*朱砂 cinnabar 01.1529

*主要养分 primary nutrient 02.0004

转化 conversion 01.0008

转化率 conversion ratio 01.0015

转化器 converter 01.0055

转鼓涂硫 drum sulfur coated 02.0254

转鼓造粒 drum granulation 02.0453

转鼓造粒机 drum granulator 02.0419

转盘真空过滤机 rotary vacuum diskfilter 01.0672

转筒真空过滤机 rotary drum vacuum filter 01.0671

锥式轧碎机 cone [type] crusher 01.0647

锥形沉降器 conical settling tank 01.0682

自持分解 self-sustaining decomposition 02.0215

自动点火器 automatic igniter 01.0141

自动离心机 automatic centrifuge 01.0678

自动卸料离心机 automatic discharge centrifuge 01.0687

自然循环电解槽 electrolyzer with natural circulation 01.0445

自由流动 free flowing 02.0180

总铵含量 total ammonium content 01.0446

总氮 total nitrogen 02.0191

总磷 total phosphate 02.0197

总铁 total iron 02.0381

总养分 total primary nutrient 02.0048

总有机碳 total organic carbon, TOC 01.0447

组合式干燥塔 combined drying tower 01.0448

最高电流密度 maximum current density 01.0449

最佳电流密度 optimum current density 01.0450

（TQ-1357.31）

ISBN 978-7-03-076182-8

9 787030 761828 >

定价：150.00 元